Rudolf Steiner

Spirituelle Ökologie

Rudolf Steiner **Spirituelle Ökologie**

Ausgewählte Texte

Herausgegeben und kommentiert
von Matthew Barton

RUDOLF STEINER
VERLAG

Die Originalausgabe erschien 2008 in der Rudolf Steiner Press, Forest Row, unter dem Titel *Spiritual Ecology. Reading the book of nature and reconnecting with the world.* Übersetzung der Herausgebertexte von Taja Gut.

1. Auflage 2009

Einbandgestaltung	BADER. Kommunikation
Foto	Michael Bader
Satz	Schulthess Druck AG, Zürich
Druck und Bindung	Druckhaus Nomos, Sinzheim

Printed in Germany
ISBN 978-3-7274-5380-9
www.steinerverlag.com

Inhalt

Vorwort

Während ich dies im November 2007 schreibe, erscheint der neueste Bericht des Zwischenstaatlichen Ausschusses für Klimaveränderungen IPCC (Intergovernmental Panel on Climate Change), in dem darauf hingewiesen wird, daß die Auswirkungen des Klimawandels «abrupt und unumkehrbar» sein können und der Menschheit nur noch begrenzte Zeit bleibt, die von ihr selbst verursachten Umweltprobleme anzugehen.

Es ist nicht nötig, hier konkrete Beweise unserer schädlichen Wirkungen auf den Planeten anzuführen, in fast jeder Tageszeitung werden diese ja in anschaulichen und besorgniserregenden Einzelheiten geschildert. Seit jeher war die natürliche Welt einfach «gegeben», eine unerschöpfliche Ressource, dazu da, um ausgebeutet zu werden, und man machte sich wahrscheinlich darüber nicht mehr Gedanken als über den eigenen Körper, wenn man sich wohlfühlt. Seit ein paar Jahrzehnten jedoch sind wir plötzlich gezwungen, uns dieser unbewußten materiellen Grundlage unseres Lebens auf Erden bewußt zu werden und uns das eigene Tun vor Augen zu führen. Unsere Mutter *(mater* = Materie) erscheint nun als Patient, der unserer Pflege bedarf, und nicht mehr als der alles versorgende Elternteil, der sie so lange gewesen ist. Vor einem Jahrhundert, zu Rudolf Steiners Lebzeiten, wimmelte es im Meer vor Neufundland noch von unermeßlich vielen Fischen. Man konnte hinaussegeln, das Netz hinablassen und eine scheinbar unerschöpfliche Fülle an Bord hieven. Heute ist der Kabeljau verschwunden. Dies ist bloß ein eklatantes Beispiel unter vielen für den Raubbau, den wir betreiben, und die Verarmung, die wir durch das Unvermögen, mit unserer natürlichen Umgebung in Einklang zu leben, herbeigeführt haben.

Es ist bekannt, daß eine plötzliche schwere Krankheit ein Bewußtsein im Menschen für seine bisherige Lebensweise wecken und Anlaß zu tiefgreifenden Veränderungen in seiner

Anschauung und Haltung geben kann. Zweifellos geschieht dies heute in weltweitem Maßstab. Für eine wachsende Zahl von ökologisch bewußten Menschen – angesichts möglicher Katastrophen scheint tatsächlich eine beträchtliche Steigerung an globalem Bewußtsein stattzufinden – ist die Zeit gekommen, verantwortungsvoll zu handeln. Vielleicht tun wir, wie Pessimisten behaupten, allzu wenig und es kommt viel zu spät. Wir sind dabei, die bitteren Früchte unserer unumkehrbaren und nicht wieder gutzumachenden Ausbeutung des Planeten zu ernten, die materiellen Symptome, könnte man sagen, unseres heillosen Glaubens und Verfallenseins an den Materialismus im technisch-industriellen Zeitalter. Selbstverständlich gibt es eine Denkrichtung, in der die Meinung vertreten wird, es bedürfe zur Lösung unserer Umweltprobleme bloß einiger technischer «Kniffe». Menschliche Erfindungskraft und Intelligenz werden zweifellos eine unentbehrliche Rolle im ökologischen Heilungsprozeß der geschädigten Umwelt spielen; mir scheint jedoch, daß etwas radikal anderes gefordert ist. Unsere ganze Anschauung, unsere Haltung dem Planeten und uns selbst gegenüber, ist in Wandlung begriffen, und sie muß sich auch wandeln.

Darin liegt für mich der ungeheuer hoffnungsvolle Aspekt dieser Krise. Gewiß ist es von Bedeutung, ob der Patient überlebt – und wir alle sind dieser Patient –, aber körperliches Überleben ist letztlich nicht das einzige oder wichtigste. Indem wir die Krankheit durchstehen und vielleicht sogar um unser Leben kämpfen, müssen wir uns fragen, was und wofür dieses Leben eigentlich ist. Mit anderen Worten, dies ist auch eine Krise des Bewußtseins, ein Wendepunkt, der den Menschen vor die unvermeidliche Wahl stellt, in welche Zukunft er steuert.

Wie könnte uns Rudolf Steiner in der gegenwärtigen Situation helfen? Der Begriff «Ökologie» war noch nicht einmal geprägt, als er zu Beginn des letzten Jahrhunderts als Redner und Schriftsteller wirkte. Die Umwälzungen innerhalb der

Landwirtschaft, der Kultur und Technik, die das Jahrhundert dominieren sollten, hatten gerade erst begonnen, als er 1925 starb. Wenn wir indessen die Probleme, mit denen wir konfrontiert sind, als etwas zutiefst mit unserem Bewußtsein Verbundenes sehen, sind seine Einsichten in das Verhältnis von Menschheit und Natur sogar noch bedeutsamer als damals.

In seiner zwischen zwei Extremen vermittelnden Haltung ermöglicht uns Steiner einen neuen, bewußten Ausgleich mit der Natur. Wir sind nicht die Herren und Meister der Erde, dazu berechtigt, sie eigennützig zu beherrschen und auszubeuten. Ebensowenig aber sind wir bloß ein schädliches, im übrigen aber bedeutungsloses Ärgernis auf der Oberfläche der Erde, die ohne uns viel besser dran wäre. Vielmehr bilden wir einen inhärenten Teil der Natur, aus der wir in einem evolutionären Prozess hervorgegangen sind, die uns umgibt und in der wir uns selber wiederentdecken können, so wie wir in uns die ganze Natur verwandelt finden können. Die Evolution hat uns hervorgebracht, am gegenwärtigen Wendepunkt aber müssen wir beginnen, die Verantwortung für unsere weitere Entwicklung und damit für die des ganzen Planeten zu übernehmen. Darin besteht das eigentliche Wesen dieser Krise und die beängstigende, aber wachrüttelnde Herausforderung, vor der wir stehen.

Und ohne Selbstverwandlung, so Steiner, durch bloßes Herumbasteln an den Rändern oder der Oberfläche der Probleme, läßt sich kein Heilmittel finden. Die Wiederverwertung von Rohstoffen oder die Verwendung von Energiesparlampen bilden einen Anfang, aber nur, wenn solche Maßnahmen nicht so sehr der Gewissensberuhigung dienen, als vielmehr Teil eines erneuten, bewußten Sich-Wiederverbindens sind. Höchst zweckmäßige Heilmittel sind vonnöten, beispielsweise in Landwirtschaft und Wissenschaft, und wir vertrauen gerne darauf, daß die «Fachleute» oder Regierungen sich darum kümmern. Aber sowenig wir, wenn wir krank sind, die Verantwortung für unsere Heilung vollständig in die Hände des Arztes legen können, sowenig können wir dieses globale Problem andern überlassen, denn es hat seine Wurzeln im Bewußtsein und in der Verantwortung des Individuums.

In den Auszügen, die dieses Buch versammelt, zeigt Steiner, daß der Ansatzpunkt bei allem nicht in bloßem «Expertenwissen», sondern in unserer eigenen persönlichen Beziehung zur natürlichen Welt liegt. Gedanken sind Wirklichkeiten, sie haben die Welt mitgestaltet, in der wir leben. Wenn wir der subtilen Schönheit und Weisheit der Natur mehr Aufmerksamkeit und Sensibilität entgegenbringen, kann uns dies wiederum helfen, unsere engen Grenzen zu erweitern und unsere Selbstbezogenheit zu überwinden. Indem wir immer größere Bereiche der Welt als Teil von uns selbst erfassen, können wir beginnen, die Kluft zwischen Selbst und Welt zu schließen, die abstraktes Denken allein nicht zu überbrücken vermag. Zugleich heilen wir so die Verletzungen, die wir der Umwelt durch unsere Entwicklung zur Individualität unvermeidlich zugefügt haben. Zweckmäßige Heilmittel und innere Entwicklung gehen hier Hand in Hand.

In diesem Prozeß stoßen wir unweigerlich an die Grenzen einer ausschließlich materialistischen Sichtweise. Immer wieder fordert Steiner uns auf, höher und tiefer zu sehen, über die Materie hinaus. Ökologie ist die Untersuchung lebendiger Wechselbeziehungen innerhalb biologischer Systeme, subtiler und komplexer Synergien. Lange bevor irgend jemand vom Schmetterlingseffekt gehört hat – der von Meteorologen in den 1960er Jahren entwickelten Theorie, wonach geringfügige Ursachen zu enormen Veränderungen im Wettersystem führen können –, brachte Steiner die subtilsten und verschiedenartigsten Phänomene miteinander in Beziehung. Zugleich bemühte er sich, unseren Blick über Mikroskop oder Teleskop hinaus zur Wahrnehmung nichtmaterieller Wirklichkeiten zu erweitern. Leben, sagte er, entsteht nicht aus Materie, sondern aus Bewegung, Energie und letztlich aus dem schöpferischen Geist, der die Materie formt und sich in diese hinein verdichtet. Dies waren für ihn nicht bloß vage Vorstellungen von einer diffusen Spiritualität, war er doch stets bemüht, die eigentümlichen Beziehungen zwischen verschiedenen Lebensformen aufzuzeigen und noch in der Betrachtung des geringsten Details strengstmögliche Objektivität walten zu lassen.

In den letzten Jahrzehnten sind engagierte Ökologen aller Richtungen in der Erforschung und Beschreibung dessen, wie sich der Einfluß des Menschen auf unseren Planeten auswirkt, natürlich viel weiter gegangen, als es Steiner seinerzeit möglich war. Es sind aber keine bloßen Vorahnungen, die er hier in Worte faßt, sondern ein von tiefstem Mitgefühl geprägter Weg, die Natur wahrzunehmen und eine Beziehung zu ihr zu finden; ein Weg, der sowohl der Natur als auch uns selbst Heilung zu bringen vermag. Deutlich wird in der Tat, daß die Natur und wir in vielerlei Hinsicht eins sind, auch wenn uns dies noch kaum ins Bewußtsein gedrungen ist. Steiner mag vor einem Menschenalter – vor über achtzig Jahren – gestorben sein, aber er wartet noch immer darauf, daß wir ihn einholen.

Kapitel I: Auftakt – Wach werden für die Welt

Leib, Seele und Geist: Drei Sichtweisen

> Sinneseindrücke, innere seelische Resonanz und objektives Denken: Diese drei unterschiedlichen Möglichkeiten, die Dinge zu erleben und auf sie einzuwirken, bilden die Basis, auf die wir unsere Beziehung zur Natur gründen können. Damit wir unseren bewußten und ökologisch abgestimmten Platz in der Welt einzunehmen vermögen, ist es notwendig, von den ersten beiden Erlebnisweisen (ohne deren Berechtigung zu leugnen) zu einem objektiveren Verständnis der Naturphänomene fortzuschreiten. Diese Entwicklung – vom Leib zum Geist – könnte auch als ein Fortschreiten der Menschheit vom Kindesalter zum mündigen Erwachsenendasein gesehen werden.

Die folgenden Worte Goethes bezeichnen in schöner Art den Ausgangspunkt eines der Wege, auf denen das Wesen des Menschen erkannt werden kann: «Sobald der Mensch die Gegenstände um sich her gewahr wird, betrachtet er sie in bezug auf sich selbst; und mit Recht, denn es hängt sein ganzes Schicksal davon ab, ob sie ihm gefallen oder mißfallen, ob sie ihn anziehen oder abstoßen, ob sie ihm nützen oder schaden. Diese ganz natürliche Art, die Dinge anzusehen und zu beurteilen, scheint so leicht zu sein, als sie notwendig ist, und doch ist der Mensch dabei tausend Irrtümern ausgesetzt, die ihn oft beschämen und ihm das Leben verbittern. – Ein weit schwereres Tagewerk übernehmen diejenigen, deren lebhafter Trieb nach Kenntnis die Gegenstände der Natur an sich selbst und in ihren Verhältnissen untereinander zu beobachten strebt: denn sie vermissen bald den Maßstab, der ihnen zu Hilfe kam, wenn sie als Menschen die Dinge in bezug auf *sich* betrachten. Es fehlt ihnen der Maßstab des Gefallens und Mißfallens, des Anziehens und Abstoßens, des Nutzens und Schadens. Diesem sollen sie ganz entsagen, sie sollen als gleichgültige und gleichsam göttliche Wesen suchen und untersuchen, was ist, und nicht, was behagt. So soll den echten Botaniker weder die Schönheit noch die Nutzbarkeit der Pflanzen rühren, er soll ihre Bildung, ihr Verhältnis zu dem übrigen Pflanzenreiche untersuchen; und wie sie alle von der Sonne hervorgelockt und beschienen werden, so soll er mit einem gleichen ruhigen Blicke sie alle ansehen und übersehen und den Maßstab zu dieser Erkenntnis, die Data der Beurteilung nicht aus sich, sondern aus dem Kreise der Dinge nehmen, die er beobachtet.»

Auf dreierlei lenkt dieser von Goethe ausgesprochene Gedanke die Aufmerksamkeit des Menschen. Das erste sind die Gegenstände, von denen ihm durch die Tore seiner Sinne fortwährend Kunde zufließt, die er tastet, riecht, schmeckt, hört und sieht. Das zweite sind die Eindrücke, die sie auf ihn machen, und die sich als sein Gefallen und Mißfallen, sein Begehren oder Verabscheuen dadurch kennzeichnen, daß er das eine sympathisch, das andere antipathisch, das eine nützlich, das andere schädlich findet. Und das dritte sind die Erkenntnisse, die er sich als «gleichsam göttliches Wesen» über die Gegenstände erwirbt; es sind die Geheimnisse des Wirkens und Daseins dieser Gegenstände, die sich ihm enthüllen.

Deutlich scheiden sich diese drei Gebiete im menschlichen Leben. Und der Mensch wird daher gewahr, daß er in einer dreifachen Art mit der Welt verwoben ist. – Die erste Art ist etwas, was er vorfindet, was er als eine gegebene Tatsache hinnimmt. Durch die zweite Art macht er die Welt zu seiner eigenen Angelegenheit, zu etwas, das eine Bedeutung für ihn hat. Die dritte Art betrachtet er als ein Ziel, zu dem er unaufhörlich hinstreben soll.

Warum erscheint dem Menschen die Welt in dieser dreifachen Art? Eine einfache Betrachtung kann das lehren: Ich gehe über eine mit Blumen bewachsene Wiese. Die Blumen künden mir ihre Farben durch mein Auge. Das ist die Tatsache, die ich als gegeben hinnehme. – Ich freue mich über die Farbenpracht. Dadurch mache ich die Tatsache zu meiner eigenen Angelegenheit. Ich verbinde durch meine Gefühle die Blumen mit meinem eigenen Dasein. Nach einem Jahre gehe ich wieder über dieselbe Wiese. Andere Blumen sind da. Neue Freude erwächst mir aus ihnen. Meine Freude vom Vorjahre wird als Erinnerung auftauchen. Sie ist in mir; der Gegenstand, der sie angefacht hat, ist vergangen. Aber die Blumen, die ich jetzt sehe, sind von derselben Art wie die vorjährigen; sie sind nach denselben Gesetzen gewachsen wie jene. [...]

So verbindet sich der Mensch immerwährend in dieser dreifachen Art mit den Dingen der Welt. Man lege zunächst nichts in diese Tatsache hinein, sondern fasse sie auf, wie sie sich darbietet. Es ergibt sich aus ihr, daß der Mensch *drei Seiten in seinem Wesen* hat. Dies und nichts anderes soll hier vorläufig mit den drei Worten *Leib, Seele* und *Geist* angedeutet werden. [...] Mit *Leib* ist hier dasjenige gemeint, wodurch sich dem Menschen die Dinge seiner Umwelt offenbaren, wie in obigem Beispiele die Blumen der Wiese. Mit dem Worte *Seele* soll auf das gedeutet werden, wodurch er die Dinge mit seinem eigenen Dasein verbindet, wodurch er Gefallen und Mißfallen, Lust und Unlust, Freude und Schmerz an ihnen empfindet. Als *Geist* ist das gemeint, was in ihm offenbar wird, wenn er, nach Goethes Ausdruck, die Dinge als «gleichsam göttliches Wesen» ansieht. – In diesem Sinne besteht der Mensch aus *Leib, Seele* und *Geist.* [...]

Es scheint einleuchtend, daß man, wegen der wesentlichen Verschiedenheit dieser drei Welten, auch nur durch drei verschiedene Betrachtungsarten Klarheit über sie und den Anteil des Menschen an ihnen wird gewinnen können.

Steiner baut weiter auf der Idee der drei Betrachtungsarten auf und legt dar, daß die Entwicklung zu einer objektiveren Erkenntnis der natürlichen Welt und der ihr innewohnenden komplexen und subtilen Gesetze die Ergänzung der physischen Wahrnehmung durch die Kraft einer spirituellen Wahrnehmung erfordert, die wir selber ausbilden müssen. Dadurch lösen wir uns nicht aus der Natur heraus, sondern gliedern uns vielmehr vollkommener und selbstlos in sie ein.

Die Betrachtung des Menschen hat gezeigt, daß er drei Welten angehört. Aus der Welt der physischen Körperlichkeit sind die Stoffe und Kräfte entnommen, die seinen Leib auferbauen. Er hat von dieser Welt Kenntnis durch die Wahrnehmungen seiner äußeren physischen Sinne. Wer *allein diesen* Sinnen vertraut und lediglich deren Wahrnehmungsfähigkeit entwickelt, der kann sich keinen Aufschluß verschaffen über die beiden andern Welten, über die *seelische* und *geistige*. – Ob ein Mensch sich von der Wirklichkeit eines Dinges oder Wesens überzeugen kann, das hängt davon ab, ob er dafür ein Wahrnehmungsorgan, einen Sinn, hat. [...] Der Mensch hätte keine Kenntnis von dem Licht und der Farbe, wenn er nicht ein lichtempfindendes Auge hätte; er wüßte nichts von Klängen, wenn er nicht ein klangempfindendes Ohr hätte. [...]

Wie im Leibe Auge und Ohr als Wahrnehmungsorgane, als Sinne für die körperlichen Vorgänge sich entwikkeln, so vermag der Mensch in sich seelische und geistige Wahrnehmungsorgane auszubilden, durch die ihm die Seelen- und die Geisteswelt erschlossen werden. Für denjenigen, der solche höhere Sinne nicht hat, sind diese Welten «finster und stumm», wie für ein Wesen ohne Ohr und

Auge die Körperwelt «finster und stumm» ist. Allerdings ist das Verhältnis des Menschen zu diesen höheren Sinnen etwas anders als zu den körperlichen. Daß diese letzteren in ihm vollkommen ausgebildet werden, dafür sorgt in der Regel die gütige Mutter Natur. Sie kommen ohne sein Zutun zustande. An der Entwicklung seiner höheren Sinne muß er selbst arbeiten. Er muß Seele und Geist ausbilden, wenn er die Seelen- und Geisteswelt wahrnehmen will, wie die Natur seinen Leib ausgebildet hat, damit er seine körperliche Umwelt wahrnehmen und sich in ihr orientieren könne. Eine solche Ausbildung von höheren Organen, welche die Natur noch nicht selbst entwickelt hat, ist nicht unnatürlich; denn im *höheren Sinne* gehört ja auch alles, was der Mensch vollbringt, mit zur Natur. [...] Denn ungefähr so wie dem operierten Blindgeborenen ergeht es dem, der in sich seine höheren Sinne in der Art erweckt [...]. Mit neuen Eigenschaften, mit Vorgängen und Tatsachen, von denen die physischen Sinne nichts offenbaren, erscheint ihm die Welt. Ihm ist klar, daß er durch diese höheren Organe nichts willkürlich zu der Wirklichkeit hinzufügt, sondern daß ihm ohne dieselben der wesentliche Teil dieser Wirklichkeit *verborgen* geblieben wäre. [...]

Und so wie eine Photographie uns verständlich und lebensvoll wird, wenn wir der photographierten Person so nahetreten, daß wir ihre Seele erkennen lernen, so können wir auch die körperliche Welt nur wirklich verstehen, wenn wir ihre seelische und geistige Grundlage kennen lernen. Deshalb empfiehlt es sich, hier zuerst von den höheren Welten, von der seelischen und geistigen, zu sprechen und dann erst die physische vom geisteswissenschaftlichen Gesichtspunkte aus zu beurteilen.

Ein Märchen, das ich als Kind hörte, «Treu und Untreu», handelt davon, wie Treu, der sein Augenlicht verloren hat – Sinnbild natürlich auch für die Erkenntniskraft –, seine Augen mit dem Tau eines bestimmten Baumes bestreicht und daraufhin die winzigsten Dinge in größter Entfernung sehen kann. Die folgende Passage von Steiner, insbesondere der Schluß, erinnert mich lebhaft an dieses Märchen. Wir können nur dann eine tiefe Einsicht in die Welt der Natur erlangen, wenn wir ihr nicht unsere eigenen Vorstellungen aufdrängen. Im Märchen verfolgt Untreu seine persönlichen Ziele, indem er sich selbstherrlich der Umgebung aufzwingt, und so endet er schließlich in größter Not und Armut.

Kein blinder Glaube, wohl aber die Aufnahme der geisteswissenschaftlichen Gedankenwelt wird bei der Erschließung der höheren Sinne vorausgesetzt. Der Geistesforscher tritt seinem Schüler entgegen mit der Zumutung: *nicht glauben* sollst du, was ich dir sage, sondern es *denken*, es zum Inhalte deiner eigenen Gedankenwelt machen, dann werden meine Gedanken schon selbst in dir bewirken, daß du sie in ihrer Wahrheit erkennst. […]

Schon in dem Gesagten liegt eine erste Eigenschaft angedeutet, die derjenige in sich ausbilden muß, der zu eigener Anschauung höherer Tatsachen kommen will. Es ist die *rückhaltlose, unbefangene Hingabe* an dasjenige, was das Menschenleben oder auch die außermenschliche Welt offenbaren. Wer von vornherein mit dem Urteil, das er aus seinem bisherigen Leben mitbringt, an eine Tatsache der Welt herantritt, der verschließt sich durch solches Urteil gegen die ruhige, allseitige Wirkung, welche diese Tatsache auf ihn ausüben kann. Der Lernende muß in jedem Augenblicke sich zum völlig leeren Gefäß machen können, in das die fremde Welt einfließt. Nur diejenigen Augenblicke sind solche der Erkenntnis, wo jedes Urteil, jede Kritik schweigen, die von uns ausgehen. Es kommt z. B. gar nicht darauf an, wenn wir einem Menschen gegenübertreten, ob wir weiser sind als er. Auch das unverständigste Kind hat dem höchsten Weisen etwas zu offenbaren. Und wenn dieser mit seinem noch so weisen Urteil an das Kind herantritt, so schiebt sich seine Weisheit wie ein trübes Glas vor dasjenige, was das Kind ihm offenbaren soll.[1] Zu dieser Hingabe an die Offenbarungen der fremden Welt gehört völlige innere Selbstlosigkeit. Und wenn sich der Mensch prüft, in welchem Grade er diese Hingabe hat, so wird er erstaunliche Entdeckungen an sich selbst machen. Will einer den Pfad der höheren Erkenntnis betreten, so muß er sich darin üben, sich selbst mit allen seinen Vorurteilen in jedem Augenblicke auslöschen zu können. Solange er sich auslöscht, fließt das andere in ihn hinein. [...]

Man lasse die Dinge und Ereignisse mehr *zu sich* sprechen, als daß man über sie spreche. Und man dehne das auch auf seine Gedankenwelt aus. Man unterdrücke *in sich* dasjenige, was diesen oder jenen Gedanken bildet, und lasse lediglich das, was draußen ist, die Gedanken bewirken. [...]

Durch diese Übung macht sich der Mensch aufnahmefähig für alles dasjenige, was ihn umgibt. Aber zur Aufnahmefähigkeit muß auch die richtige Schätzung treten. Solange der Mensch noch geneigt ist, sich selbst auf Kosten der ihn umgebenden Welt zu überschätzen, so lange ver-

1 Dieses unbefangene Hingeben hat mit einem «blinden Glauben» nicht das geringste zu tun. Es kommt nicht darauf an, daß man blind an etwas glaubt, sondern darauf, daß man nicht das «blinde Urteil» an Stelle des lebendigen Eindruckes setzt.

legt er sich den Zugang zu höherer Erkenntnis. Wer einem jeglichen Dinge oder Ereignisse der Welt gegenüber sich der Lust oder dem Schmerze hingibt, die sie *ihm* bereiten, der ist in solcher Überschätzung seiner selbst befangen. [...] Jede Neigung, der man blindlings folgt, stumpft dafür ab, die Dinge der Umgebung im rechten Licht zu sehen. Wir drängen uns gleichsam, der Neigung folgend, durch die Umgebung hindurch, statt sich ihr auszusetzen und sie in ihrem Werte zu fühlen. [...]

Und was der Erkenntnis Suchende für sein Denken, das muß er auch für sein Handeln anstreben. Dies muß, ohne störende Einflüsse von seiten seiner Persönlichkeit, den Gesetzen des edlen Schönen und ewig Wahren folgen können. Diese Gesetze müssen ihm die Richtung geben können. [...] Im alltäglichen Leben lassen sich die Menschen von dem zu ihren Handlungen bestimmen, was sie persönlich befriedigt, was *ihnen* Früchte trägt. Dadurch zwingen sie die Richtung ihrer Persönlichkeit dem Gang der Welterscheinungen auf. Sie verwirklichen nicht das Wahre, das in den Gesetzen der geistigen Welt vorgezeichnet ist, sie verwirklichen die Forderung ihrer Willkür. Erst dann wirkt man im Sinne der geistigen Welt, wenn man allein deren Gesetze befolgt. [...]

Solange man persönlich mit der Welt lebt, so lange enthüllen die Dinge auch nur das, was sie mit unserer Persönlichkeit verknüpft. Das aber ist ihr Vergängliches. Ziehen wir uns selbst von unserem Vergänglichen zurück und leben wir mit unserem Selbstgefühl, mit unserem «Ich» in unserem Bleibenden, dann werden die vergänglichen Teile an uns zu Vermittlern; und was sich durch sie enthüllt, das ist ein Unvergängliches, ein Ewiges an den Dingen. [...] Wenn ich einen Stein, eine Pflanze, ein Tier, einen Menschen beobachte, soll ich eingedenk sein können, daß sich in all dem ein Ewiges ausspricht. Ich soll mich fragen können, was lebt als Bleibendes in dem vergänglichen Stein, in dem vergänglichen Menschen? Was wird die vorübergehende sinnliche Erscheinung überdauern? – Man soll nicht glauben, daß solches Hinlenken des Geistes zum Ewigen die hingebungsvolle Betrachtung und den Sinn für die Eigenschaften des Alltags in uns austilge und uns der unmittelbaren Wirklichkeit entfremde. Im Gegenteil. Jedes Blatt, jedes Käferchen wird uns unzählige Geheimnisse enthüllen, wenn unser *Auge* nicht nur, sondern *durch* das *Auge* der Geist auf sie gerichtet ist. Jedes Glitzern, jede Farbennuance, jeder Tonfall werden den Sinnen lebhaft und wahrnehmbar bleiben, nichts wird verloren gehen; nur unbegrenztes neues Leben wird hinzugewonnen werden. Und wer nicht mit dem Auge das Kleinste zu beobachten versteht, wird auch nur zu blassen, blutleeren Gedanken, nicht aber zu geistigem Schauen kommen. – Es hängt von der *Gesinnung* ab, die wir uns in dieser Richtung erwerben.

Die Wahrnehmung vertiefen, sich auf Naturphänomene einstellen

Die bloße Einsicht, daß wir unsere physischen Wahrnehmungen und unser Verständnis der Natur verfeinern müssen, kann nicht genügen. Steiner skizziert im folgenden Aspekte einer meditativen Praxis, die unser Einfühlungsvermögen in Naturprozesse und -phänomene steigern kann. Er legt uns nahe, sorgfältig auf höchst subtile Erfahrungen zu achten, da sie in Wirklichkeit ein erster Schimmer der zu und durch uns sprechenden Welt sind – statt uns selber der Welt aufzudrängen. So können wir allmählich empfänglich werden, uns zu einem Instrument heranbilden, in dem die Natur eine Resonanz erzeugt.

DER ANFANG MUSS damit gemacht werden, die Aufmerksamkeit der Seele auf gewisse Vorgänge in der uns umgebenden Welt zu lenken. Solche Vorgänge sind das sprießende, wachsende und gedeihende Leben einerseits, und alle Erscheinungen, die mit Verblühen, Verwelken, Absterben zusammenhängen, anderseits. Überall, wohin der Mensch die Augen wendet, sind solche Vorgänge gleichzeitig vorhanden. Und überall rufen sie naturgemäß auch in dem Menschen Gefühle und Gedanken hervor. Aber nicht genug gibt sich, unter gewöhnlichen Verhältnissen, der Mensch diesen Gefühlen und Gedanken hin. Dazu eilt er viel zu rasch von einem Eindruck zum anderen. Es handelt sich darum, daß er intensiv die Aufmerksamkeit ganz bewußt auf diese Tatsachen lenke. Er muß, wo er Blühen und Gedeihen einer ganz bestimmten Art wahrnimmt, alles andere aus seiner Seele verbannen und sich kurze Zeit ganz allein *diesem einen* Eindrucke überlassen. Er wird sich bald überzeugen, daß ein Gefühl, das in einem solchen Falle durch seine Seele früher nur durchgehuscht ist, anschwillt, daß es eine kräftige und energische Form annimmt. Diese Gefühlsform muß er dann ruhig in sich nachklingen lassen. Er muß dabei ganz still in seinem Innern werden. Er muß sich abschließen von der übrigen Außenwelt und ganz allein dem folgen, was seine Seele zu der Tatsache des Blühens und Gedeihens sagt.

Dabei soll man nur ja nicht glauben, daß man weit kommt, wenn man seine *Sinne* etwa stumpf macht gegen die Welt. Erst schaue man so lebhaft, so genau, als es nur irgend möglich ist, die Dinge an. *Dann* erst gebe man sich dem in der Seele auflebenden Gefühle, dem aufsteigenden Gedanken hin. Worauf es ankommt, ist, daß man auf *beides,* im völligen inneren Gleichgewicht, die Aufmerksamkeit richte. Findet man die nötige Ruhe und gibt man sich dem hin, was in der Seele auflebt, dann wird man, nach entsprechender Zeit, das Folgende *erleben.* Man wird neue Arten von Gefühlen und Gedanken in seinem Innern aufsteigen sehen, die man vorher nicht gekannt hat. Je öfter man in einer solchen Weise die Aufmerksamkeit auf etwas Wachsendes, Blühendes und Gedeihendes und damit abwechselnd auf etwas Welkendes, Absterbendes lenkt, desto lebhafter werden diese Gefühle werden. Und aus den Gefühlen und Gedanken, die so entstehen, bauen sich die Hellseherorgane ebenso auf, wie sich durch Naturkräfte aus belebtem Stoffe Augen und Ohren des physischen Körpers aufbauen. [...] Wer oft die Aufmerksamkeit auf den Vorgang des Werdens, des Gedeihens, des Blühens gelenkt hat, der wird etwas fühlen, was der Empfindung bei einem Sonnenaufgang *entfernt ähnlich* ist. Und aus dem Vorgang des Welkens, Absterbens wird sich ihm ein Erlebnis ergeben, das in ebensolcher Art mit dem langsamen Aufsteigen des Mondes im Gesichtskreis zu vergleichen ist. Diese beiden Gefühle sind zwei Kräfte, die bei gehöriger Pflege, bei immer lebhafter werdender Ausbildung zu den bedeutsamsten geistigen Wirkungen führen. Wer sich immer wieder und wieder planmäßig, mit Vorsatz, solchen Gefühlen überläßt, dem eröffnet sich eine neue Welt.

Belebtes und Unbelebtes

Eine weitere Pflege hat der Geheimschüler der Welt der *Töne* angedeihen zu lassen. Man unterscheide da zwischen dem Tone, der durch das sogenannte *Leblose* (einen fallenden Körper, eine Glocke oder ein Musikinstrument) hervorgebracht wird, und dem, welcher von Lebendigem (einem Tiere oder Menschen) stammt. Wer eine Glocke hört, wird den Ton wahrnehmen und ein angenehmes

Gefühl daran knüpfen; wer den Schrei eines Tieres hört, wird außer diesem Gefühl in dem Tone noch die Offenbarung eines inneren Erlebnisses des Tieres, Lust oder Schmerz, verspüren. Bei der letzteren Art von Tönen hat der Geheimschüler einzusetzen. Er soll seine ganze Aufmerksamkeit darauf lenken, daß der Ton ihm etwas verkündet, was außer der eigenen Seele liegt. Und er soll sich versenken in dieses Fremde. Er soll sein Gefühl innig verbinden mit dem Schmerz oder der Lust, die ihm durch den Ton verkündet werden. Er soll darüber hinweg sich setzen, was *für ihn* der Ton ist, ob er ihm angenehm oder unangenehm ist, wohlbehaglich oder mißfällig; nur das soll seine Seele erfüllen, was in dem Wesen vorgeht, von dem der Ton kommt. Wer planmäßig und mit Vorbedacht solche Übungen macht, der wird sich dadurch die Fähigkeit aneignen, mit einem Wesen, sozusagen, zusammenzufließen, von dem der Ton ausgeht. [...] Und dadurch senkt sich in Gefühls- und Gedankenwelt eine neue Anlage. Die ganze Natur fängt an, dem Menschen durch ihr Ertönen Geheimnisse zuzuraunen. Was vorher seiner Seele unverständlicher Schall war, wird dadurch sinnvolle *Sprache der Natur.* Und wobei er vorher nur Ton gehört hat, beim Erklingen des sogenannten Leblosen, vernimmt er jetzt eine neue Sprache der Seele.

Stein, Pflanze, Tier

Der erste Anfang wird damit gemacht, in einer bestimmten Art verschiedene Naturwesen zu betrachten, und zwar zum Beispiele: einen durchsichtigen, schön geformten Stein (Kristall), eine Pflanze und ein Tier. Man suche zuerst seine ganze Aufmerksamkeit auf einen Vergleich des Steines mit dem Tier in folgender Art zu lenken. Die Gedanken, die hier angeführt werden, müssen, von lebhaften Gefühlen begleitet, durch die Seele ziehen. Und kein anderer Gedanke, kein anderes Gefühl dürfen sich einmischen und die intensiv aufmerksame Betrachtung stören. Man sage sich: «Der Stein hat eine Gestalt; das Tier hat auch Gestalt. Der Stein bleibt *ruhig* an seinem Ort. Das Tier verändert seinen Ort. Es ist der Trieb (die Begierde), welcher das Tier veranlaßt, seinen Ort zu ändern. Und die Triebe sind es auch, denen die Gestalt des Tieres dient. Seine Organe, seine Werkzeuge sind diesen Trieben gemäß ausgebildet. Die Gestalt des Steins ist nicht nach Begierden, sondern durch begierdelose Kraft gebildet.» Wenn man sich intensiv in diese Gedanken versenkt und dabei mit gespannter Aufmerksamkeit Stein und Tier betrachtet: dann leben in der Seele zwei ganz verschiedene Gefühlsarten auf. Aus dem Stein strömt die eine Art des Gefühls, aus dem Tiere die andere Art in unsere Seele. Die Sache wird wahrscheinlich im Anfange nicht gelingen: aber nach und nach, bei wirklicher geduldiger Übung, werden sich diese Gefühle einstellen. Man muß nur immerfort und fort üben. Erst sind die Gefühle nur so lange vorhanden, als die Betrachtung dauert, später wirken sie nach. Und dann werden sie zu etwas, was in der Seele lebendig bleibt. […] Tritt dann in der Betrachtung noch die Pflanze hinzu, so wird man bemerken, daß das von ihr ausgehende Gefühl, seiner Beschaffenheit und auch seinem Grade nach, in der Mitte liegt zwischen dem vom Stein und dem vom Tier ausströmenden.

Samenkorn-Meditation

Man lege ein kleines Samenkorn einer Pflanze vor sich hin. Es kommt darauf an, sich vor diesem unscheinbaren Ding die rechten Gedanken intensiv zu machen und durch diese Gedanken gewisse Gefühle zu entwickeln. Zuerst mache man sich klar, was man wirklich mit Augen sieht. Man beschreibe für sich Form, Farbe und alle sonstigen Eigenschaften des Samens. Dann überlege man folgendes. Aus diesem Samenkorn wird eine vielgestaltige Pflanze entstehen, wenn es in die Erde gepflanzt wird.

Man vergegenwärtige sich diese Pflanze. Man baue sie sich in der Phantasie auf. Und dann denke man: Was ich mir jetzt in meiner Phantasie vorstelle, das werden die Kräfte der Erde und des Lichtes später wirklich aus dem Samenkorn hervorlocken. Wenn ich ein künstlich geformtes Ding vor mir hätte, das ganz täuschend dem Samenkorn nachgeahmt wäre, so daß es meine Augen nicht von einem wahren unterscheiden könnten, so würde keine Kraft der Erde und des Lichtes aus diesem eine Pflanze hervorlocken. Wer sich diesen Gedanken ganz klar macht, wer ihn innerlich erlebt, der wird sich auch den folgenden mit dem *richtigen Gefühle* bilden können. Er wird sich sagen: in dem Samenkorn ruht schon auf verborgene Art – als *Kraft* der ganzen Pflanze – das, was später aus ihm herauswächst. In der künstlichen Nachahmung ruht diese Kraft nicht. Und doch sind *für meine Augen* beide gleich. In dem wirklichen Samenkorn ist also etwas *unsichtbar* enthalten, was in der Nachahmung nicht ist. Auf dieses Unsichtbare lenke man nun Gefühl und Gedanken. Man stelle sich vor: dieses Unsichtbare wird sich später in die sichtbare Pflanze verwandeln, die ich in Gestalt und Farbe vor mir haben werde. Man hänge dem Gedanken nach: *das Unsichtbare wird sichtbar werden.* Könnte ich nicht *denken,* so könnte sich mir auch nicht schon jetzt ankündigen, was erst später sichtbar werden wird.

Besonders deutlich sei es betont: Was man da denkt, muß man auch intensiv *fühlen.* Man muß in *Ruhe,* ohne alle störenden Beimischungen anderer Gedanken, den einen oben angedeuteten in sich *erleben.* Und man muß sich Zeit lassen, so daß sich der Gedanke und das Gefühl, das sich an ihn knüpft, gleichsam in die Seele einbohren. – Bringt man das in der rechten Weise zustande, dann wird man nach einiger Zeit – vielleicht erst nach vielen Versuchen – eine Kraft in sich verspüren. Und diese Kraft wird eine neue Anschauung erschaffen. Das Samenkorn wird wie in einer kleinen Lichtwolke eingeschlossen erscheinen. Es wird auf sinnlich-geistige Weise als eine Art *Flamme* empfunden werden. Gegenüber der Mitte dieser Flamme empfindet man so, wie man beim Eindruck der Farbe *Lila* empfindet; gegenüber dem Rande, wie man der Farbe *Bläulich* gegenüber empfindet. – Da erscheint das, was man vorher nicht gesehen hat und was die Kraft des Gedankens und der Gefühle geschaffen hat, die man in sich erregt hat. Was sinnlich unsichtbar war, die Pflanze, die erst später sichtbar werden wird, das offenbart sich da auf geistig-sichtbare Art.

Es ist begreiflich, daß mancher Mensch das alles für Illusion halten wird. Viele werden sagen: «Was sollen mir solche Gesichte, solche Phantasmen?» Und manche werden abfallen und den Pfad nicht fortsetzen. Aber gerade darauf kommt es an: in diesen schwierigen Punkten der menschlichen Entwicklung nicht Phantasie und geistige Wirklichkeit miteinander zu verwechseln. Und ferner darauf, den Mut zu haben, vorwärts zu dringen und nicht furchtsam und kleinmütig zu werden. Auf der anderen Seite aber muß allerdings betont werden, daß der *gesunde* Sinn, der Wahrheit und Täuschung unterscheidet, fortwährend gepflegt werden muß. Der Mensch darf während all dieser Übungen nie die volle *bewußte* Herrschaft über sich selbst verlieren. So sicher, wie er über die Dinge und Vorgänge des Alltagslebens denkt, so muß er auch hier denken. Schlimm wäre es, wenn er in Träumerei verfiele. Verstandesklar, um nicht zu sagen: nüchtern, muß er in jedem Augenblicke bleiben. [...]

Eine weitere Übung, die sich an die beschriebene anzuschließen hat, ist die folgende. Man stelle sich einer Pflanze gegenüber, die sich auf der Stufe der vollen Entwicklung befindet. Nun erfülle man sich mit dem Gedanken, daß die Zeit kommen werde, wo diese Pflanze abstirbt. Nichts wird von dem mehr sein, was ich jetzt vor mir sehe. Aber diese Pflanze wird dann Samenkörner aus sich entwikkelt haben, die wieder zu neuen Pflanzen werden. Wieder werde ich gewahr, daß in dem, was ich sehe, etwas verborgen ruht, was ich nicht sehe. Ich erfülle mich ganz mit dem Gedanken: diese Pflanzengestalt mit ihren Farben wird künftig nicht mehr sein. Aber die Vorstellung, daß sie Samen bildet, lehrt mich, daß sie nicht in Nichts verschwinden werde. Was sie vor dem Verschwinden bewahrt, kann ich jetzt ebensowenig mit Augen sehen, wie ich früher die Pflanze im Samenkorn habe sehen können. *Es gibt also in ihr etwas, was ich nicht mit Augen sehe.* Lasse ich diesen Gedanken in mir leben und verbindet sich das entsprechende *Gefühl* in mir mit ihm, dann entwickelt sich wieder, nach angemessener Zeit, in meiner Seele eine Kraft, die zur *neuen Anschauung* wird. Aus der Pflanze wächst wieder eine Art von geistiger *Flammenbildung* heraus. Diese ist natürlich entsprechend größer als die vorhin geschilderte. Die Flamme kann etwa in ihrem mittleren Teile grünlichblau und an ihrem äußeren Rande gelblichrot empfunden werden.

Es muß ausdrücklich betont werden, daß man, was hier als «Farben» bezeichnet wird, *nicht* so sieht, wie physische Augen die Farben sehen, sondern daß man durch die *geistige* Wahrnehmung Ähnliches empfindet, wie wenn man einen physischen Farbeneindruck hat. Geistig «blau» wahrnehmen heißt etwas empfinden oder erfühlen, was ähnlich dem ist, was man empfindet, wenn der Blick des physischen Auges auf der Farbe «Blau» ruht. [...]

Denn darauf kommt es an, daß nicht *ich* in bloßer Willkür mir Anschauungen schaffe, sondern darauf, daß die Wirklichkeit sie *in mir* erschafft.

Wahre Erkenntnis der Welt, sagt Steiner, ist undenkbar ohne Liebe zu ihr. Ein durch Ausbeutung geprägtes Verhalten der Natur gegenüber ist daher nur der äußere Ausdruck und Vollzug einer selbstbezogenen und folglich grundsätzlich lieblosen Denkweise und Gefühlsart.

Man muß wissen, daß das eigene Dasein ein Geschenk des ganzen Weltalls ist. Was ist alles notwendig, damit jeder von uns sein Dasein empfangen und fristen kann! Was verdanken wir der Natur und anderen Menschen! Zu solchen Gedanken müssen diejenigen geneigt sein, die Geheimschulung wollen. Wer sich ihnen nicht hingeben kann, der vermag nicht in sich jene *Allliebe* zu entwickeln, die notwendig ist, um zu höherer Erkenntnis zu kommen. Etwas, das ich nicht liebe, kann sich mir nicht offenbaren. Und eine jede Offenbarung muß mich mit Dank erfüllen, denn ich werde durch sie reicher. […]

Und die Menschenliebe muß sich allmählich erweitern zur Liebe zu allen Wesen, ja zu allem Dasein. Wer die genannten Bedingungen nicht erfüllt, wird auch nicht die volle Liebe zu allem Aufbauen, zu allem Schaffen haben, und die Neigung, alle Zerstörung, alles Vernichten als solche zu unterlassen. Der Geheimschüler muß so werden, daß er nie etwas vernichtet um des Vernichtens willen, nicht in Handlungen, aber auch nicht in Worten, Gefühlen und Gedanken.

Ein Weg, um von einer trockenen und abstrakten zu einer beweglichen, lebendigen Wahrnehmung der Welt zu gelangen, besteht darin, einen feinen Sinn für den Wechsel der Jahreszeiten zu entwickeln – ähnlich vielleicht der Fähigkeit, die wechselnden Empfindungen im Gesicht eines Freundes abzulesen und mitzuempfinden. Wenn wir uns ganz von uns selbst und unseren Gedanken in Anspruch nehmen lassen, ist es enorm schwierig, auf einander zuzugehen. Steiner schlägt hier ein Thema an, das er in den folgenden Aussagen entfaltet – nämlich daß die Erde tatsächlich ein lebendiges Wesen ist.

Wenn man aber diese andere Orientierung bekommt, dann wird nach einiger Zeit nicht nur der menschliche Intellekt dadurch eine Schulung durchmachen, sondern es wird das menschliche Gemüt eben eine Schulung durchmachen; es wird feiner empfindlich werden, dieses Gemüt. Und das Gemüt wird nicht nur den Winter so fühlen, daß man sich da den Winterrock anzieht, wenn es kalt wird, und es wird den Sommer nicht nur so fühlen, daß man eine Anzahl Kleider ablegt, wenn es wieder warm wird, sondern man wird im Laufe des Jahres jene feinen Übergänge vorgehen fühlen von dem frostigen Schnee im Winter zur schwülen Hochsommerzeit im Erdendasein. Und man wird lernen, den Gang des Jahres wirklich so zu empfinden, wie wir die Äußerungen eines lebendigen, beseelten Wesens empfinden. Ja man kann durch richtiges Anthroposophiestudieren das Gemüt so weit bringen, daß einem der Jahreslauf so sprechend wirklich wird, daß man sich den Äußerungen dieses Jahreslaufes gegenüber fühlt wie den Zusprüchen oder den Absprüchen einer Freundesseele. Wie man aus den Worten der Freundesseele, aus dem ganzen Gebaren der Freundesseele empfinden kann den warmen Pulsschlag des beseelten Wesens, der einen wahrhaftig anders anspricht als irgend etwas Lebloses, Unbeseeltes, so wird die erst stumme Natur wie beseelt für den Menschen zu sprechen beginnen können. Der Mensch wird Seele, im Werden verlaufende Seele im Jahreslaufe empfinden lernen, wird hinhorchen lernen auf das, was das Jahr zu sagen hat, wie auf das große lebendige Wesen, während er es sonst in seinem Leben mit kleinen lebendigen Wesens zu tun hat, er wird lernen, sich in den ganzen beseelten Kosmos hineinzustellen. Wenn aber dann der Sommer übergeht in den Herbst und der Winter sich naht, dann wird ihm gerade dadurch ein Besonderes aus der Natur heraus sprechen.

Wer diejenige feine Empfindung gegenüber der Natur, die ich charakterisieren wollte, nach und nach sich aneignet [...], wird unterscheiden lernen: Naturbewußtsein, das da entsteht während der Frühlings- und Sommerzeit, und eigentliches Selbstbewußtsein, das da sich wohlfühlt während der Herbstes- und Winterzeit. Naturbewußtsein: die Erde entwickelt, wenn der Frühling kommt, ihr sprießendes, sprossendes Leben. Und wer die richtige Empfindung gegenüber diesem sprießenden, sprossenden Leben hat, wer sprechen läßt in sich, was da eigentlich während des Frühlings vorhanden ist – man braucht es nicht bewußt zu haben, es spricht auch im Unterbewußtsein zum vollen menschlichen Leben –, wer das alles hat, der sagt nicht bloß: Die Blume blüht, die Pflanze keimt –, sondern der fühlt wahrhaftig ein Hingegebensein an die Natur, so daß er sagen kann: Mein Ich blüht in der Blume, mein Ich keimt in der Pflanze. – Dadurch erst entsteht Naturbewußtsein, daß man mitmachen lernt dasjenige, was im sprießenden, sprossenden Leben sich entwickelt, sich entfaltet. Mit der Pflanze keimen können, mit der Pflanze blühen können, mit der Pflanze fruchten können: das ist das, was Herausgehen des Menschen aus seinem Inneren bedeutet, was Aufgehen in der äußeren Natur bedeutet. Geistigkeit entwickeln bedeutet wahrhaftig nicht, sich verabstrahieren. Geistigkeit entwickeln bedeutet, dem Geist in seinem Weben und Werden nachfolgen können. Und wenn so der Mensch, indem er mit der Blüte blüht, mit dem Keime keimt, mit der Frucht fruchtet, selber in seiner feinen Naturempfindung die Frühlings- und Sommerzeit hindurch dieses Naturempfinden entwickelt, so bereitet er sich dadurch vor, gerade in der Hochsommerzeit hingegeben an das Weltenall, an den Sternenhimmel zu leben. Dann wird jedes Leuchtkäferchen etwas wie eine geheimnisvolle Offenbarung des Kosmischen; dann wird, ich möchte sagen, jeder Hauch in der Atmosphäre zur Hochsommerzeit eine Ankündigung vom Kosmischen innerhalb des Irdischen.

Dann aber, wenn die Erde wieder einatmet, und wenn man gelernt hat, mit der Natur zu empfinden, mit den Blumen zu blühen, mit den Keimen zu keimen, mit den Früchten zu fruchten, dann kann man allerdings nicht anders, weil man gelernt hat, mit seinem eigenen Wesen in der Natur zu sein, als nun auch das Herbsten und das Wintern mitzuerleben. Wer gelernt hat, mit der Natur zu leben, der bringt es auch dahin, mit der Natur zu sterben. Wer gelernt hat, im Frühling mit der Natur zu leben, der lernt auch, im Herbst mit der Natur zu sterben. [...]

Aber der Mensch darf nicht sterben. Der Mensch darf sich nicht überwältigen lassen. Er kann mit der sprießenden, sprossenden Natur mitleben, er kann an ihr das Naturbewußtsein entwickeln. Aber wenn er das Sterben mit der Natur miterlebt, dann ist dieses Miterleben die Aufforderung, in seinem Inneren die eigenen Schaffenskräfte seines Wesens diesem Sterben entgegenzustellen. Dann sprießt und sproßt das Geistig-Seelische, das eigentliche Selbstbewußtsein in ihm auf, und er wird im innerlichen Erleben, wenn er das Sterben der Natur im Herbste und Winter mitmacht, der Auferwecker seines eigenen Selbstbewußtseins im höchsten Grade. Und so wird der Mensch, so metamorphosiert er sich selber im Jahreslaufe, indem er erlebt: Naturbewußtsein – Selbstbewußtsein. Da muß dann, wenn das Sterben der Natur mitgemacht wird, die innere Lebenskraft erwachen. [...]

So muß einfach anthroposophisches Wissen, anthroposophische Erkenntnis als Kraft in das menschliche Gemüt einfließen. Und der Weg geht von unseren trokkenen, abstrakten, aber exakten Vorstellungen dahin, wo die ins Gemüt aufgenommene lebendige Erkenntnis uns wiederum hinstellt vor etwas, was so lebensvoll ist [...]. Der lebendige Geist, der in der Natur zu uns spricht, wie die Menschenseele in einem Menschen zu uns spricht, er ist es erst, der belebend und erhebend in das menschliche Gemüt einziehen kann.

Dann aber wird dieses menschliche Gemüt aus einer solchen, im Gemüte verwandelten Erkenntnis auch für das Erdendasein jene Kräfte gewinnen, welche die Menschheit gerade für das soziale Leben braucht. Die Menschheit hat sich durch drei bis vier Jahrhunderte angewöhnt, alles Naturdasein und auch das Menschendasein nur mit intellektuellen, abstrakten Vorstellungen anzuschauen. Und jetzt, wo die Menschheit vor die großen Probleme des sozialen Chaos gestellt wird, möchte man mit diesem Intellektualismus auch die sozialen Probleme lösen. Niemals aber werden die Menschen damit etwas anderes als Schimären erzeugen. Um auf dem sozialen Gebiete mitreden zu können, dazu gehört ein volles Menschenherz. Aber das kann nicht da sein, wenn der Mensch nicht seine Beziehung zum Kosmos und namentlich zum geistigen Inhalt des Kosmos findet.

Ökologie ist bekanntlich die Wissenschaft von den Wechselbeziehungen zwischen Biosystemen, und Steiner plädiert in diesem Zusammenhang für eine erweiterte, allumfassende Naturbetrachtung. Alles ist auf irgendeine Weise mit allem verbunden, und der enge Fokus des Mikroskops kann uns letztlich nicht helfen, die Dinge in ihrer Ganzheit zu sehen.

NUN SIND ABER tatsächlich die Pflanzen, die Tiere, die da leben, auch alle Parasiten in den Pflanzen, sie sind durch sich selber nicht zu begreifen. Und es war schon richtig, was ich in den ersten Stunden bereits zu Ihnen gesagt habe, als ich sagte, derjenige redet natürlich einen Unsinn, der die Magnetnadel betrachten will und für den Umstand, daß sie sich immer nach Norden bewegt, in der Magnetnadel selber die Ursache sieht. Das tut man nicht, man nimmt die ganze Erde, gibt der Erde einen magnetischen Nordpol, einen magnetischen Südpol, und man muß zur Erklärung die ganze Erde zu Hilfe nehmen. Geradeso, wie man bei der Magnetnadel die ganze Erde, um die Eigenschaften der Magnetnadel zu erklären, heranziehen muß, so muß man eben, wenn man an die Pflanzen kommt, nicht bloß auf das Pflanzliche, Tierische, Menschliche sehen, sondern man muß das ganze Universum zu Rate ziehen. Denn aus dem ganzen Universum ist all das Leben heraus, nicht bloß aus demjenigen, was die Erde uns überläßt. Die Natur ist ein Ganzes, von überall her wirken die Kräfte. Wer einen offenen Sinn hat für das offensichtliche Kräftewirken, der begreift die Natur. Was tut aber die Wissenschaft heute? Sie macht ein kleines Tellerchen, legt darauf ein Präparat, sondert sorgfältig alles ab und guckt da nun hinein. Man schließt von allen Seiten, was da hineinwirken könnte, ab. Man nennt es dann Mikroskop. Es ist ja das Gegenteil desjenigen, was man eigentlich tun soll, um solches Verständnis zu gewinnen für die Weiten. Man ist nicht mehr zufrieden, daß man sich im Zimmer abschließt; man schließt sich ab in dieser Röhre von der ganzen herrlichen Welt. Da darf nichts anderes bleiben, als dasjenige ist, was in das Objektiv hineinkommt. Dazu ist man nach und nach gekommen, mehr oder weniger überzugehen zum Mikroskop. Wenn wir aber den Weg finden werden zum Makrokosmos, dann wird man wieder von der Natur und mancherlei anderen Dingen etwas verstehen.

Kapitel II: Die lebendige Erde

Das Wesen Erde

In den folgenden kurzen Abschnitten nimmt Steiner aus mehreren, sich leicht voneinander unterscheidenden Blickwinkeln die Gaia-Hypothese von James Lovelock vorweg: Die Erde ist nicht bloße «Materie», sondern ein lebendiges Wesen. Unendlich komplexe und subtile Prozesse spielen sich in ihrem Organismus ab. Insbesondere hebt Steiner die Tatsache hervor, daß die Menschen in komplizierter Weise mit der Erde verbunden sind und daß uns unsere geographische Lage nachhaltig bestimmt. Wir müssen über eine in sich geschlossene Wahrnehmung von uns selbst als Menschen hinausgelangen zu einer umfassenderen, tieferen Erfahrung unseres Verbundenseins mit der ganzen Erde und dem sie umgebenden Kosmos. Als die Menschheit noch jung war, mußten wir lernen, auf eigenen Füßen zu stehen, jetzt aber – da wir hoffentlich immer erwachsener und verantwortungsbewußter werden – können wir uns bewußt machen, was wir der Erde schulden und was wir nun unsererseits für sie tun müssen.

Heute reden die Leute über die Natur ja meist Unsinn. Wenn sie eine Pflanze sehen, dann reißen sie sie aus der Erde aus und treiben Botanik, weil sie gar nichts wissen über die Sache. Wenn ich ein Haar ausreiße und es beschreibe, so ist das ein Unsinn, denn das Haar kann nur auf dem Menschen oder auf einem Tiere wachsen, kann nicht für sich entstehen; Sie können nicht irgendwo an einen leblosen Stein etwas hinbringen, wo ein Haar wachsen soll. Da muß ein Lebendiges zugrunde liegen. Nun, die Pflanzen sind also die Haare der Erde, weil die Erde lebt. Und so wie der Mensch die Luft braucht zum Leben, so braucht die Erde den Sternenschein mit seiner Geistigkeit; den atmet sie ein, damit sie leben kann. Und so wie der Mensch auf der Erde herumgeht mit seiner Bewegung, so geht die Erde im Weltenraum herum. Sie lebt im ganzen Weltenraum. Die Erde ist ein lebendiges Wesen.

So können wir sagen, wenigstens das kann noch beim Osterfest erreicht werden, daß man sich erinnert: Die Erde selbst ist ein lebendiges Wesen. Wenn sie die Pflanzen hervortreibt, wird sie jung, wie das Kind jung ist, wenn es die frischen Haare bekommt. Der Greis verliert die Haare, wie die Erde im Herbst die Pflanzen verliert. – Das ist ein Leben, das nur in anderer Weise eingerichtet ist rhythmisch, Jugendleben im Frühling, Greisenleben im Herbste, wiederum Jugendleben, wiederum Greisenleben. Beim Menschen dauert das nur länger. Und so lebt eigentlich alles im Weltenraum.

Man muss wissen zum Beispiel, daß unsere ganze Erde nicht das tote Produkt ist, wie es heute die Mineralogie oder die Geologie meint, sondern ein lebendiges Wesen ist. Mineralogie oder Geologie kennt ja von der Erde so viel, als man vom Menschen kennen würde, wenn man nur das Knochensystem kennen würde. Denken Sie sich nur einmal: Sie würden gar niemals fähig sein, durch irgendwelche Sinne die Menschen zu sehen, sondern es würde nur Röntgenaufnahmen von Menschen geben und man würde von jedem, der einem bekannter ist, nur das Knochensystem kennen [...]. Denken Sie sich, Sie würden hier hereingehen und von all den verehrten Herrschaften, die Sie hier finden, nichts anderes als die Knochen sehen, dann hätten Sie soviel Bewußtsein von all den Gegenwärtigen hier, als die Wissenschaft heute von der Erde hat. Die

Erde, die man also nur als Knochensystem kennt, die ist ein lebendiger Organismus, und als lebendiger Organismus wirkt sie auf die Wesen, die auf ihr herumwandeln, nämlich auf die Menschen selber. Und so wie der Mensch differenziert ist in bezug auf die Verteilung seiner Organe über den Leib, so ist die Erde auch differenziert in bezug auf dasjenige, was sie lebendig aus sich herausentwickelt und womit sie die Menschen beeinflußt, die auf ihr herumwandeln. Ich meine, Sie sind sich dessen bewußt: wenn Sie denken, so werden Sie nicht gerade den rechten Zeigefinger oder die linke große Zehe anstrengen, sondern Ihren Kopf; Sie wissen ganz genau, Sie denken nicht mit Ihrer rechten großen Zehe, Sie denken mit dem Kopf. Also die Dinge verteilen sich im lebendigen Organismus, der ist differenziert. So ist auch unsere Erde differenziert. Ein Wesen, das etwa überall das gleiche auf seine Bewohner hinaufstrahlt, ist unsere Erde durchaus nicht, sondern auf den verschiedensten Gebieten der Erde wird ganz Verschiedenes hinaufgestrahlt. Und da gibt es verschiedene Kräfte: magnetische, elektrische, aber auch viel mehr in das Gebiet des Lebendigen heraufgehende Kräfte, die aus der Erde heraufkommen und die den Menschen beeinflussen in der mannigfaltigsten Weise in den verschiedensten Punkten der Erde, also nach der geographischen Gestaltung in verschiedener Weise den Menschen beeinflussen.

Aus manchem, was Sie aus der Geisteswissenschaft sich angeeignet haben, wird Ihnen vor allem klargeworden sein, daß unsere gesamte Erde, die wir als Gesamtmenschheit bewohnen, eine Art großen Lebewesens ist, daß wir selber wie die Glieder innerhalb des großen Lebewesens drinnenstehen; und in verschiedenen Vorträgen habe ich über die einzelnen Lebenserscheinungen dieses großen

Lebewesens gesprochen, das unsere Erde ist. Das Leben der Erde drückt sich in der mannigfaltigsten Weise aus. Unter anderem drückt es sich aber auch dadurch aus, daß gewisse Beziehungen bestehen zwischen den einzelnen Gebieten der Erde und dem Menschen, der auf der Erde wohnt. So wahr es ist – das ist ja eine sehr oberflächliche Wahrheit –, daß auf der einen Seite das Menschengeschlecht eine Einheit ist, so wahr ist es aber auch, daß die einzelnen Teile des Menschengeschlechtes, die über die verschiedenen Gebiete der Erde verteilt sind, differenziert sind nach diesen Gebieten, abhängig sind von ihnen, abhängig nicht nur nach den vielen Kräften, welche die äußere Naturwissenschaft und die Geographie erforschen, sondern auch abhängig von vielen geheimnisvolleren Kräften der einzelnen Gebiete der Erdoberfläche. Es bestehen schon gewisse, nicht ganz an der naturwissenschaftlichen Oberflächlichkeit liegende innere Beziehungen des Menschen zu dem Boden, den er bewohnt, zu dem Teil der Erde, dem er entsprossen ist. Das kann man am besten aus der Tatsache ersehen, daß sich solche Beziehungen im Laufe, wenn auch nicht kurzer, aber längerer geschichtlicher Perioden herstellen. Man könnte es schon an der Veränderung sehen, welche die europäischen Menschen durchmachen, die nach Amerika hinüberziehen und sich dort ansiedeln, wenn auch selbstverständlich die Zeit der Besiedelung Amerikas durch die Europäer noch so kurz ist, daß das, was hierbei in Betracht kommt, vorläufig nur angedeutet ist, es ist aber stark und deutlich angedeutet. Die äußere Konfiguration des europäischen Menschen ändert sich – es ist, wie gesagt, bisher nur angedeutet –, wenn er Amerika bewohnt, nicht gleich, wohl aber in der Generationenfolge. In der Bildung der Arme und Hände zum Beispiel, aber auch sonst in der Gesichtsbildung werden die Europäer – aber stellen Sie sich die Sache nicht schroff vor, sondern nur in Andeutungen – den alten

Indianern ähnlich, nehmen allmählich die persönlichen Eigentümlichkeiten des alten Indianertums an.

Diese Dinge sind zunächst im groben das, was uns hinweist auf gewisse Zusammenhänge zwischen dem großen Organismus der Erde und den einzelnen Gliedern dieses Organismus, eben den einzelnen Teilen der Erdbevölkerung.

Im Menschen finden fortwährend materielle Vorgänge statt, die eigentlich geistige Vorgänge sind. Der Mensch ißt. Dadurch nimmt er die Stoffe der äußeren Welt in seinen eigenen Organismus auf. Feste Stoffe, die verflüssigt werden, werden in den menschlichen Organismus aufgenommen und machen dabei eine Umwandlung durch. Der menschliche Organismus besteht ja aus allen möglichen Stoffen, die er von außen aufnimmt; aber nicht nur, daß er diese Stoffe aufnimmt, sondern indem er sie aufnimmt, machen sie auch einen gewissen Prozeß durch. Die Eigenwärme ist durch die aufgenommene Wärme und durch die Prozesse, welche die aufgenommenen Stoffe in unserem Organismus durchmachen, bedingt. Wir atmen. Mit dem Atmen nehmen wir den Sauerstoff auf; aber wir nehmen nicht nur Sauerstoff in uns auf, sondern indem wir in unserem Atmungsprozesse zusammengeschaltet sind mit dem, was in der Außenwelt, im Luftraume vorgeht, stehen wir auch in dem Rhythmus der Außenwelt drinnen. Unser eigener Rhythmus steht im Rhythmus des gesamten Weltenalls drinnen. [...] So stehen wir auch mit den rhythmischen Prozessen, die wir im eigenen Organismus durchmachen, mit der Umgebung in einem gewissen Verhältnis.

Der Mensch ist als physisches Wesen nicht eine Wirklichkeit für sich, sondern er ist ein physisches Wesen mit der ganzen Erde zusammen. Ebensowenig wie Sie eine Hand, die Sie abtrennen vom menschlichen Organismus, als irgend etwas Reales ansehen können – sie stirbt ab, sie ist nur denkbar im Zusammenhange mit dem Organismus –, ebensowenig wie Sie eine Rose, die gepflückt ist, als etwas Reales ansehen können – sie stirbt ab, sie ist nur denkbar im Verein mit dem ganzen in der Erde wurzelnden Rosenstock –, ebensowenig kann man auch den Menschen, wenn man ihn in seiner Ganzheit, Totalität beurteilen will, als bloß in den Grenzen seiner Haut eingeschlossen betrachten.

Die atmende, schlafende und wache Erde

In den folgenden beiden Auszügen setzt Steiner das Thema der Erde als lebendiger Organismus fort und macht auf Prozesse in ihr aufmerksam, die, in kleinerem Maßstab, auch in uns selbst stattfinden: Atmen, Schlafen und Wachen. Damit wir diese Prozesse und ihre Beziehung zu unserem eigenen Organismus wirklich erleben können, ist eine imaginative Beschäftigung mit der Erde erforderlich, zu der uns Steiner an anderer Stelle auffordert. Wie wir gesehen haben, sind solche Imaginationen keine Phantasiegebilde, sie stellen vielmehr einen Schritt dar, der zugleich nach innen und nach außen führt: die Erweiterung unserer eigenen inneren Wahrnehmung und die erkennende Beziehung zu dem höheren Wesen, von dem wir Teil sind.

Wir wollen heute einmal diesen Kreislauf der Erde als eine Art großer Atmung betrachten, welche die Erde vollzieht gegenüber ihrer kosmischen Umgebung. Wir können noch andere Vorgänge, die an der Erde und um die

Erde sich abspielen, als eine Art Atmungsvorgänge auffassen. Wir können auch von einer täglichen Atmung der Erde sprechen. Allein wir wollen heute einmal den Jahreslauf im großen wie einen mächtigen Atmungsprozeß der Erde ins Auge fassen, wobei allerdings nicht die Luft von der Erde aus- und eingeatmet wird, sondern diejenigen Kräfte, welche zum Beispiel in der Vegetation des Pflanzlichen wirken, die Kräfte, die im Frühling aus der Erde die Pflanzen heraustreiben, die im Herbst wiederum sich zurückziehen in die Erde, welk werden lassen die grünen Pflanzenbestandteile und endlich ablähmen das Pflanzenwachstum. [...]

Sehen wir hin zunächst auf die Zeit, in welcher die Erde sich in der sogenannten Wintersonnenwende befindet, im letzten Drittel des Dezember nach unserer heutigen Jahresrechnung. In dieser Zeit müssen wir in bezug auf diesen Atmungsvorgang die Erde so ansehen, wie wir den Menschen ansehen bei seiner Lungenatmung, wenn er eingeatmet hat, wenn er die Atemluft in sich hat und sie in sich verarbeitet, wenn er also den Atem in sich hält. So hat die Erde diejenigen Kräfte, in bezug auf die ich jetzt von Aus- und Einatmung spreche, in sich. Sie hält sie, diese Kräfte, mit dem Ende des Dezember. [...] Wir können in bezug auf diese Atmung nur immer einen Teil der Erde betrachten. Wir betrachten denjenigen Teil, den wir selbst bewohnen; auf der entgegengesetzten Seite der Erde liegen die Bedingungen ja eben entgegengesetzt. Wir müssen uns die Atmung der Erde so vorstellen, daß an einem Orte der Erde Ausatmung ist, am entgegengesetzten Einatmung, aber wir brauchen darauf heute keine Rücksicht zu nehmen.

Wir stellen uns vor die Dezemberzeit. [...] Die Erde hat vollständig eingeatmet; sie hält die Kräfte, von denen ich eben gesprochen habe, in sich zusammen. In diesem Augenblicke des Jahres ist die Erde so, daß man sagen kann, sie hält ihr Seelisches in sich. Sie hat ihr Seelisches ganz in sich gesogen, denn die Kräfte, von denen ich gesprochen habe, die sind das Seelische der Erde. Die Erde also hält mit Ende Dezember ihr Seelisches ganz in sich. Sie hat es ganz aufgesogen, so wie der Mensch, wenn er eingeatmet hat, die Luft ganz in sich hält.

NUN SEHEN WIR auf das hin, was da eigentlich im Bette liegt [wenn wir schlafen]. Was ist denn das, was da im Bette liegt? Das wird plötzlich zu der Natur des Pflanzenreiches. Das müssen Sie sehen als ähnlich dem, was auf der Erde vorgeht von dem Moment an, wo im Frühling die Pflanzen hervorsprießen bis zum Herbst, wo die Pflanzen wiederum hinuntergehen. Da schießt im Menschen das Pflanzensein ins Kraut, möchte man sagen, vom Einschlafen bis zum Aufwachen. Da wird er so, wie die Erde zur Sommerszeit ist. Und wenn wiederum das Ich und der astralische Leib zurückkehren, wenn der Mensch aufwacht, dann wird er so, wie die Erde zur Winterszeit ist. So daß wir sagen können: der Wachzustand des Menschen, die Zeit vom Aufwachen bis zum Einschlafen ist der persönliche Winter, die Zeit vom Einschlafen bis zum Aufwachen ist der persönliche Sommer. Für den Kosmos, insofern die Erde ja auch zu diesem Kosmos gehört, ist das Jahr das Entsprechende. Die Erde wacht in der Winterszeit, schläft in der Sommerszeit. Die Sommerszeit ist die Schlafzeit der Erde, die Winterszeit ist die Wachzeit der Erde. Äußerlich verglichen gibt es selbstverständlich eine falsche Analogie; da glaubt man, daß die Sommerszeit die Wachzeit der Erde ist und die Winterszeit die Schlafenszeit der Erde ist. Umgekehrt ist es das Richtige; denn wir werden ja während unserer Schlafenszeit dem blühenden, sprossenden Pflanzenleben ähnlich, werden also da so wie die Erde während der Sommerszeit. […]

Nehmen wir jetzt diesen Kosmos, der ja hervorbringt Wachen und Schlafen, denn die Pflanzendecke auf der Erde ist ja das Ergebnis des Kosmos, nehmen wir jetzt diesen Kosmos, dann müssen wir ihn auch ansehen als einen großen Organismus. Wir müssen dasjenige, was in seinen Gliedern vorgeht, uns so organisch dem ganzen Kosmos eingefügt denken, wie wir uns organisch eingefügt denken müssen das, was in einem unserer Organe vorgeht, unserem Organismus.

Makrokosmos und Mikrokosmos

> Steiner bringt im folgenden das unscheinbare Pochen des menschlichen Pulses in Beziehung zu den gewaltigen Bewegungen des Kosmos und vermittelt so erneut einen Eindruck vom lebendigen Rhythmus, der den gesamten Kosmos und somit auch die Menschen als Teil davon durchdringt.

ICH HABE SCHON oftmals auf dieses Entsprechen aufmerksam gemacht zwischen dem Menschen und der Welt, in der der Mensch und auch die Menschheit sich entwickelt. Ich habe Sie aufmerksam darauf gemacht, wie der Mensch ja in seinem Atmungsrhythmus – 18 Atemzüge in der Minute – etwas hat, was in einer merkwürdigen Übereinstimmung steht mit anderem im Weltenall. Wir haben 18 Atemzüge, die ausgerechnet für den Tag, wie ich Ihnen ja öfter schon erwähnt habe, 25 920 tägliche Atemzüge ergeben. Das ist aber dieselbe Zahl, die man bekommt, wenn man ausrechnet, wie viele Tage eine so normale Lebensdauer von etwa 72 Jahren hat. Auch das sind ungefähr 25 920 Tage. […]

Und wiederum, wenn wir die Zahl der Jahre nehmen, welche die Sonne braucht, wenn sie, scheinbar oder wirklich, darauf kommt es jetzt nicht an, vorrückt in ihrem Frühlingsaufgangspunkte – immer schreitet sie um ein Stückchen vor jedes Jahr –, so braucht sie 25 920 Jahre, um einmal ihren Frühlingsaufgangspunkt um den ganzen Himmel herumzuführen: ein platonisches Jahr.

Es ist eigentlich dieses menschliche Leben bis ins Kleinste, bis in den Atemzug und bis in seine irdische Begrenzung zwischen Geburt und Tod nachgebildet den Gesetzen des Weltenalls. Und indem wir da hineinschauen in ein Gebiet des Entsprechens zwischen dem Makrokosmos und dem Mikrokosmos Mensch, sehen wir ja doch in dasjenige hinein, was offenkundig da liegt. Aber es gibt noch andere, sehr bedeutende Entsprechungen. Überlegen Sie sich nämlich einmal das folgende [...]. Nehmen Sie die 18 Atemzüge in der Minute, das gibt in der Stunde 1080, in 24 Stunden 25 920 Atemzüge. Das heißt, wir mußten multiplizieren 18 mit 60 mal 24, um 25 920 Atemzüge im Tage zu bekommen.

Nehmen wir das aber als den Umlauf des Frühlingspunktes um den Himmel. Würden wir das nun dividieren durch 60 mal 24, so würden wir natürlich wiederum 18 bekommen. Wir würden 18 Jahre bekommen. 18 Jahre, was würde denn das eigentlich sein? Überlegen wir uns das einmal, was diese 18 Jahre bedeuten würden. Die 25 920 Atemzüge entsprechen einem 24stündigen Menschentag, beziehungsweise sagen wir, dieser 24stündige Menschentag ist also der Tag des Mikrokosmos. 18 Atemzüge entsprechen der Einheit des Rhythmus.

Nehmen wir jetzt einmal – scheuen wir uns dessen nicht – den ganzen Umlauf des Frühlingspunktes um den Himmel als einen großen Himmelstag, nicht bloß als das platonische Jahr, sondern als einen großen Himmelstag. Nehmen wir ihn als Himmelstag oder Weltentag, wie Sie wollen, als Tag des Makrokosmos. Wenn wir die Atemzüge aufsuchen würden im Makrokosmos, die entsprechen würden den Atemzügen des Menschen in einer Minute, wie lange müßten die denn dauern? Es müßten diese Atemzüge 18 Jahre dauern. Ein 18jähriges Atmen, ausgeführt von demjenigen Wesen, das dem Makrokosmos entspricht.

Wenn Sie die heutigen Angaben der Astronomie nehmen – was sie bedeuten, darüber werden wir noch sprechen –, so wollen wir einmal dasjenige betrachten, was die Astronomen heute die Nutation der Erdachse nennen. Sie wissen, die Erdachse steht schief zur Ekliptik, und die Astronomen reden von einem Pendeln der Erdachse um diese Lage herum und nennen das Nutation. Die Erdachse dreht sich um diese Lage herum just in 18 Jahren, annähernd wenigstens – es sind genauer 18 Jahre 7 Monate, doch wir brauchen die Bruchteile nicht zu berücksichtigen, sie ließen sich aber auch durchaus in richtiger Weise errechnen. Aber mit diesen 18 Jahren hängt etwas anderes zusammen. Nicht nur geschieht dasjenige, was die Astronomen diese Nutation, dieses Erzittern der Erdachse, dieses Drehen der Erdenachse in einem Doppelkegel um den Mittelpunkt der Erde nennen, nicht nur verläuft dieses in 18 Jahren, sondern mit dem gleichzeitig geschieht etwas anderes. Der Mond nämlich, der erscheint ja jedes Jahr an einem anderen Orte. Ebenso wie die Sonne, auf- und absteigend in der Ekliptik, eine Art pendelnder Bewegung vom Äquator fort und zum Äquator zurück durchläuft, so der Mond. Er braucht 18 Jahre, um wieder an der Stelle am Himmel anzukommen, wo er vor 18 Jahren erschienen ist. Sie sehen, diese Nutation hängt mit dem Himmelsgang des Mondes zusammen, so daß man sagen kann: diese Nutation zeigt überhaupt nichts anderes an als den Himmelsgang des Mondes. Diese Nutation ist nur die Projektion dieser Bewegung des Mondes. Wir können also tatsächlich das Atmen des Makrokosmos beobachten. Wir brauchen nur den Gang der Mondenbahn während

18 Jahren zu beobachten, beziehungsweise die Nutation der Erde zu beobachten. Die Erde tanzt, und sie tanzt so, daß ihre Achse einen Kegel, einen Doppelkegel beschreibt in 18 Jahren. Dieses Tanzen, das spiegelt ab das Atmen des Makrokosmos. Es ist im platonischen Jahr gerade so oft vorhanden, wie 18 menschliche Atemzüge in einem Tag. Sie haben also eigentlich ein einminutiges Atmen in dieser Nutationsbewegung. So daß wir sagen können: wir schauen in das Atmen des Makrokosmos hinein durch diese Nutations- beziehungsweise Mondbewegung. Da haben wir das Entsprechende für das Atmen.

Vier Naturreiche

Indem Steiner nun genauer auf die vier Naturreiche eingeht – Menschen, Tiere, Pflanzen und Mineralien –, weist er wie immer auf zweierlei hin: erstens, daß alles – auch das Gestein – eine lebendige Dimension hat, und zweitens, daß alle diese Reiche infolgedessen irgendwie mit uns verbunden sind und unserer Achtung und Pflege bedürfen. Diese Anschauung hat überhaupt nichts mit Gefühlsduselei zu tun. Steiner vermenschlicht die Natur keineswegs, um sie uns nahezubringen, er ist vielmehr sehr darauf bedacht, klar zu differenzieren und Unterschiede wie auch Ähnlichkeiten deutlich hervorzuheben. Er kann von diesen Reichen nicht in Begriffen sprechen, die ausschließlich von der äußeren Wirklichkeit abgeleitet sind, da Materie ohne Einsicht in die ihr zugrundeliegenden geistigen Wirklichkeiten für ihn nicht zu verstehen ist. Wenn er hier davon spricht, daß Mineralien «Schmerz» empfinden können, mag dies an den Haaren herbeigezogen scheinen – aber wenn wir in allem, sogar im Gestein, eine wesentliche Bedeutung für das lebendige Wesen Erde sehen und begreifen, daß alles Stoffliche eine grundlegende geistige Entsprechung hat, dann können wir uns vielleicht vorstellen, daß auch Mineralien in einer Weise mit allen lebendigen und daher von Empfindungen durchdrungenen Prozessen verbunden sind.

In der sichtbaren Welt umgibt uns zunächst in bezug auf unsere Erde die Gesamtheit dessen, was wir die vier Reiche der Natur nennen: das mineralische Reich, das pflanzliche, das tierische und das menschliche Reich. Aber der Mensch ist nicht bloß das materiell-physische Wesen, von dem uns die äußeren Sinne Kunde geben, das uns der Verstand der äußeren Wissenschaft beschreibt und erklärt, sondern er ist eine komplizierte Wesenheit, die sich aus dem physischen Leib, dem Ätherleib, dem Astralleib und dem Ich aufbaut. Das alles wissen wir ja.

Wenn wir nun den Blick über die anderen Wesen der Erdenreiche hinschweifen lassen, dann müssen wir uns vor allen Dingen dessen bewußt sein, daß diese Ausdrücke – physischer Leib, Ätherleib, Astralleib und Ich – nicht etwa bedeutungslos für die anderen Wesenheiten sind, sondern daß sie im Gegenteil ihre gute Bedeutung haben. Wenn wir im Physischen bleiben, können wir von allen Erdenwesen ja zunächst nur dem Menschen eine Ich-Wesenheit zuschreiben. Hier in dieser physischen Welt hat nur der Mensch ein selbstbewußtes Ich. Bei den Tieren ist es ein ganz anderes Verhältnis; das Tier hat nicht in derselben Weise sein Ich in der physischen Welt wie der Mensch. Wenn wir das Tier in seinem Unterschiede von dem Menschen betrachten, dann müssen wir zunächst sagen: Während jeder Mensch als einzelne, innerhalb seiner Haut abgeschlossene Individualität sein Ich hat, hat das einzelne Tier nicht sein Ich, sondern es ist so, daß immer gewisse Gruppen gleichgestalteter Tiere zusammen ein Ich haben.

So haben zum Beispiel alle Löwen oder alle Bären zusammen ein Ich, und wir nennen daher ein solches Ich der tierischen Welt ein Gruppen-Ich. Des Menschen Ich begegnet uns in der physischen Welt; wenn wir es auch nicht mit den Augen sehen können, es ist in jedem Menschen sozusagen innerhalb seiner Haut vorhanden. Bei dem Tiere ist das nicht der Fall, das Gruppen-Ich begegnet uns nicht in der physischen Welt. Um uns nun eine Vorstellung von einem solchen Gruppen-Ich zu verschaffen, denken Sie sich einmal, vor mir stünde eine Wand, und in dieser Wand wären zehn Löcher. Ich strecke meine zehn Finger durch die Löcher und bewege sie. Nun können Sie meine zehn Finger sehen, mich selbst aber nicht, und Sie werden sich ohne weiteres sagen, daß diese Finger sich nicht von selbst bewegen, sondern daß da irgend etwas Verborgenes sein muß, was die Bewegung verursacht; mit anderen Worten: Sie vermuten eine Wesenheit, die zu den zehn Fingern gehört. Dieser Vergleich führt uns auf das Gruppenhafte, auf das Seelenartige beim Tiere.

Das vierte Glied, das Ich, ist nicht wie beim Menschen in der physischen Welt. Von jedem einzelnen Tiere erstreckt sich eine Fortsetzung in die astralische Welt hinein, und da gehen diese Fortsetzungen zusammen und bilden dort das Kleid, die Hülle für das tierische Gruppen-Ich, sagen wir für das Löwen-Ich. Dieses Gruppen-Ich lebt als einzelne Persönlichkeit auf dem Astralplane wie das menschliche individuelle Ich hier auf dem physischen Plane. Schematisch ausgedrückt: Wenn der Hellseher den astralischen Plan betritt, so begegnet er dort den tierischen «Ichen» als einzelnen Wesenheiten, die ihre Glieder in die physische Welt vorstrecken. Nun dürfen Sie aber freilich sich die Sache nicht bloß schematisch vorstellen, sondern Sie müssen sich daran gewöhnen, sie sich in ihrer wirklichen Tatsächlichkeit vorzustellen. Sie müssen sich klar darüber sein, daß wir nicht in eine andere Region zu gehen haben, um in die astralische Welt hineinzukommen, denn diese astralische Welt durchdringt unsere physische Welt; es handelt sich nur darum, daß wir mit geöffneten astralischen Sinnen in sie hineinblicken können.

Nun fragen wir: Wie sieht denn der Hellseher die Gruppen-Iche der Tiere? – Der Hellseher nimmt das Gruppen-Ich einer der höheren Tiergattungen zum Beispiel dadurch wahr, daß er längs des Rückgrats des Tieres etwas wie einen helleuchtenden Streifen sieht. Es durchziehen unseren Luftkreis in der Tat nicht nur die materiellen Strömungen, die wir kennen, sondern nach allen Seiten wird er auch von wirklichen Strömungen astralischer Art durchzogen. Der Hellseher sieht, wenn sein geistiges Auge geöffnet ist, unsere Erde von vielerlei Strömungen durchzogen, und in solchen Strömungen lernt er erkennen die Gruppen-Iche der Tiere.

Als zweites tritt die Frage an uns heran: Haben denn auch die niedrigeren Wesen, wie zum Beispiel die Pflanzen, etwas von einem Ich? – Ja, auch sie haben ein Ich. Wenn der Hellseher die Pflanze untersucht, so findet er folgendes: Das, was in der physischen Welt da ist, ist nichts anderes als eine Zusammenfügung von physischem und Ätherleib. Denken wir uns, daß wir hier die Oberfläche der Erde haben; hier die Wurzel einer Pflanze, den Stengel, die Blätter und die Blüte. Was da in der physischen Welt herauswächst, hat nicht wie der Mensch physischen, Äther-, Astralleib und Ich, sondern nur physischen Leib und Ätherleib. Das Tier hat auf dieser Welt noch seinen Astralleib, die Pflanze nicht. Aber Sie dürfen daraus nicht schließen, daß das, was als Astralisches Sie erfüllt und auch in dem Tiere tätig ist, bei der Pflanze nicht tätig wäre. Für das geöffnete Auge des Hellsehers wird die Pflanze umglüht und umstrahlt, und zwar vorzugsweise umstrahlt von astralischen Substanzen. Und diese sind es auch, die da mitwirken an der Bildung der Blüte. Während also die Pflanze von Blatt zu Blatt wächst durch den Einfluß des Ätherleibes, wird sie oben in der Blüte abgeschlossen dadurch, daß sie umspült wird von astralischer Substanz.

Jede Pflanze, die in die Höhe wächst, sieht der Hellseher so von dieser astralischen Substanz umgeben. Aber es ist noch etwas anderes bei dieser Pflanze vorhanden – das Ich. Wollen wir das Ich der Pflanze fassen, so müssen wir es im Mittelpunkt der Erde suchen. Dort haben alle Pflanzen ihr Ich, das ist eine wichtige und wesentliche Wahrheit. Während wir also die Iche der Tiere die Erde umkreisen sehen, müssen wir, um das Pflanzen-Ich wahrzunehmen, den Blick hinlenken zum Mittelpunkt der Erde. Und in der Tat, wenn der hellseherische Blick vordringt zu solchem Anschauen der Pflanze, dann erweitert sich die Erde, die ja dem Menschen sonst nur wie ein materielles Gebilde gegenübersteht, zu einem Organismus, der in der Mitte sein Ich hat; und dieses Ich besteht aus allen Pflanzen-Ichen zusammen. Die Erde ist beseelt mit einem Ich, und geradeso wie Ihr Kopf Haare trägt, die also aus Ihrem Wesen herauswachsen, so wachsen die Pflanzen aus dem Wesen der Erde heraus und gehören zum gesamten Erdenorganismus. Und wenn Sie eine Pflanze mit der Wurzel aus der Erde herausreißen, so tut das der gesamten Erde weh, so empfindet die Pflanzenseele Schmerz. Das ist eine Tatsache. Dagegen dürfen Sie nicht glauben, daß es der Erde weh tut, wenn man etwa die Blüte abpflückt; da findet das Entgegengesetzte statt. Wenn Sie zum Beispiel im Herbste sehen, wie der Schnitter durch die Kornhalme fährt, so sieht der hellseherische Blick, wie über die Erde hinstreichen ganze Ströme von Wohlgefühlen. Sie dürfen dabei keine moralischen Einwände geltend machen. Sie könnten zum Beispiel sagen: Ist es denn eine geringere Sünde, wenn das Kind alle möglichen Pflanzen ganz unnütz abreißt, als wenn man eine Pflanze sorgfältig und mit guter Absicht versetzt? – Die

Tatsachen bleiben bestehen. Entwurzeln Sie eine Pflanze, so tut es der Erde weh, schneiden Sie eine Pflanze ab, so tut es der Erde wohl. Denn die Erde gibt gern her, was sie an der Oberfläche trägt, und wenn die Tiere über den Erdboden gehen und die Pflanzen abgrasen, dann empfindet sie es als ein Wohlgefühl, ähnlich wie es die Kuh empfindet, wenn das Kalb an ihrer Brust saugt. Das ist durchaus eine okkulte Tatsache. Das, was als Pflanze aus der Erde herauswächst und oben von dem Astralleib umstrahlt wird, das ist für die Erde dasselbe wie die von den tierischen Lebewesen hingegebene Milch. Das alles sind keine bloßen Vergleiche, sondern wirkliche Tatsachen. Wer mit hellseherischem Blick in die astralische Welt hineinsehen kann, sieht aber noch nichts von dem Ich der Pflanze, dazu gehört ein höheres Hellsehen, das in die devachanische Welt hineinzuschauen vermag. Wir müssen also sagen, die Gruppen-Iche der Tiere sind in der astralischen Welt, während das Ich der Pflanze sich in der devachanischen Welt befindet.

Und nun stellt sich uns von selbst die Frage: Wie steht es denn mit der mineralischen Welt? Wie steht es mit dem sogenannten toten Gestein? Hat auch das etwas wie ein Ich oder wie höhere Glieder? – Wenn wir den Stein betrachten, so finden wir, daß er in dieser Welt nur den physischen Leib hat. Der Ätherleib des Minerals umgibt das Mineral und hüllt es von allen Seiten ein. Wenn Sie zum Beispiel einen Bergkristall nehmen, so müssen Sie sich vorstellen, daß diese ganze Form ausgespart ist, wie ein ätherischer Hohlraum ist, und daß erst da, wo die physische Substanz aufhört, das Ätherische beginnt; wie die Pflanze oben von dem Astralischen umspült wird, so ist das Mineral von allen Seiten vom Ätherischen umgeben. Dieses Ätherische ist zu Hause in der Astralwelt; merken Sie wohl auf: hier haben wir ein Ätherisches, das in der Astralwelt zu Hause ist. Die Dinge sind in Wirklichkeit komplizierter, als man gewöhnlich denkt. Nicht etwa ist es so, daß in der astralischen Welt alles astralisch ist; das ist ebensowenig der Fall, wie in der physischen Welt alles physisch ist. Sie haben zum Beispiel auf dem physischen Plane, in der physischen Welt den Ätherleib, den Astralleib und sogar das Ich des Menschen. So sieht auch der Hellseher den Ätherleib des Minerals in der astralischen Welt. [...]

So haben wir also eine Übersicht über die verschiedenen Reiche. Das Ich des Menschen ist auf dem physischen Plane, das Ich der Tiere auf dem Astralplane, das der Pflanze auf den niederen Stufen der devachanischen Welt und das Ich der Mineralien auf den höchsten devachanischen Stufen. [...]

Wenn Sie ein Mineral zerschlagen, so empfindet es nicht Schmerz, sondern im Gegenteil Lust und Wollust, und ganze Ströme von Wollust entströmen einem Steinbruch, wenn das Gestein zerschlagen und zersplittert wird. Dagegen würde es einen ungeheuren Schmerz verursachen, wenn Sie all das Zersplitterte, all das Abgespaltete wieder zusammensetzen wollten. Sie können das an einem anderen Vorgange verfolgen. Denken Sie sich ein Glas mit warmem Wasser, Sie werfen ein Stück Salz hinein. Indem sich das Salz auflöst, löst sich nicht nur Materie auf, sondern Wohlgefühl erfüllt das warme Wasser, Wollust im Zerreißen der mineralischen Teile beim Auflösen. Wenn Sie aber nun das Wasser abkühlen, so daß das Salz sich wieder kristallisiert, dann ist dieser Vorgang mit Schmerzgefühl verbunden. [...]

Und so betrachten wir nun die Welt mit ganz anderen Empfindungen. Wir sehen die Erde nicht nur als einen Weltkörper an, der von den Sonnenstrahlen beschienen wird, sondern ein Lebewesen wird sie uns, das durch den Mantel der astralischen Pflanzenhülle die Seele der Sonne einsaugt; und wir sehen, daß das ganze Weltall durchzogen ist von den Ichen der Mineralien, alles wird beseelt und durchgeistigt.

Das Versagen des Materialismus im Erkennen der Materie

Die Wissenschaft befaßt sich üblicherweise vor allem mit dem Quantifizieren von stofflichen Substanzen und Kräften – mit der Untersuchung der Materie also. Diese bildet jedoch nur einen Aspekt des Kosmos; und einzig aus ihren Eigenschaften heraus kann Steiner zufolge Materie nicht wirklich verstanden werden. Entsprechend seiner oben verwendeten Analogie wäre das so, wie wenn man die Kompaßnadel untersuchen würde, um deren Bewegungen zu verstehen, und das Kräftesystem, auf das sie reagiert, außer acht ließe.

So gibt es beispielsweise eine der Schwerkraft entgegengesetzte Ausdehnungskraft, die Steiner hier «Auftrieb» nennt und die ihrer mehr fluktuierenden, ätherischen Beschaffenheit wegen schwieriger zu quantifizieren ist. Am Schluß der folgenden Passage nimmt Steiner eine bemerkenswerte Erfahrung vorweg, die viele gemacht haben, als sie durch die Raumfahrt zum ersten Mal Photographien vom Erdball als Ganzes zu sehen bekamen, wie er einem schimmernden Wassertropfen gleich im All schwebt: nicht bloß ein Ort toter Kräfte, sondern ein lebendiges, dynamisches Wesen.

[...] WÄHREND WIR DURCH DIE SCHWERE der Erde mit der Erde zusammengehalten werden, streben wir durch das Ätherische weg. Im Wegstrebenden ist eigentlich das Ätherische tätig. Sie brauchen dabei nur folgendes zu denken: das menschliche Gehirn ist ungefähr 1500 Gramm schwer. Eine Masse, die 1500 Gramm schwer ist, die auf die feinen

Blutgefäße drücken würde, die unter dem Gehirn sind, würde diese ganz zerquetschen. Würde unser Gehirn wirklich seine 1500 Gramm Schwere haben im lebenden Menschen, könnten wir natürlich nicht die Blutgefäße, die unter dem Gehirn sind, haben. Aber innerhalb des lebenden Menschen wiegt ja das Gehirn höchstens 20 Gramm. Soviel wird, weil das Gehirn im Gehirnwasser schwimmt und um das Gewicht des verdrängten Wassers leichter wird, das Gehirn leichter, ungeheuer viel leichter; so wirkt das Gehirn eigentlich wegstrebend vom Menschen. Und in diesem Wegstreben wirkt das Ätherische. So daß man sagen kann: gerade am Gehirn veranschaulicht sich das, was da vorliegt, außerordentlich stark.

Sie haben das Gehirn im Gehirnwasser schwimmend. Dadurch vermindert sich sein Gewicht von 1500 Gramm auf etwa bloß 20 Gramm. Also bloß etwa 20 Gramm schwer ist unser Gehirn, nimmt also in seiner Wirksamkeit in außerordentlich geringem Maße an unserer physischen Leiblichkeit teil. Da findet das Ätherische ungeheuer viel Möglichkeit, hinaufzuwirken. Das Gewicht wirkt hinunter, aber das Gewicht wird aufgehoben. Im Gehirnwasser entwickelt sich vorzugsweise die Summe der ätherischen Kräfte, die uns weghebt von dem Irdischen. Wir würden ja, wenn wir unseren physischen Leib zu tragen hätten mit all seinen Schwerekräften, einen Sack haben, an dem wir zu schleppen hätten. Aber jedes Blutkörperchen schwimmt ja, verliert von seinem Gewicht.

Es ist eine alte Erkenntnis, diese von dem Gewichtsverlust im Flüssigen. [...] Man nennt es in der Physik Auftrieb. Also in diesem Wegstreben durch das Flüssige wirkt das Ätherische, während das Astralische zunächst angeregt wird durch die Atmung, durch das Luftförmige, das in den menschlichen Organismus hereinkommt. Und indem das Luftförmige seinen Weg durchmacht durch den Menschen und in ungeheuer feinem, zerstiebtem Zustande im Haupte anlangt, wirkt in dieser Luftverteilung, Luftorganisierung, das Astralische.

So kann man wirklich in dem Stofflichen, in dem festen, erdigen Stofflichen das Physische sehen; in dem Flüssigen, namentlich wie seine Wirkung im Menschen ist, das Ätherische; in dem Luftförmigen schon das Astralische.

Es ist die Tragik des Materialismus, daß er nichts von der Materie weiß, wie sie in Wirklichkeit in den verschiedenen Gebieten des Daseins wirkt. Das ist gerade das Merkwürdige, daß der Materialismus so unwissend ist über die Materie. Er weiß gar nichts über die Wirkung der Materie, weil man darüber erst etwas erfährt, wenn man die in der Materie wirksame Geistigkeit, die die Kräfte darstellen, ins Auge fassen kann.

Und so ist es: Schreitet man durch die Meditation vor zu der imaginativen Erkenntnis, von der ich Ihnen schon gesprochen habe, so findet man in allem Wasserweben der Erde zugleich das Ätherische. Es ist vor einer wirklichen Erkenntnis kindisch zu glauben, daß in alledem, was da webt – nehmen Sie das Meer, das Flußwasser, die aufsteigenden Nebel, die herabfallenden Wassertropfen, die sich formenden Wolken, nehmen Sie das alles zusammen –, zu glauben, daß da nur dasjenige enthalten ist, was der Physiker und der Chemiker vom Wasser wissen, es ist eigentlich kindisch gegenüber einer wirklichen Erkenntnis. Denn in alledem, was da draußen ist in dem mächtigen Tropfen der Wassererde, in demjenigen, was fortwährend aufsteigt in Dunstesform, sich zu Wolken formt, herunterkommt in Nebel und Regen, was sich sonst auf der Erde durch das Wasser zuträgt – das Wasser hat ja eine ungeheure Tätigkeit bei der Bildung der verschiedenen Erdstrukturen –, in alledem wirken die Ätherströmungen, das Ätherweben, das sich einem enthüllt, wenn man das Denken so erkraftet hat, wie ich es auseinandergesetzt habe: in Bildern.

Kapitel III: Ein Wasserleib

Vom Fließen zur Form

> Nach materialistischer Anschauung ist das Herz beispielsweise eine zentrale Pumpe, ein Organ, demgegenüber Blutgefäße und Kreislauf als untergeordnet erscheinen. In Wirklichkeit, sagt Steiner, trifft das Gegenteil zu: Die Organe gestalten sich im Embryo aus dynamischen Kreislaufbewegungen heraus. Ökologisch gesehen bezieht sich eine solche Erkenntnis auf das Primat von Wasser, von Fließbewegungen und Strömungen, aus denen alles Leben entsteht (der Embryo natürlich eingeschlossen) und sich fortwährend erneuert. Dieses Bild vermittelt ein lebendiges Gefühl dafür, wie die Materie sich aus Leben und Bewegung heraus festigt und nicht umgekehrt.

Es ist wohl aus den Betrachtungen, die wir in diesen Tagen angestellt haben, klar geworden, daß man überhaupt die Konfiguration des Weltenalls, des räumlichen Weltenalls in seinen Bewegungen nicht so betrachten kann, wie das unter dem Einflusse der gegenwärtigen Wissenschaftsgesinnung geschieht. Es wird gewissermaßen da nicht nur alles ganz abgesondert vom Menschen betrachtet, sondern es werden auch die einzelnen Körper, die sich dem Augenschein nach als gesonderte Körper ergeben, isoliert vorgestellt, und dann werden ihre Wirkungen aufeinander in ihrer Isolierung ins Auge gefaßt. Das ist aber geradeso, als wenn man zum Beispiel einen Arm für sich betrachten und versuchen würde, diesen Arm für sich zu studieren, dann ein anderes Glied, und so aus dem Zusammenwirken der einzelnen Glieder dann den ganzen Organismus begreifen wollte. Es handelt sich darum, daß man den ganzen Organismus des Menschen ja nicht begreifen kann aus seinen einzelnen Teilen, sondern daß man die Betrachtung des Ganzen zugrunde legen und dann von dem Ganzen aus die einzelnen Teile betrachten muß.

[...] man kommt nur zu einem wirklichen Ergebnis, wenn man eben das ganze Weltenall in seiner Beziehung zum Menschen zu erfassen in der Lage ist.

Aber der Mensch ist herausgerissen aus diesem Spiel, in das er einmal hineingestellt war. Er ist gerade dadurch herausgerissen [aus den differenzierten Empfindungen dem Kosmos gegenüber], daß er in die Sinneswelt durch seine gegenwärtige Organisation versetzt ist. Daß der Mensch aber für den Weltenraum organisiert ist, das ist durch gewisse Erscheinungen auch heute noch äußerlich erfahrungsgemäß zu belegen. Denn es ist kein Unsinn, daß einfach gewisse Krankheiten besser heilen, wenn man den Kranken mit seinem Bette in die ostwestliche Richtung legt. Das ist kein Aberglaube, das ist etwas, wovon sich jeder empirisch gut überzeugen könnte, wenn er will.

So können wir auf diese Art darauf kommen, wie der Mensch dadurch, daß er nicht durch die Organe seines physischen Leibes wirkt, daß er durch dieses Nichtwirken mehr oder weniger schlafend ist, daß er dadurch den himmlischen Einflüssen ausgesetzt ist. Sie brauchen sich jetzt nur daran zu erinnern, daß ja der Mensch sich eigentlich hereinschläft in die Welt. Wir sind als kleine Kinder mehr oder weniger schlafend. Daher sind wir als kleines Kind auch, weil wir mehr oder weniger schlafend sind, viel mehr den Einflüssen des Außerirdischen ausgesetzt als später. Wir arbeiten uns immer mehr und mehr in die irdischen Verhältnisse erst hinein. Aber als Kind ist auch noch das, was innerhalb unserer Haut gelegen ist, plastisch, wird noch mehr gestaltet als später. Immer weniger wird das, was innerhalb unserer Haut ist, gestaltet, ja, von einem gewissen Zeitpunkt an, der aber allerdings erst in ein späteres Lebensalter fällt, nurmehr sehr wenig. [...] Das aber, was gegenüber unserem Bewußtsein immer schlafend sich verhält wie, sagen wir, unsere Herztätigkeit, unsere Verdauungstätigkeit; was also innerhalb unserer Haut vor sich geht, was da so bewirkt wird, wie wenn ich bewußt Schritte mache, was aber nach innen geht, das bleibt auch unser ganzes Leben unter dem Einfluß des Außerirdischen.

Expressionistische Maler werden behaupten, man könne den Menschen auch so malen, daß man ihm die Zehe anstelle der Nase setzt, ein Auge hier, und das andere in die Hand. [...] Das beweist nur, daß solche Menschen keine innere Beziehung haben zur Welt, daß wir so weit schon fortgeschritten sind in der materialistischen Gesinnung, daß wir alles für sich vorstellen können, was zusammengehört und nicht für sich vorgestellt werden dürfte. [...]

Wenn wir zum Beispiel auf ein wichtigstes Organ, auf das Herz sehen, [...] so sehen wir, wie gewissermaßen das Herz zusammengeschweißt ist. Wenn wir die Embryologie verfolgen, so finden wir, wie das Herz zusammengeschweißt wird, wie es eigentlich nicht etwas ist – das läßt sich embryologisch gut belegen –, was von sich aus primär gestaltet wird, sondern was durch den ganzen Blutkreislauf gewissermaßen zusammengeschoben wird. Und so ist es bei den übrigen Organen. Sie sind viel mehr die Wirkungen der Kreisläufe, als daß sie etwa die Kreisläufe bewirken. In ihnen kommen die Kreisläufe gewissermaßen zum Stillstand, werden metamorphosiert und gehen dann in anderer Weise weiter. Man kann schon sagen, wenn hier zum Beispiel ein Wasserstrom ist, der über einen Felsen herunterrutscht, so wirft er hier allerlei Gestaltungen auf; dann fließt er weiter. Diese Gestaltungen sind bewirkt durch all die Gleichgewichts- und Bewegungskräfte an dieser Stelle. Denken Sie sich jetzt, es würde plötzlich das alles erstarren, es würde als Wand bleiben eine Haut, und dann würde das übrige wieder aufreißen. Dann würde hier ein organisches Gebilde sein. Es würde in einer verschiedenen Weise die Strömung dann durchgehen und wiederum weitergehen und in einer verschiedenen Weise verändert werden können. So etwa können Sie sich vorstellen, daß sich, sagen wir, die Strömungen des Blutes verhalten, die durch irgendein Gefäß, also auch durch das Herz gehen. Diese Dinge kann ich nur andeuten; sie sind gut fundiert, aber sie sollen jetzt nur angedeutet sein.

Strömungen und Wanderungen

Das Thema der Wasserströme und -kreisläufe weiter verfolgend, hebt Steiner eine stetig wiederkehrende Dynamik zwischen entgegengesetzten Polen in der Natur hervor – seien es Salzwasser und Süßwasser oder Wärme und Kälte. Das Spannungsverhältnis zwischen solchen Gegensätzen zeigt sich in der Vielzahl der Vogelzüge und Wanderungen anderer Tiere. So veranschaulicht Steiner zunächst, wie Bewegung und Leben aus einem lebendigen Gesamtzusammenhang, einer lebendigen Wechselwirkung heraus entstehen. Aber er geht noch weiter und stellt im Menschen, als einem Mikrokosmos im Makrokosmos, eine vergleichbare Anziehungskraft zwischen Gegensätzen fest. So gesehen läßt sich sagen, daß auch wir fortwährend rhythmisch zwischen unserem nach innen gerichteten Verdauungs- und Stoffwechselsystem und unserem nach außen orientierten Kopf mit seinen feinen Sinnesorganen «wandern» und damit zugleich zwischen Erde und Himmel. Die Zusammenhänge, die Steiner zwischen verschiedenen Naturphänomenen und zwischen der Natur und dem Menschen herstellt, sind manchmal atemberaubend; aber sie zeigen auch stets, daß wir die Welt in ihrer Ganzheit in uns selbst gespiegelt finden und uns deshalb mit ihr in Dankbarkeit unendlich verbunden fühlen können.

Sie wissen ja, dass die Erde nur zum Teil festes Land zeigt nach außen; zum größten Teil ist sie eine Wasserkugel, die im Weltenall sich bewegt, eine Wasserkugel, ein Meer. Und von den Flüssen kann man im allgemeinen sagen, daß sie irgendwo auf der Erde ihren Ursprung haben, entspringen, wie man sagt, und daß sie dann zum Meere hin verlaufen. Nehmen wir zum Beispiel die Donau. Sie wissen, die Donau entspringt im Schwarzwald. Oder nehmen Sie den Rhein. Sie wissen, der entspringt in den südlichen Alpen. Die Donau fließt dann durch verschiedene Täler in das Schwarze Meer. Der Rhein fließt durch verschiedene Täler in die Nordsee. Nun, gewöhnlich betrachtet man, wenn man Flüsse und Meere betrachtet, eben nur diesen Lauf und die Mündung ins Meer. Man erfreut sich an den Flüssen. Man denkt dabei nicht, welche große Bedeutung die Flüsse zusammen mit dem Meere eigentlich für das ganze Leben der Erde haben.

Beim Menschen weiß man gewöhnlich schon mehr über das zu sagen, was in ihm flüssig ist. Ich habe Ihnen ja gesagt, der Mensch ist zum größten Teil auch eine Flüssigkeitsmasse. Und Sie wissen ja, daß in einer gewissen Art von Flüssigkeit eben in den Adern das Blut fließt. Man weiß auch, daß diese Tatsache, daß das Blut fließt, die denkbar größte Bedeutung für das Leben hat. Das Blut bildet das Leben, erhält das Leben. Wir sind als physische

Menschen ja ganz und gar darauf angewiesen, daß dieses Blut in der richtigen Weise durch den Körper fließt, und zwar, daß es ganz bestimmte Wege macht. Würde es sich aus diesen Wegen verirren, so würden wir ja auch nicht leben können. Daß das Wasser, so wie es in Flüssen und im Meere angeordnet ist, eine ebenso große Bedeutung für die Erde hat, das beachtet man gewöhnlich nicht. Man beachtet gewöhnlich nicht, daß das Wasser eigentlich die Blutzirkulation der Erde bildet. Warum beachtet man das gewöhnlich nicht?

Ja, sehen Sie, beim Blute fällt es einem auf; es ist rot, es enthält allerlei Stoffe, und dadurch sagt man sich: Das Blut ist eben etwas Besonderes. Beim Wasser glaubt man eben einfach: Nun ja, das ist eben Wasser! Es fällt weniger auf; und die Stoffe, die es außer dem Wasserstoff und Sauerstoff, die ja im Wasser sind, noch enthält, sind nicht in so großer Menge, wie zum Beispiel das Eisen im Blute, vorhanden. Daher beachtet man die Sache wieder nicht. Aber dennoch ist es wahr, daß der ganze Wasserkreislauf eine ungeheure Bedeutung für das ganze Leben der Erde hat. Und ebensowenig, wie der menschliche Organismus leben könnte, wenn er nicht die Blutzirkulation, den Blutkreislauf hätte, ebensowenig könnte die Erde leben, wenn sie nicht den Wasserkreislauf hätte.

Dieser Wasserkreislauf zeichnet sich dadurch aus, daß er da, wo er beginnt, von etwas ganz anderem ausgeht als dasjenige ist, in das er dann kommt, wenn er ins Meer mündet. Sehen Sie, wenn Sie die Flüsse verfolgen, so finden Sie: Diese Flüsse sind nicht salzhaltig, es ist süßes Wasser. Süßwasser ist in den Flüssen. Das Meer ist salzhaltig. Und alles dasjenige, was das Meer zeitigt, gründet sich auf diese Salzhaltigkeit des Meeres. Das ist von außerordentlicher Wichtigkeit: Das Wasser beginnt auf der Erde zu zirkulieren, zu kreisen in süßem, salzfreiem Zustande und endet im Meere mit dem Salzzustand.

Gewöhnlich verfolgt man die Sache in der Weise, daß man sagt: Nun ja, solch ein Fluß wie der Rhein, der entspringt irgendwo, fließt dann so weiter und fließt dann ins Meer. – Das ist eben dasjenige, was man äußerlich sieht. Aber was man nicht beachtet, das ist, daß der Fluß, der Rhein zum Beispiel, ja allerdings äußerlich so fließt, aber während dieser Fluß äußerlich in seinem Wasser von den Südalpen zu der Nordsee hinfließt, geht wiederum unter der Erde eine Art Kraftströmung zurück von der Mündung bis zum Ursprung. Die geht zurück. Und dasjenige, was *da* geschieht (oberirdisch), das ist das, daß der Fluß süß ist, salzfrei ist. Dasjenige, was *da* (unter der Erde) zurückgeht, trägt in die Erde immer in der Richtung des Flusses das Salz hinein, so daß die Erde Salze in sich kriegt, die eigentlich aus dem Meere kommen. Wir haben also gewissermaßen unter der Erde, von der Mündung eines Flusses bis zum Ursprung zurückgehend, eine Salzströmung. Und die Erde hätte kein Salz, wenn nicht von der Mündung der Flüsse bis zum Ursprung unter der Erde die Salzströmung wieder zurückgehen würde. Daher wird die sogenannte Geologie, die ja die Erde im Innern untersucht, immer darauf aufmerksam sein müssen, wie da, wo Flußbette sind, etwas tiefer in der Erde drinnen Salzablagerungen sind.

Aber wenn keine Salzablagerungen in der Erde wären, könnten in der Erde drinnen keine Pflanzenwurzeln wachsen, denn die Pflanzenwurzeln wachsen in der Erde eben nur dadurch, daß sie das Salz der Erde gewissermaßen zur Nahrung kriegen. Die Pflanze ist unten in der Wurzel am meisten salzhaltig, oben wird sie immer weniger salzhaltig, und die Blüte hat wenig Salz. So daß man also fragen kann: Woher kommt es, daß unser Erdboden Pflanzen hervorbringen kann? Das kommt ja davon her, daß er einen Wasserkreislauf hat, daß geradeso wie bei uns Menschen vom Herzen aus die Blutadern und wiederum zurück die Venen gehen, die das blaue Blut zum Herzen zurückführen, so auf der Erde die Adern der Gewässer nach der einen Seite hingehen, und unter der Erde die Salzadern zurückgehen. So daß da auch eine richtige Zirkulation, ein richtiger Kreislauf ist.

Warum ist es denn überhaupt so, daß die Erde gewissermaßen auf der einen Seite aus einem wässerigen Salzkörper besteht, aus dem festen Land auf der anderen Seite, und dann aus den süßen Gewässern, aus den Flüssen, die die Länder durchziehen, und daß fortwährend auf diese Weise Salz vom Meere hineingeschoben wird? Ja, sehen Sie, wenn man nun das eigentliche Salzwasser, das sehr salzhaltige Meerwasser untersucht, da kommt man darauf, daß dieses salzhaltige Meerwasser wenig mit dem Weltenraum in Beziehung steht. Geradeso wie bei uns zum Beispiel der Magen wenig mit der Außenwelt in Beziehung steht, nur durch das, was er hereinbekommt, ebenso steht das Innere des Meeres wenig in Beziehung mit dem Himmelsraume. Dagegen steht für die Erde in ganz großer Beziehung mit dem Himmelsraume alles das, was Land ist, wo die Gewässer durchfließen, wo durch die Ablagerungen von Salz Pflanzen hervorgebracht werden, aber namentlich, wo die Gewässer durchfließen.

Wenn wir die Sache so anschauen, dann gehen wir noch ganz anders zu den Quellen im Gebirge! Wir erfreuen uns daran, daß die Quellen rieseln, schön fließen, daß sie so wunderbar reinliches Wasser haben und so weiter. Aber das ist nicht das einzige! Die Quellen sind nämlich die Augen der Erde. Mit dem Meere sieht die Erde nicht hinaus in den Weltenraum, weil das Meer salzig ist, und das macht, daß das innerlich nur so ist, wie unser Magen innerlich ist. Die Quellen, die süßes Wasser haben, sind frei für den Weltenraum und sind wie unsere Augen, die sich auch hinaus ins Freie öffnen. So daß wir sagen können: Da auf den Ländern, wo Quellen sind, da schaut die

Erde weit in den Weltenraum hinaus, da sind die Sinnesorgane der Erde, während der Körper der Erde, mehr die Eingeweide der Erde, im salzigen Meer sind. Es ist natürlich anders als beim menschlichen Körper; es sind nicht solche abgeschlossenen Organe, nicht solche Organe, die man ganz aufzeichnen kann. Man könnte sie auch aufzeichnen, aber sie sind nicht so sichtbar. Aber die Erde hat ihre Eingeweide im Meere und hat ihre Sinnesorgane in den Ländern. Und alles das, wodurch die Erde in Verbindung steht mit dem Weltenraum, alles das kommt vom süßen Wasser. Alles dasjenige, wodurch die Erde ihre Eingeweide hat, kommt vom salzigen Wasser.

Nun will ich Ihnen einen Beweis liefern davon, daß das so ist. Sehen Sie, ich habe Ihnen einmal gesagt: Mit dem Himmelsraum steht auch die Fortpflanzung des Menschen und der Tiere in Verbindung. Ich sagte Ihnen: Das hängt nicht allein davon ab, daß das Ei, der Keim im mütterlichen Leibe, sich nur in diesem mütterlichen Leibe ausbildet, sondern da wirken die Kräfte vom Weltenall herein, und dadurch, daß die Kräfte vom Weltenall hereinwirken, entsteht eben gerade erst das Ei in seiner Rundung. Wie wir außen rund sehen die Bewegung des Weltenalls, so ist dieses kleine Eichen ein Abbild des Weltenalls, weil die Kräfte von allen Seiten wirken. Also da, wo die Fortpflanzung wirkt, da wirkt eigentlich das Himmlische auf die Erde. Ebenso sehen Sie beim Auge: das ist eine Kugel. Das habe ich beschrieben neulich. Es ist auch vom Weltenall hereingebildet. Sinnesorgane und Auge sind vom Weltenall hereingebildet. Wenn Sie die Milz ansehen, so ist die nicht kugelig, sondern sie ist mehr von der Erde, von den irdischen Kräften gebildet, von den Eingeweidekräften der Erde. Das ist eben der Unterschied.

[...] so bildet sich im Eikeim eben zunächst kugelig die Menschen-, die tierische Anlage und so weiter durch den Himmelseinfluß herein.

Wenn wir dieses nun wissen, so müssen wir sagen, die Fische sind in einer besonderen Lage, denn die kommen eigentlich niemals ans Land. Sie können ja am Land höchstens ein bißchen schnappen, aber sie können nicht auf dem Land leben, sie müssen im Meere leben. Dadurch sind auch die Fische ganz besonders eingerichtet; sie kommen nicht dahin, wo die Erde sich dem Weltenlauf öffnet. Daher kommen die Fische sehr schwer dazu, ihre Sinne auszubilden und namentlich ihre Fortpflanzungsorgane auszubilden. Denn das hängt vom Weltenraum ab, daß sie drinnen sein können. Die Fische müssen daher das wenige, was vom Licht und von der Wärme aus dem Weltenall ins Meer hineinfällt, sorgfältig benützen, damit sie sich fortpflanzen und Sinnesorgane haben können. Aber die Natur sorgt ja für vieles; Sie können es sehen bei den sogenannten Goldfischchen. Die benützen ihre ganze Haut, um unter den Einfluß des Lichtes zu kommen; daher werden sie so golden. Die Fische benützen jede Gelegenheit, um das aufzuschnappen, was vom Weltenall ins Wasser fällt. Und sie müssen ihre eigenen Eier überall da ablegen, wo Licht noch etwas hineinkann, damit von außen diese Eier bebrütet werden. [...] Aber das, was ich sage, das bezieht sich ja nicht so sehr auf die Süßwasserfische – das süße Wasser ist schon wiederum für das Weltenall durchgängig –, das bezieht sich mehr auf die Meeresfische. Die Meeresfische aber zeigen überall, daß sie darauf eingerichtet sind, ja alles, was noch ins Salzwasser kommt vom Weltenall, zu benützen, um die Fortpflanzung zu haben.

Eine ganz merkwürdige Ausnahme aber macht der Lachs. Der Lachs hat nämlich eine sonderbare Organisation. Der Lachs muß im Meere leben, damit er ordentliche Muskeln kriegt. Damit er sich für seine Muskeln ordentlich ernähren kann, dazu braucht er Erdenkräfte. Die sind vorzugsweise im Salz des Meeres. Er muß im Meeressalz leben, damit er seine starken Muskeln bekommt. Aber wenn der Lachs nun im Meere lebt, dann kann er sich nicht fortpflanzen, weil er so eingerichtet ist, daß er durch das Meerwasser ganz abgeschlossen wird vom Weltenall; und die Lachse wären längst ausgestorben, wenn sie sich im Meere fortpflanzen sollten. Die Lachse sind Ausnahmen. Während sie sich stark machen im Meere – sie bekommen da ihre Muskeln –, sind die Lachse erstens ziemlich blind, und zweitens können sie sich nicht fortpflanzen. Ihre Fortpflanzungsorgane und ihre Sinnesorgane werden schwach, sie sind stumpf. Die Lachse im Meer aber werden dick. Nun, damit der Lachs nicht ausstirbt – wir können das sehen an den Lachsen hier in der Nordsee und gegen das Atlantische Meer zu –, wandert der Lachs jedes Jahr in den Rhein herein. Daher heißt er auch Rhein-Lachs. Aber der Rhein macht den Lachs mager; er verliert wieder seine Muskeln. Das, was er im salzigen Meer an Dicke gewonnen hat, das verliert er im Rhein. Der Lachs wird ganz schlank; und seine Sinnesorgane und namentlich seine Fortpflanzungsorgane, beim Männchen und Weibchen, bilden sich kolossal aus, und der Lachs kann sich im Rhein fortpflanzen. So muß der Lachs also jedes Jahr vom salzigen Meer nach dem süßen Rhein wandern, damit er sich fortpflanzen kann. Er muß da sogar mager werden, weil das süße Wasser nicht beitragen kann zu seiner Muskelbildung. Dann wandert, wenn die Alten noch leben und die Jungen da sind, wiederum alles zum Meere, um aus der Schlankheit in die Dicke zu kommen.

[...] Man kann sagen, da wo die Erde salzig ist, da wirkt sie mit den Erdenkräften. Sie wirkt auf diejenigen Organe, die von der Erde aus gebildet sind. Unsere eigenen Muskeln werden von der Erde aus gebildet, wenn wir uns mit der Schwerkraft bewegen. Schwerkraft ist die Erdenkraft. Auf alles Muskulöse wirkt die Erde, auf alles Knochige wirkt die Erde. Die Erde teilt uns ihr Salz mit, und wir kriegen starke Knochen, starke Muskeln. Mit diesem Salzabgang der Erde könnten wir aber gar nichts machen für die Sinnes- und Fortpflanzungsorgane; die würden dabei verkümmern. Die müssen immer unter den Einfluß der außerirdischen Kräfte, der Himmelskräfte kommen. Und der Lachs zeigt das, welchen Unterschied er macht zwischen Salz- und Süßwasser. Er geht ins Salzwasser, um dick zu werden, nimmt die Erdenkräfte auf, und um fortpflanzungsfähig zu werden, geht er ins Süßwasser, nimmt die Himmelskräfte auf.

So kann man sagen: Die Erde hat auch in bezug auf die Tiere eine Art Kreislauf, wie zum Beispiel in bezug auf den Lachs. Es treibt den Lachs abwechselnd ins Meer und in den Fluß. Da geht er also hin und geht zurück, hin und zurück. Die ganze Lachsgesellschaft geht hin und zurück. An dem Lachs sieht man so recht, wie alles im Leben in Bewegung ist auf der Erde.

Wenn man in dieser Weise das am Lachs kennenlernt, dann hat man ja auch ein Bild von noch etwas anderem, was uns immer vor Augen ist, und was ein so wunderbares Schauspiel ist: die Zugvögel. Die ziehen nur in der Luft herum, hin und her; der Lachs zieht im Wasser hin und her. Die Lachszüge sind im Wasser geradeso wie die Vogelzüge in der Luft, nur daß der Lachs hin und her geht zwischen Salzwasser und Süßwasser, und die Vögel in der Luft hin und her gehen zwischen kälteren Partien und wärmeren Partien, die sie brauchen. Wer die Lachszüge versteht, hat auch ein Bild von den Vogelzügen. Und man kann sagen: All das hängt damit zusammen, daß auch die Vögel, um in die rechten Wärme-Erdenkräfte zu kommen, nach Süden ziehen müssen; da bilden sie mehr ihre Muskulatur aus. Um Himmelskräfte zu haben, da müssen sie mehr in die reinere Luft des Nordens kommen; da bilden sie ihre Fortpflanzungsorgane aus. Diese Tiere brauchen die ganze Erde. Nur die höheren Tiere, die Säugetiere, und der Mensch, die sind mehr von der Erde unabhängig geworden, haben sich mehr emanzipiert von der Erde, sind in ihrer ganzen Organisation mehr unabhängig geworden.

Aber das scheint uns auch nur so. Sehen Sie, wir Menschen sind eigentlich immer zwei Menschen. Wir sind ja noch mehr Menschen; ich habe Ihnen gesagt: physischer Mensch, ätherischer Mensch und so weiter. Aber schon im physischen Menschen sind wir nämlich zwei Menschen: ein rechter und ein linker Mensch. Die rechte Körperhälfte ist ja von der linken kolossal verschieden. Ich glaube, die wenigsten von Ihnen, die hier sitzen, werden mit der linken Hand schreiben können; wir schreiben mit der rechten Hand. Aber der Teil, der zum Beispiel mit der Sprache zusammenhängt beim Nervensystem, der sitzt in der linken Gehirnhälfte. Da sind starke Windungen; an derselben Stelle rechts nicht. Nur beim Linkshänder ist es umgekehrt. Diejenigen, die Linkshänder sind, die haben rechts ihre Sprachorganisation – aber nicht das Äußere, sondern nur das Innere, das die Sprache anregt. Sehen Sie, da kann man sagen: Der Mensch ist links und rechts kolossal verschieden. Aber auch sonst ist dies der Fall. Das Herz ist mehr nach links geschoben, links ist der Magen, rechts ist die Leber. Aber auch diejenigen Organe, die sonst symmetrisch sind, sind es in Wirklichkeit nicht ganz. Unsere Lunge hat links zwei Lappen, rechts drei. Also der rechte Mensch ist vom linken Menschen sehr verschieden. Woher kommt denn das? Nun, gehen wir von etwas sehr Einfachem aus. Links lernen wir also für gewöhnlich nicht schreiben; rechts lernen wir schreiben. Das ist eine Tätigkeit, die mehr vom Ätherleib abhängt. Der physische Leib ist mehr schwer, ist links mehr ausgebildet, rechts ist der Ätherleib mehr ausgebildet. Der linke Mensch bildet zwei Lappen; der rechte, mehr tätig, der bringt mehr Leben in die Lunge hinein, bildet drei Lappen in der Lunge aus. Es ist so beim Menschen, daß er links mehr physischer Mensch ist, rechts mehr ätherischer Mensch ist. [...]

Überall sieht man die Geheimnisse der Welt in einer sehr merkwürdigen Art sich enthüllen. Denken Sie sich, hier wäre die Meeresoberfläche, unten das salzige Meerwasser mit allerlei anderen Stoffen in sich. Nun gibt es gewisse Fische, die sind ganz merkwürdig organisiert. Diese Fische sind nämlich so organisiert, daß sie sehr stark zu den Erdenkräften sich hinneigen, während die übrigen Fische eigentlich furchtbar stark schnappen nach allem, was von Licht und Luft ins Wasser hineinkommt. Sie können, weil sie keine Lungen haben, nicht in der Luft atmen; sie sterben ab in der Luft, gehen zugrunde, aber mit ihren Kiemen schnappen sie nach allem, was von Luft und Licht ins Wasser hineinkommt. Aber es gibt einen Fisch – in seinen großen Arten heißt er Heilbutt, in seinen kleinen Arten Scholle –, dieser Fisch ist ein sehr guter Nährfisch, hat sehr viel Nährstoffe, die meisten Nährstoffe fast von allen Fischen. Das zeigt schon, daß er sich zu der Erde neigt, weil von der Erde die Nährstoffe kommen. Er hält es sozusagen mit der Erde, der Heilbutt. Was können wir denn erwarten von diesen Fischen? Wir können von ihnen erwarten, daß sie das auch äußerlich in ihrem Leben zum Ausdruck bringen, daß sie es mit der Erde halten. Das bringen sie auch zum Ausdruck. Sie legen sich auf die eine Seite; die wird blaß, weiß. Und so stark legen sie sich auf die eine Seite, daß sich der Kopf umdreht und die Augen auf die andere Seite zu liegen kommen. So daß eine solche Scholle von unten so aussieht [siehe Zeichnung S. 73, links].

Da ist sie ganz flach und weiß; und von der anderen Seite, von oben, sind die beiden Augen auf der einen Seite; der Kopf ist umgedreht, weil sie sich sozusagen immer auf die linke Seite hinlegt. Die linke Seite wird ganz die Nährseite, ist blaß und weiß. Die andere Seite nimmt die Farbe

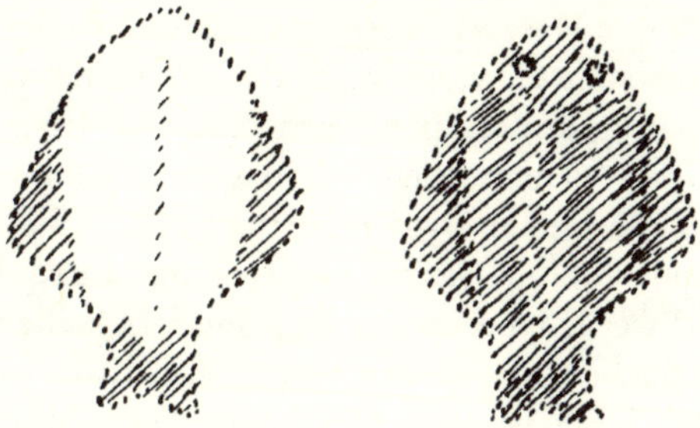

vom Himmel und so weiter an, wird bläulich, bräunlich, und die Augen wenden sich sogar von der Nährseite ab, der Kopf dreht sich um. Solch eine Scholle ist ganz einseitig, hat die Augen, alle Organe auf der einen Seite; die andere Seite ist flach und blaß. [...]

Der Mensch ist eben emanzipiert von der Erde, der Mensch hält sich unabhängig von der Erde. Aber etwas kann schon beim Menschen eintreten; es kann zum Beispiel schon sein, daß man an einen Menschen mit einer merkwürdigen Krankheit herankommt; er sieht nämlich mit dem rechten Auge oder überhaupt mit einem Auge etwas besser als mit dem andern. Wenn das nicht angeboren ist, so bekommt man meistens durch Fragen heraus, daß der Mensch sich auf die andere Seite legt beim Schlafen. Auf die Seite, auf die man sich sehr häufig legt, wirken die Erdenkräfte; das Auge wird etwas schwächer, schwachsichtiger. Es wird nicht so stark gewirkt wie beim Heilbutt, aber schon ein bißchen. Das Auge, das sich hinaus zum Himmel neigt, das abgewendet ist von der Erde, das wird etwas stärker. Sehen Sie, so merkwürdig sind die Zusammenhänge. Ich habe gesagt: Irgendwo zeigt uns schon die Natur, mit welchen Kräften sie arbeitet. [...]

Und die Erde selber, was tut die? Ja, wenn es bloß salziges Meer gäbe, wäre die Erde längst zugrunde gegangen, denn in sich selber kann sie nicht bestehen. Sie hat nicht nur das salzige Meerwasser, sondern auch das süße Gewässer, und das süße Gewässer nimmt vom Himmelsraum die Fortpflanzungskräfte für die Erde auf. Das salzige Meer kann aus den Weltenweiten nicht dasjenige hereinbringen, was die Erde immer wieder erfrischt. Wenn Sie an eine Quelle gehen und da das wunderbar reine Wasser herausrieselt: Sie werden merken, in der Nähe der Quelle, da grunelts, da riecht es so wunderbar, und alles ist so frisch. Ja, das, was da frisch ist in der Nähe der Quelle, das erfrischt auch die ganze lebende Erde. Da öffnet sich die Erde wie durch ihre Augen und Sinnesorgane dem Weltenraume. Und an solchen Tieren wie dem Lachs und der Scholle merkt man noch: die gehen da hin, wo das ist; die haben eine Art Instinkt dafür, sich an das zu halten, was die Erde ist. Der Lachs sucht direkt das süße Gewässer auf. Die Scholle wendet sich, indem sie ihren Körper so einrichtet, dem Lichte zu. An Quellen kann sie nicht kommen. Aber die Quellen sind so wie die Schollen; sie sind an der Erde das, wo sich die Erde dem Lichte zuwendet. [...]

Aber wenn man auf solche Dinge gar nicht aufmerksam ist, dann versteht man ja eigentlich das ganze Erdenleben gar nicht. Es ist wirklich so, daß man sagen kann: Schauen wir auf das Meer hin und erblicken wir da diese Schollen, wir können überall sehen, das Meer, das öffnet sich durch die Schollen überall dem Himmel! Diese Schollen sind ein Beweis, daß das Meer durstig ist nach dem Himmel, weil sein Salzgehalt es vom Himmel abwendet! Man kann sagen, die Schollen drücken aus den Durst des Meeres nach Licht und Luft. Und wenn wir unseren eigenen Kreislauf anschauen, dann haben wir an den Stellen, wo wir salziger werden, wo die Muskeln sitzen, auch feine Sinnesorgane, die Tastorgane. Da öffnet sich der Mensch – nicht wie mit den Augen, wo er sich direkt dem Licht öffnet – nach außen. Das sind gewissermaßen die Stellen, wo im Meere die Schollen sitzen. Diese Schollen, die öffnen sich dem Himmel. Und der gibt ihnen nämlich auch eine außerordentliche Klugheit. Geradeso wie wir, wenn wir unsere äußeren Tastorgane gut benützen können, geschickt werden, so werden die Schollen geschickt, weil sie sich dem Himmel öffnen. [...]

Die Schollen suchen sich an denjenigen Stellen, wo das Meer so ein wenig Ufer hat, in den seichteren Meeresstellen die Orte auf, wo sie sich niederlassen. Mit ihrem flachen Körper bohrt sich die Scholle ins Erdreich ein, benutzt ihr Maul dazu, um sich ein bißchen mit Sand zu bedecken, wirbelt dann Sand auf, aber so fein, daß ein Fisch durchschwimmen kann. Da kommen die Fische und Krebse, bemerken die Scholle nicht, und flugs, wenn dann die Fische vorüberziehen, schnappt und schnappt die Scholle die Fische! Außerordentlich gescheit macht das die Scholle! Aber das kann natürlich nur ein Tier, das sich sozusagen in feiner Weise mit den Himmelskräften, den Kräften des Weltenalls in Verbindung setzt.

Auf der einen Seite hat also solch ein Tier seinen physischen Leib ausgebildet, auf der andern Seite bildet es besonders stark den unsichtbaren Ätherleib aus. An solchen Dingen kann man eben sehen, wie alles das, was in uns auch geistige Kräfte sind, nicht von den Erdenkräften herstammt. Die Erdenkräfte machen uns muskulös, geben uns die Salze, und die Himmelskräfte geben uns eigentlich diejenigen Kräfte, die dann sowohl Fortpflanzungskräfte wie auch spirituelle Kräfte, Gescheitheitskräfte sind.

Sehen Sie, beim Menschen ist es nun so, daß er im Grunde genommen eine kleine Erdkugel ist. Der Mensch besteht ja auch – ich habe es Ihnen immer wieder gesagt – zu neunzig Prozent aus Wasser. Eigentlich ist ja der Mensch auch ein Fisch, denn was der feste Mensch ist – schwimmt da in dem Wasser drinnen –, das sind ja nur zehn Prozent. Im Grunde genommen sind wir ja alle Fische, die in dem eigenen Wasser schwimmen. Das gibt ja auch die äußere

Wissenschaft zu, daß wir durchaus der Hauptsache nach ein kleines Meer sind. Und wie das Meer Flüsse aussendet, so sendet unser Meer, unser Flüssigkeitskörper, salzfreie Säfte aus. Wir haben auch unsere Süßwasserströmungen. Die liegen außerhalb der Muskeln und Knochen. Dagegen in den Muskeln und Knochen haben wir dieselben Salzablagerungen, die das Meer hat. Da ist eigentlich unsere Ernährung, in den Muskeln und Knochen. Wir sind also schon in dieser Beziehung eine kleine Erdkugel, wir haben unser salziges Meer in uns.

Wird der Mensch so, daß seine Flüssigkeit, seine Süßwasserströme zu stark werden – was bei Kindern leicht sein kann, wenn die Milch zu wenig salzreich ist –, dann wird er rachitisch, kriegt die sogenannte Englische Krankheit. Wenn er zuviel Salz kriegt, dann wird er zuviel Meer; dann werden seine Knochen brüchig und die Muskeln werden plump und ungeschickt. Beim Menschen muß immer ein Gleichgewicht sein zwischen dem Salzgenuß und demjenigen, was eben in anderen Nahrungsmitteln liegt.

Nun, was liegt in anderen Nahrungsmitteln? [...] Also in der Erde, da haben die Pflanzen ihr Salz drinnen, die Wurzeln. Aber wenn die Pflanze nun aus der Erde herauswächst, da wächst sie immer mehr der Blüte zu. Die Blüte wird schön farbig, weil sie das Licht aufnimmt. Da draußen in der Blüte, da nimmt die Pflanze das Licht auf; in der Wurzel nimmt sie das Salz auf. Da draußen wird die Pflanze ein Lichtträger, da unten wird sie ein Salzträger. Da unten wird sie dem Meeresteil der Erde ähnlich, oben wird sie dem Himmel ähnlich. Die Wurzel ist salzreich, die Blüte lichtreich. [...] So daß wir sagen können: Für diejenigen Organe in unserem Menschenleibe, welche gewissermaßen die Süßwasserströmungen enthalten, brauchen wir Licht, brauchen wir dasjenige, was uns die Pflanzen geben, wenn sie dem Lichte zustreben. Für die Muskeln, für die Knochen, für dasjenige, was in uns salzig werden soll, brauchen wir eben Salz und die festen Zusätze in unseren Nahrungsmitteln. Und zwischen denen muß das richtige Gleichgewicht sein. [...]

So ist es aber auch mit der Erde, [...] sie ernährt sich, die Stoffe werden fortwährend ausgetauscht, denn es geht immerfort dasjenige, was Erde ist, durch Dunst und Nebel hinauf. Und Sie wissen ja: Das Regenwasser, das herunterfällt, ist destilliert, das heißt, ist reines Wasser, hat nichts in sich. Aber die Erde ernährt sich in feiner Weise aus dem Weltenraum. Sie braucht nicht Mahlzeiten zu halten. Nur wir Menschen, weil wir uns eben emanzipiert haben von der Erde, müssen von der Erde erst unsere Nahrungsmittel beziehen. Die Erde selber nährt sich von den feinen Stoffen, die überall im Weltenall vorhanden sind. Sie ißt fortwährend, nur merkt man es nicht, weil sie fein ißt. Aber sehen Sie, wenn einer den Menschen recht grob beobachtet, merkt er ja schließlich auch nicht, daß er fortwährend Sauerstoff aufnimmt. So auch merkt man an der Erde nicht, daß sie fortwährend ihre Nahrungsmittel aus dem Weltenraum aufnimmt.

Eine Wassersphäre

Der stumme Fisch ist völlig eingetaucht in die Wassersphäre der Erde. Der quakende Frosch dagegen kommt als Amphibie halb aus dieser einhüllenden Sphäre heraus. Diese einfachen, offensichtlichen Tatsachen bilden die Grundlage, auf der Steiner hier erneut vom «Ätherischen» und «Astralen» spricht: Das Ätherische ist erkennbar im lebendigen «Wasserleib» der Erde, und das Astrale, das mit dem Übergang vom Wasser zur Luft zusammenhängt, kommt in einem mehr innerlichen Erleben von Seelenqualitäten zum Ausdruck, wie sie sich beispielsweise in Tierlauten mitteilen. Steiner erklärt hier, daß das Astralwesen der Erde sich im Wechsel der Wetterphänomene manifestiert, die wir in ihrer fortwährenden Veränderlichkeit mühelos als Entsprechung zu den «Wetterlagen» des menschlichen Gemüts empfinden können.

Es lohnt sich, auf den Übergang zwischen den Lebensbereichen oder Lebensformen zu achten, wie er durch den Frosch veranschaulicht wird: zwischen einem vollständigen Eintauchen in reine Lebensprozesse und – beim Versetzen dieses Lebens auf das trokkene Land – dem Auftauchen und Sich-Hineinbegeben in eindeutige, durch Töne ausgedrückte Empfindungs- und Seelenqualitäten.

Der Fisch hat das Wasser in sich, aber der Fisch fühlt sich nicht als das Wasser; der Fisch fühlt sich als das, was das Wasser einschließt, er fühlt sich als die Umgebung des Wassers. [...] Für sich ist er die physische Schale für das Wasser. Das Wasser, das in ihm ist, fühlt er zusammengehörig mit allen Wassern der Welt. Gewissermaßen überall setzt sich ihm die Feuchtigkeit fort. Feuchtigkeit ist ja überall, und in dieser Feuchtigkeit nimmt er zugleich den Äther wahr. Die Fische sind allerdings für das irdische Leben stumm, aber wenn sie reden könnten und Ihnen erzählen würden, wie sie sich fühlen, dann würden Ihnen die Fische sagen: Ich bin Schale, aber die Schale trägt ein überall sich ausbreitendes Wasserelement, das der Träger des Ätherelementes ist. In dem Äther schwimme ich eigentlich. [...] Also der Fisch fühlt sein Leben als das Leben der Erde. Das ist das Eigentümliche von ihm: er fühlt sein Leben als das Leben der Erde, und daher nimmt er innig teil an alledem, was im Jahreslauf durchgemacht wird von der Erde: dieses Hinausgehen der Ätherkräfte im Sommer, dieses Zurückziehen der Ätherkräfte im Winter. So daß der Fisch etwas fühlt, was in der ganzen Erde atmet. Den Äther empfindet der Fisch als das Atmende der Erde. [...]

Anders ist es bei den Reptilien und bei den Amphibien, bei den Fröschen zum Beispiel, die in dieser Beziehung außerordentlich charakteristisch sind. Die hängen weniger zusammen mit dem Ätherelemente des Kosmos, die hängen mehr zusammen mit dem astralischen Element des Kosmos. [...]

Ich sprach Ihnen ja bei den Pflanzen davon und werde noch weiter davon sprechen, wie die Astralität des Kosmos oben die Blüte berührt. Mit dieser Astralität, gewissermaßen mit dem astralischen Leib der Erde, hängt der Frosch so zusammen wie der Fisch mit dem Ätherleib der Erde. Der Fisch hat mehr seine Astralität für sich. Der Frosch hat eigentlich seinen Ätherleib sehr stark für sich, viel stärker als der Fisch; aber der Frosch lebt in dem allgemein Astralischen; so daß er namentlich jene astralischen Vorgänge miterlebt, die sich im Jahreslaufe abspielen, wo die Erde die Astralität spielen läßt im Verdunsten des Wassers, im Wiederherabkommen des Wassers. Da sagt natürlich der materialistisch denkende Mensch: das Wasser verdunstet durch diese oder jene aerodynamischen meinetwillen oder aeromechanischen Kräfte; man bekommt den Hinaufstieg. Es formen sich Tropfen; werden die genügend schwer, so fallen sie herab. Aber das ist ja ungefähr ebenso, wie wenn man eine ähnliche Theorie vom Blutlaufe des Menschen aufstellen würde, ohne Rücksicht darauf zu nehmen, daß da alles lebt im Blutlauf. So lebt im Kreislauf des auf- und abwärtsdringenden Wassers die Astralatmosphäre der Erde, die Astralität der Erde. Ich sage Ihnen nicht etwas Fabelhaftes, wenn ich sage: Gerade die Frösche – bei den anderen Amphibien ist das auch vorhanden, aber mehr zurückgetreten – leben dieses astrale Spiel, das sich in den

Witterungsverhältnissen, in der Meteorologie auslebt, mit. Nicht nur, daß man sie, wie Sie wissen, in der bekannten einfachen Weise als Wetterpropheten benutzt, weil sie dieses Spiel wunderbar miterleben dadurch, daß sie mit ihrer Astralität hineinversetzt sind in die Astralität der Erde; der Frosch sagt gar nicht, er habe ein Gefühl, sondern der Frosch ist nur ein Träger der Gefühle, die die Erde hat in Regenperioden, in trockenen Perioden und so weiter. Daher haben Sie auch unter gewissen Witterungsverhältnissen die mehr oder weniger schönen oder häßlichen Froschkonzerte. Die sind im wesentlichen der Ausdruck der Frösche für das, was sie im Astralleib der Erde miterleben. Sie quaken wahrhaftig nicht, ohne daß sie Veranlassung dazu haben aus dem ganzen Kosmos heraus; sie leben das Astralische der Erde mit.

Kapitel IV: Pflanze und Planet

Sinnesorgane der Erde

Die Pflanzen sind die Sinnesorgane – Zungen, Augen und Nasen – der Erde. Sie nehmen die aus dem Kosmos stammenden Kräfte wahr und strahlen sie aus, verbinden sie mit der irdischen Materie. Im Menschen können die Sinne zu geistigen Sinnen umgewandelt und gesteigert werden – der Geruchssinn beispielsweise ist ein physisches «Vorbild» für die nichtstoffliche Wahrnehmung moralischer Eigenschaften. In ähnlicher Weise können wir Blüten und Pflanzen betrachten, wie sie sich auf unterschiedliche Eigenschaften in der kosmischen und irdischen Umgebung «einstellen», diese verkörpern und in unzähligen verschiedenen Gebärden ausdrücken. Steiner führt hier auch das umfassende Thema der planetarischen Einflüsse auf die Naturprozesse ein. Es ist hier nicht der Ort, ins Detail zu gehen, aber daß beispielsweise der Mondeinfluß sich auf Pflanzen auswirkt, wird längst von vielen anerkannt, und man kann diese Erkenntnis mit gutem Grund auf die feineren Auswirkungen von Planeten ausdehnen. In diesem Bereich ist, etwa durch Maria Thun und Lawrence Edwards, bereits sehr viel Forschungsarbeit geleistet worden.

Denn wie jeder Stein, jeder leblose Körper seine Zugehörigkeit zu der Erde zeigt, indem er auf die Erde fallen kann, wo er eine Widerlage findet, so zeigt jede Pflanze ihre Zugehörigkeit zur Erde dadurch, daß die Stengelrichtung der Pflanzen immer eine solche ist, die durch den Mittelpunkt der Erde geht. Alle Pflanzenstengel würden sich im Mittelpunkt der Erde schneiden, wenn wir sie bis zum

Mittelpunkt der Erde verlängerten, das heißt die Erde ist imstande, aus ihrem Mittelpunkt alle die Kraftstrahlen zu ziehen, welche die Pflanzen aus sich hervorgehen lassen.

So aufgefaßt, lassen sich die Pflanzen mit dem vergleichen, was unsere Augen und Ohren, unsere Sinne an uns selber sind. Das sind sie für den Erdenorganismus. Aber was wahrnimmt, was zu einem Bewußtsein kommt, das ist die von der Sonne zur Erde herniederströmende geistige Welt. Diese geistige Welt würde nicht zu einem Bewußtsein kommen können, wenn sie nicht in den Pflanzen ihre Organe hätte, die ebenso ein Selbstbewußtsein vermitteln, wie unsere Augen und Ohren und Nerven unser Selbstbewußtsein vermitteln.

Wenn man ein Pflanzenblatt betrachtet, ist immer eigentlich die äußere Oberfläche eine Zusammenfügung von lauter kleinen linsenartigen Gebilden, ähnlich der Linse unseres Auges. Diese Linsen sind so eingerichtet, daß das Licht nur dann wirkt, wenn es in einer ganz bestimmten Richtung auf die Oberfläche des Blattes auffällt. Wenn das Licht in einer andern Richtung auffällt, bekommt das Blatt sogleich den Antrieb, sich so zu wenden, daß das Licht in die Linsenmitte hineinfallen kann, weil es nach der Seite hin in anderer Weise wirkt. So sind also an der Oberfläche der Blätter der Pflanzen Organe für das Licht vorhanden. Diese Lichtorgane, die sich tatsächlich mit einer Art Auge vergleichen lassen, das über die Pflanzen ausgebreitet ist, durch das aber nicht die Pflanze sieht, sondern das Sonnenwesen schaut durch dasselbe auf das Erdenwesen – diese Lichtorgane bewirken, daß die Pflanzenblätter immer die Tendenz haben, sich senkrecht zum einfallenden Sonnenlicht zu stellen.

Darin – wie sich die Pflanze hingibt zur Frühlings- und Sommerzeit der Sonnenwirkung – haben wir eine zweite Hauptrichtung der Pflanze. Die Stengelrichtung, wodurch sich die Pflanzen als hinzugehörig zum Erden-Selbstbewußtsein erweisen, ist die eine; die andere ist die, wodurch die Pflanzen die Hingabe der Erde an die Wirksamkeit der Sonnenwesen ausdrücken.

So müssen wir materiell allerdings hinblicken auf unsere Erdenmutter als auf unsere große Nährmutter. Aber wir haben gesehen, daß wir in der Pflanzendecke die Physiognomie des Erdengeistes haben, und *wir* fühlen uns dadurch in Geist und Seele stehend. Wir blicken gleichsam – wie wir einem andern Menschen ins Auge blikken – der Erde in die Seele, wenn wir verstehen, wie sie ihre Seele uns ankündigt in den Blüten und Blättern der Pflanzenwelt.

Wie ist es mit einem Körper bestellt, der scheinbar fest ist, wie das Veilchen, und den wir dennoch riechen? [...] Wenn Sie also das Veilchen abpflücken, dann ist es so, daß Sie eigentlich nur das Feste vom Veilchen abpflücken. Also Sie pflücken das Feste vom Veilchen ab und schauen dieses Feste an. Nun, in Wirklichkeit besteht das Veilchen nicht bloß in dem, was Sie als Festes abpflücken. Das Wesen des Veilchens, das, was es eigentlich ist, das steckt in diesem Festen drin, und man kann auch sagen: Das wirkliche Veilchen, dasjenige, was duftet, das ist eigentlich ein Gas. Das ist so, daß es drinsteckt im Blatt und so weiter, geradeso wie Sie in Ihren Schuhen oder Stiefeln stecken.

Ein Wesen, das so fein riechen würde, würde nicht bloß riechen, sondern es würde sich danach bilden, wie es die Welt riecht.

Sehen Sie, es gibt solche Wesen. Es gibt Wesen, die einfach die Welt riechen können: das sind die Pflanzen.

Die Pflanzen riechen den Weltenraum und richten sich danach ein. Was tut das Veilchen? Sehen Sie, es ist eben ganz Nase und eine ungeheuer feine Nase. Und das Veilchen nimmt sehr schön wahr gerade dasjenige, was zum Beispiel ausströmt vom Merkur, und danach bildet es sich seinen Geruchskörper, während der Stinkasant, Teufelsdreck, sehr fein wahrnimmt dasjenige, was vom Saturn ausströmt: er gestaltet sich danach seinen Gaskörper und stinkt. Und so nimmt ein jedes Wesen in der Pflanzenwelt, wenn es zum Riechen kommt, dasjenige wahr, was aus der Planetenwelt herein zu riechen ist.

Nun diejenigen Pflanzen, die nicht riechen: Warum riechen sie nicht? Sehen Sie, etwas riechen für feine Nasen alle Pflanzen. Mindestens haben sie dasjenige, was man einen erfrischenden Geruch nennen kann. Aber dasjenige, was sie als einen solchen erfrischenden Geruch haben, das wirkt sehr stark auf sie. Das ist gerade das, was von der Sonne kommt. Währenddem eine große Anzahl von Pflanzen nur zugänglich sind für den Sonnengeruch, sind einzelne Pflanzen, wie Veilchen, Stinkasant, zugänglich für Planeteneinflüsse. Die sind die eigentlich wohl- oder übelriechenden Pflanzen. Und man kann, wenn man zum Beispiel ein Veilchen riecht, ganz gut sagen: Oh, dieses Veilchen hat eine feine Nase. Es ist ganz Nase; es nimmt den Weltengeruch des Merkur auf. – [...] Wenn wir durch eine Allee gehen, wo Roßkastanien sind – Sie kennen diesen Geruch von Roßkastanien oder von Lindenblüten? Das ist ein Geruch, den die Roßkastanien und die Linden deshalb haben, weil sie in ihren Blüten feine Nasen haben für alles, was von der Venus strömt ins Weltendasein. Und so duftet uns aus den Pflanzen in Wirklichkeit der Himmel entgegen.

Dann kann man sagen – wenn man zu gleicher Zeit weiß, wie die Pflanzengerüche dasjenige wiedergeben, was in der Welt draußen ist: Die Pflanzen sind eigentlich feine Geruchsorgane der Erde. – Und die menschliche Nase, die ist im Grunde genommen eine grobe Pflanze. Sie wächst auch so wie eine Blüte aus dem Menschen heraus, aber sie ist gröber geworden – eine grobe Blüte, die aus dem Menschen herauswächst. Sie nimmt nicht mehr so fein wahr, wie wahrgenommen wird von der Pflanze im Weltenraum. Das sind schon die Bilder; die sind sehr wirklich. So ist es eben.

So können wir sagen: Wir finden eigentlich, wenn wir in der Pflanzenwelt dahingehen, die Erde überall bedeckt mit lauter Nasen; das sind die Pflanzen. Unserer merkwürdigen Nase sehen wir gar nicht mehr an, daß sie eigentlich von der Pflanze abstammt. Und manche Pflanzenblüten schauen wirklich so aus wie eine Menschennase. Schauen Sie so eine Pflanze an, die so ausschaut wie eine Menschennase. Es gibt solche Pflanzen: Man sagt, sie seien Rachenblütler, Lippenblütler, aber sie schauen so aus wie eine Nase. Sie finden sie überall am Wege wachsen.

[...] Sehen Sie, man kann sagen: Dieser arme Mensch, nun hat er seine Nase zum Riechen, aber er riecht nicht mehr ordentlich; sie ist zu grob geworden. Sehen Sie, die Blüten der Pflanzen, die können die ganze Welt riechen. Die Blätter der Pflanzen lassen sich vergleichen mit der menschlichen Zunge. Sie können die Welt schmecken. Die Wurzel der Pflanzen, die läßt sich vergleichen mit demjenigen, was da guckt, schaut: Es ist ein Auge, aber ein schlechtes Auge. – Da steht der arme Mensch. Er hat alles in sich, was draußen die Wesen der Natur haben, aber es ist schwach und matt geworden.

Steiner ist sich stets der Symbiose zwischen verschiedenen Lebewesen und Naturreichen bewußt, ebenso der sich selbst regulierenden Weisheit unseres Planeten und dessen chemischer Substanzen, die sich gegenseitig beeinflussen. Hier faßt er die Beziehung zwischen Pflanzen und Tieren ins Auge und weist – lange vor der Zerstörung der Regenwälder – auf die verheerende Wirkung hin, die das Abholzen von Wäldern mit sich bringt.

Mit diesem tierischen Leben würde es aber auf der jetzigen Erde bald recht übel stehen, wenn sich alle Wesen so unanständig benehmen würden wie die Menschen und die Tiere. Die Menschen und die Tiere verpesten nämlich die Luft. Und wenn sich alle Wesen so unanständig benehmen würden, wie die Menschen und die Tiere, dann wäre es überhaupt schon längst auf unserer Erde dahin gekommen, daß nichts mehr leben könnte; dann wäre unsere Erde längst ein großer Friedhof. Aber das gute ist, daß sich die Pflanzen nicht so unanständig benehmen. Die machen nämlich das Gegenteil. Denn wie wir den Sauerstoff einsaugen und die Luft ringsumher verpesten, so saugen die Pflanzen die Kohlensäure ein, und die behalten wiederum den Kohlenstoff zurück und geben den Sauerstoff wieder her. So daß eigentlich ganz allein dadurch, daß auf der Erde Pflanzen und namentlich Wälder sind, das Leben auf der Erde bestehen kann. Wenn keine Wälder auf der Erde wären, oder wenn einmal große Gesellschaften – sie tun es ja zum Teil schon – die Wälder abholzen würden, so würde das Leben auf der Erde viel ungesünder werden. Das ist ja eben gerade das, daß wir die Wälder brauchen auf der Erde. Wenn wir nur auf das Holz schauen, dann machen wir natürlich das Leben auf der Erde nach und nach dadurch, daß wir die Wälder abholzen, unmöglich.

Überhaupt braucht der Mensch zu seinem Leben auf der Erde die Pflanzen. Und die Pflanzen – das ist nun das Interessante –, die könnten nicht gedeihen, wenn nicht wiederum der Mensch da wäre! Und da ist es interessant, das müssen Sie nur ins Auge fassen, daß die zwei allerwichtigsten Dinge für das Leben sind: der grüne Pflanzensaft in den grünen Blättern und das Blut auf der anderen Seite. Dieses Grün im Pflanzensaft nennt man Chlorophyll, Blattgrün; also das Chlorophyll ist im grünen Blatt enthalten. Und außerdem ist wichtig das Blut. Nun, da ist etwas höchst Eigentümliches: Sehen Sie, wenn Sie den Menschen betrachten, so atmet der Mensch zunächst – das Atmen ist auch eine Ernährung –, der Mensch nimmt Sauerstoff aus der Luft auf, er atmet Sauerstoff ein. In seinem ganzen Körper, überall, ist aber Kohlenstoff abgelagert. Wenn Sie in die Erde hineingeraten, wo ein Kohlenlager ist, so kommen Sie auf die schwarze Kohle; wenn Sie einen Bleistift spitzen, so kommen Sie auf den Graphit. Kohle und Graphit, das ist Kohlenstoff. Sie bestehen alle, außer anderen Stoffen, den ganzen Körper hindurch aus Kohlenstoff; der wird gebildet im menschlichen Körper.

Nun können Sie sagen: Ja, da ist eigentlich der Mensch ein recht schwarzer Rapuzzel gerade in bezug auf den Kohlenstoff! Aber Sie können ja auch noch etwas anderes sagen: Sehen Sie, der teuerste Körper der Welt, der Diamant, besteht auch aus Kohlenstoff, nur in einer anderen Gestalt! Also wenn Sie das lieber haben wollen, können Sie auch sagen: Sie bestehen in bezug auf den Kohlenstoff aus lauter Diamanten. Der dunkle Kohlenstoff, der Graphit des Bleistiftes und der Diamant sind derselbe Stoff. Wenn die Kohle, die Sie aus der Erde ausgraben, durch irgendeine Kunst durchsichtig gemacht werden kann, dann ist sie Diamant. Also diese Diamanten haben wir überall abgelagert in uns. Wir sind ein richtiges Kohlenlager. Wenn aber der Sauerstoff durch das Blut mit dem Kohlenstoff zusammenkommt, dann bildet sich Kohlensäure. Kohlensäure kennen Sie auch sehr gut: Sie brauchen nur Selterswasser zu nehmen; da sind die Perlen drinnen – diese sind die Kohlensäure, das ist ein Gas. So daß Sie also sich vorstellen können: Der Mensch atmet Sauerstoff durch die Luft ein, der Sauerstoff breitet sich durch das ganze Blut aus, im Blute nimmt er den Kohlenstoff auf, er atmet die Kohlensäure aus. Ein atmen Sie Sauerstoff, aus atmen Sie Kohlensäure.

Es wäre in den Vorgängen, die ich Ihnen geschildert habe in der Entwicklung der Erde, längst alles durch Kohlensäure von Menschen und Tieren vergiftet. Denn die Zeit ist ja lang, seit sich alles auf der Erde entwickelt hat. Wie Sie sehen, könnten längst keine Tiere und Menschen mehr auf der Erde leben, wenn nicht die Pflanzen eine ganz andere Eigenschaft hätten: die Pflanzen, die saugen nicht Sauerstoff ein, sondern gerade Kohlensäure, die der Mensch und das Tier ausatmen. So daß also die Pflanzen ebenso gierig sind auf die Kohlensäure wie der Mensch auf den Sauerstoff.

Und wenn Sie nun da die Pflanze haben: Wurzel, Stengel, Blätter, Blüte, so saugt also die Pflanze überall Kohlensäure ein; die geht hinein. Und jetzt setzt sich der Kohlenstoff, der da in der Kohlensäure drinnen ist, in der Pflanze nieder, und der Sauerstoff wird wiederum ausgeatmet von den Pflanzen. Da haben ihn die Menschen und die Tiere wieder. Der Mensch gibt Kohlensäure her und tötet alles; die Pflanze behält den Kohlenstoff zurück, gibt den Sauerstoff frei und belebt damit alles. Und nichts könnte die Pflanze machen mit der Kohlensäure, wenn nicht der grüne Pflanzensaft, das Chlorophyll, da wäre.

Dieser grüne Pflanzensaft, der ist ein Zauberer, der hält den Kohlenstoff in der Pflanze zurück und gibt den Sauerstoff wieder frei. Das Blut verbindet den Sauerstoff mit dem Kohlenstoff; der grüne Pflanzensaft nimmt den Kohlenstoff wiederum aus der Kohlensäure heraus und gibt den Sauerstoff frei.

Denken Sie, was das für eine feine Sache ist in der Natur, daß die Pflanzen, die Menschen und die Tiere sich auf diese Weise ergänzen! Sie ergänzen sich vollständig.

Die geläuterte Sehnsucht der Blüten

Bei einer genaueren Beobachtung zeigt sich, daß uns die Pflanze – in der Spannung zwischen der «Wurzel» der irdischen Behaglichkeit und der «Blüte» der Sehnsucht nach nichtstofflichen Sphären – das eigene Wesen widerspiegelt. Das hört sich fast nach dichterischer Phantasie an, aber Steiner meint es in sehr realer Weise: Wir sind intim mit der Pflanzenwelt verbunden, und sie vermittelt uns wahre Bilder unserer moralischen Natur. Einzelne Leser mögen dies als Abschweifen vom Thema der Ökologie empfinden, aber wie uns der ganze vorliegende Band zeigt, ist es nach Steiners Überzeugung unerläßlich, die eigenen Fähigkeiten zur qualitativen Wahrnehmung zu entwickeln, um die Bedeutung der Naturphänomene zu erfassen und uns wieder bewußt mit der Natur in Einklang zu bringen. Der Mensch kann aus diesem Zusammenhang nicht ausgeklammert werden.

Sehen wir uns die Pflanzenwelt an. Diese Pflanzenwelt hat in der Tat etwas für den Menschen in mannigfaltiger Weise Bezauberndes, wenn er beginnt, mit dem Auge des Geistes die Pflanzendecke der Erde zu betrachten. Wir gehen hinaus auf die Wiese oder irgendwohin in den Wald. Wir graben uns meinetwillen eine Pflanze mit der Wurzel aus. Schauen wir das, was wir da ausgegraben haben, mit dem Auge des Geistes an, so haben wir eigentlich eine wunderbare zauberische Zusammenstellung. Die Wurzel erweist sich als etwas, von dem man eigentlich sagen kann: es ist ganz und gar aufgegangen in dem Irdischen. Ach, eine Pflanzenwurzel, je brutaler sie sich vor uns hinstellt, ist eigentlich etwas so furchtbar Irdisches. Denn es erinnert einen eine Pflanzenwurzel, besonders, sagen wir eine Rübenwurzel, eigentlich immer an einen satten Bankier. Ja, es ist so; es ist die Pflanzenwurzel so ungeheuer behäbig, so zufrieden mit sich. Sie hat die Salze der Erde in sich aufgenommen und fühlt sich so wohlig in diesem Gefühl, die Erde in sich aufgesogen zu haben. Es gibt eigentlich unter allem Irdischen nichts Zufriedeneres als solch eine Rübenwurzel, sie ist der Repräsentant des Wurzelhaften.

Schauen wir dagegen die Blüte an. Wir können eigentlich nicht anders, wenn wir ihr gegenüberstehen mit dem Auge des Geistes, als sie zu empfinden wie unsere eigene Seele, wenn diese die zartesten Wünsche hegt. Sehen Sie sich nur einmal so eine richtige Frühlingsblüte an; sie ist ja im Grunde genommen ein Wunschhauch; sie ist die Verkörperung einer Sehnsucht. Und es gießt sich eigentlich, wenn wir dazu zarten Seelensinn genug haben, über die Blütenwelt, die uns umgibt, etwas Wunderbares aus.

Wir sehen im Frühling das Veilchen oder meinetwillen den Märzbecher oder das Maiglöcklein oder manches gelbblühende Pflänzchen, und wir werden ergriffen davon, so wie wenn uns alle diese frühlingsblühenden Pflanzen sagen wollten: Ach, Mensch, wie rein und unschuldig kannst du eigentlich deine Wünsche nach dem Geistigen hin richten! – Die geistige Wunschnatur, ich möchte sagen, die in

Frömmigkeit getauchte Wunschnatur sprießt und sproßt aus jeder Frühlingsblüte.

Wenn dann die späteren Blüten kommen – nehmen wir gleich das Extrem, nehmen wir die Herbstzeitlose –, ja, kann man denn mit Seelensinn die Herbstzeitlose anschauen, ohne ein leises Schamgefühl zu haben? Mahnt sie uns denn nicht daran, daß unsere Wünsche unrein werden können, daß unsere Wünsche durchzogen werden können von den mannigfaltigsten Unlauterkeiten? Man möchte sagen, die Herbstzeitlosen sprechen von allen Seiten so zu uns, als wenn sie uns fortwährend zuraunen wollten: Schaue auf deine Wunschwelt hin, o Mensch, wie leicht du ein Sünder werden kannst.

Und so ist eigentlich die Pflanzenwelt der äußere Naturspiegel des menschlichen Gewissens. Man kann sich nichts Poetischeres denken, als diese im Inneren wie aus einem Punkt herauskommende Gewissensstimme verteilt zu denken auf die mannigfaltigsten Pflanzenblütenformen, die uns die Jahreszeiten hindurch so zur Seele reden, in der mannigfaltigsten Weise zur Seele reden. Die Pflanzenwelt ist der ausgebreitete Spiegel des Gewissens, wenn wir nur die Pflanzenwelt in der richtigen Weise anzusehen wissen.

Wenn wir dies ins Auge fassen, dann wird es uns besonders wichtig werden, auf die Pflanzenblüte hinzuschauen, zu vergleichen, wie die Blüte eigentlich die Sehnsucht ist nach den Lichtweiten des Weltenalls, wie die Blüte förmlich hinaufwächst, um die Wünsche der Erde den Lichtweiten des Weltenalls entgegenzuströmen, und wie auf der anderen Seite die behäbige Wurzel die Pflanze erdengefesselt macht; wie die Wurzel es ist, welche fortdauernd der Pflanze abringt ihr Himmelswünschen und es in Erdenbehaglichkeit umgestalten will.

In früheren Zeiten hatte man die Empfindung, daß die gesamte Natur nicht nur lebendig, sondern daß sie auch von verschiedenartigen flüchtig wahrgenommenen Natur- oder Elementargeistern erfüllt ist. Steiner möchte, daß wir – doch jetzt in bewußter Weise – wieder zur Wahrnehmung solcher Wesen und des in Naturphänomenen wirksamen Geistes gelangen. Eine schwierige Aufgabe für diejenigen, deren Erziehung von einer strengen Diät der nüchternen «Fakten» geprägt war, gleichzeitig aber ein imaginativer Sprung mitten in das Leben der Natur, zu jener «Kraft», die, mit den Worten von Dylan Thomas, «die Blumen durch die grüne Zündschnur treibt». Unsere Wahrnehmungsfähigkeit von Umwelt und Ökologie zu schulen, heißt nicht, das klare Denken zugunsten von Einbildungen aufzugeben. Vielmehr bewirkt eine solche Schulung, daß wir viel näher an die Natur herankommen, als es unser abstraktes Denken häufig zuläßt.

Der Mensch, der einfach in die gegenwärtige Zivilisation hineinwächst, sieht die Dinge der Außenwelt an, nimmt sie wahr, macht sich darüber seine abstrakten Gedanken, hat vielleicht an der lieblichen Blüte, an der majestätischen Pflanze auch seine herzliche Freude, seine herzliche Befriedigung, gewinnt sogar vielleicht, wenn er Phantasie hat, ein gewisses inneres Bild von der lieblichen Blüte, von der majestätischen Pflanze. Allein er ahnt nicht, welches seine tiefere Beziehung ist – sagen wir zunächst, um das eine herauszugreifen – zu der Welt der Pflanzen. Es genügt wahrhaftig für eine geistige Anschauung nicht, daß wir von Geist und Geist und wieder Geist reden, sondern es ist da nötig, daß wir uns der wahrhaftig geistigen Beziehungen bewußt werden, die wir zu den Dingen um uns herum haben.

Wenn wir eine Pflanze betrachten, wie man es gewohnt ist, sie heute zu betrachten, so ahnt man gar nicht, daß in dieser Pflanze eine elementarische Wesenheit steckt, ein Geistiges steckt, daß in jeder solchen Pflanze etwas drinnen ist, dem es nicht genügt, daß wir sie anschauen und uns die abstrakte Bildvorstellung machen, die wir uns heute gemeiniglich auch von Pflanzen machen. Denn in jeder solchen Pflanze steckt elementarisches geistiges Wesen, aber es steckt so darinnen, daß es gewissermaßen in der Pflanze verzaubert ist. Und im Grunde genommen schaut nur derjenige eine Pflanze richtig an, der sich sagt: Dies ist in aller Schönheit die Umhüllung eines geistigen Wesens, das drinnen verzaubert ist. – Gewiß, im großen kosmischen Zusammenhange ein relativ unbedeutendes Wesen, aber ein Wesen, das eine tiefe Beziehung zum Menschen hat.

Der Mensch ist eigentlich so innig verknüpft mit der Welt, daß er keinen Gang in die Natur machen kann, ohne daß die intimen Beziehungen, in denen er zur Welt steht, eine intensive Bedeutung für ihn haben. Wenn die Lilie auf dem Felde erwächst aus dem Keim, bis zur Blüte kommt, dann müssen wir uns schon – ohne Personifikation – ganz intensiv vorstellen, daß diese Lilie auf etwas wartet. Ich muß es mit Menschenworten wiederum aussprechen, wie ich das gestrige Bild auch mit Menschenworten aussprechen mußte. Die Menschenworte treffen natürlich die Dinge nicht ganz, aber sie drücken doch das aus, was als Realität in den Dingen drinnen ist. Diese Lilie, indem sie ihre Blätter, aber namentlich ihre Blüte entfaltet, wartet eigentlich auf etwas. Sie sagt sich: Es werden Menschen an mir vorübergehen, Menschen, die mich anschauen, und wenn genügend Menschenaugen ihren Blick auf mich geheftet haben werden, dann werde ich – so sagt der

Geist der Lilie – aus der Verzauberung entzaubert sein und werde meinen Weg in geistige Welten antreten können! – Gewiß, Sie werden sagen: Es wachsen viele Lilien, auf die nicht menschliche Augen blicken. – Bei denen ist das eben anders. Lilien, auf die nicht menschliche Augen blicken, finden ihre Entzauberung auf einem andern Wege. Denn das erste menschliche Auge, das auf eine Lilie blickt, ruft die Bestimmung hervor, daß diese Lilie durch Menschenaugen entzaubert werde. Es ist ein Verhältnis, das die Lilie zum Menschen eingeht, indem der Mensch zuerst seinen Blick auf die Lilie wirft. Überall in unserer Umgebung sind diese elementarischen Geister, und sie rufen uns eigentlich zu: Schauet doch nicht so abstrakt die Blumen an und macht euch nicht bloß die abstrakten Bilder davon, sondern habt ein Herz, ein Gemüt für das, was geistig-seelisch in den Blumen wohnt. Das will durch euch aus seiner Verzauberung erlöst werden. – Und das menschliche Dasein sollte eigentlich eine fortdauernde Erlösung sein verzauberter Elementargeister in den Mineralien, Pflanzen und Tieren.

Eine solche Idee kann in ihrer vollen Schönheit empfunden werden. Aber gerade indem sie im richtigen geistigen Sinne erfaßt wird, kann sie auch im Lichte der vollen Verantwortlichkeit empfunden werden, in die sich der Mensch dadurch zum ganzen Kosmos hineinstellt. Und die Art und Weise, wie sich der Mensch in der Gegenwart, in der Zivilisationsepoche der Entwicklung der Freiheit zu den Blumen verhält, ist eigentlich ein Nippen an demjenigen, an dem er eigentlich trinken sollte. Er nippt, indem er sich Begriffe und Ideen bildet, und er sollte trinken, indem er mit seinem Gemüt sich mit den Elementargeistern der Dinge und Wesenheiten um ihn herum verbindet.

Ich sagte: Wir brauchen nicht zu denken an diejenigen Lilien, auf die niemals ein menschlicher Blick fällt, aber wir müssen an diejenigen denken, auf die der menschliche

Blick fällt, denn die bedürfen des Gemütsverhältnisses, das der Mensch zu ihnen eingehen kann. Nun aber, von der Lilie geht die Wirkung aus. Und mannigfaltig, großartig und gewaltig sind die geistigen Wirkungen, die fortwährend von den Dingen der Natur an den Menschen herantreten, indem der Mensch seinen Weg durch die Natur nimmt. Derjenige, der in diese Dinge hineinschauen kann, sieht eigentlich fortdauernd, wie unendlich mannigfaltig und großartig alles das ist, was an den Menschen von allen Seiten durch die Elementargeistigkeit der Natur heranströmt. Und es strömt in ihn ein. Es ist dasjenige, was – ich habe es gestern im Sinne der äußeren Vorstellung auseinandergesetzt – aus dem Spiegel der äußeren Natur, die ein Spiegel des Göttlich-Geistigen ist, fortwährend dem Menschen als ein Geistiges entgegenströmt, das da ist als ein Übersinnliches, das über die Natur ergossen ist.

> Erde, Wasser, Luft und Feuer sind nicht bloß gedankliche Kategorien, sondern von lebendigen Wesen erfüllte Elemente. Das ist kaum weiter hergeholt als die Meinung moderner Wissenschaftler, die Materie sei überhaupt nichts Festes, sondern aus in ständiger Bewegung sich befindlichen Atomen zusammengesetzt. Die Wesen, die Steiner schildert, sind indessen nicht einfach nur in Bewegung, sie sind durch hochdifferenzierte Eigenschaften, Aufgaben und Zusammenhänge charakterisiert und eng mit dem Pflanzen- und Insektenleben verbunden. Wenn wir uns gestatten, imaginativ in diese pulsierende Welt lebendiger Wesen einzutreten, üben wir uns gleichzeitig im Wahrnehmen feinster Naturkräfte und -prozesse.

Die geistige Anschauung führt uns dann, wenn wir auf die Pflanzenwelt blicken, gleich zu einer Fülle von Wesenheiten, die in den alten Zeiten des instinktiven menschlichen Hellsehertums auch gewußt worden sind, erkannt worden sind, dann aber vergessen worden sind, und heute nur noch Namen darstellen, welche die Dichter verwenden, denen eigentlich eine Realität von der heutigen Menschheit nicht zugeschrieben wird. Aber in demselben Maße, in dem den Wesen, welche die Pflanze umschwirren und umweben, keine Realität zugeschrieben wird, verliert man das Verständnis für die Pflanzenwelt [...]

Die Pflanze streckt ihre Wurzel in den Boden. Wer das verfolgen kann, was da eigentlich von der Pflanze in den Boden hineingestreckt wird, der kann mit dem geistigen Blick, und ein solcher muß es ja sein, der die Wurzel richtig durchschaut, zugleich verfolgen, wie überall das Wurzelwesen der Pflanze von Naturelementargeistern umgeben und umwoben wird. Und diese Elementargeister, die eine alte Anschauung als Gnomen bezeichnet hat, die wir Wurzelgeister nennen können, können wir mit einer imaginativen und inspirierten Weltanschauung wirklich so verfolgen, wie wir im Physischen das Menschenleben und das Tierleben verfolgen. Wir können gewissermaßen hineinschauen in das Seelenhafte dieser Elementargeister, dieser Wurzelgeisterwelt.

Diese Wurzelgeister sind ein ganz besonderes Erdenvolk, für den äußeren. Anblick zunächst unsichtbar, aber in ihren Wirkungen um so sichtbarer; denn keine Wurzel könnte entstehen, wenn nicht zwischen der Wurzel und dem Erdreich vermittelt würde durch diese merkwürdigen Wurzelgeister, die das Mineralische der Erde in Strömung bringen, um es an die Wurzeln der Pflanze heranzubringen. Natürlich meine ich dabei den geistig zugrundeliegenden Vorgang.

Diese Wurzelgeister, die überall im Erdreich vorhanden sind, die sich ganz besonders wohl fühlen innerhalb der mehr oder weniger durchsichtigen oder auch metallisch durchsetzten Gesteine und Erze, die aber sich am wohlsten fühlen, weil da ihr eigentlicher Platz ist, wenn es sich darum handelt, das Mineralische der Pflanzenwurzel zu vermitteln, diese Wurzelgeister sind ganz erfüllt von einem innerlich Geisthaften, das wir nur vergleichen können mit dem, was wir erfassen können im innerlichen Geisthaften des menschlichen Auges, des menschlichen Ohres. Denn diese Wurzelgeister sind in ihrer Geisthaftigkeit ganz Sinn. Sie sind eigentlich sonst gar nichts, als aus Sinn bestehend, sie sind ganz Sinn, und ein Sinn, der zugleich Verstand ist, der nicht nur sieht und nicht nur hört, der sogleich im Sehen und im Hören das Gesehene und Gehörte versteht, der überall nicht bloß Eindrücke empfängt, sondern überall Ideen empfängt. [...] Die Pflanze sammelt die Geheimnisse des Weltenalls, senkt sie in den Boden, und die Gnomen nehmen diese Geheimnisse des Weltenalls aus dem, was ihnen durch die Pflanze geistig zuträufelt, in sich auf. Und indem sie, namentlich vom Herbste an durch den Winter hindurch, auf ihren Wanderungen durch Erz und Gestein tragen, was ihnen durch die Pflanzen zugeträufelt ist, werden sie dadurch zu denjenigen Wesen innerhalb der Erde, die die Ideen des ganzen Weltenalls durch die Erde hindurchströmend wandernd tragen. Wir sehen hinaus in die weite Welt. Die Welt ist aus dem Weltengeiste gebaut, eine Verkörperung der Weltenideen, des Weltengeistes. Die Gnomen nehmen durch die Pflanzen, die ihnen dasselbe sind, was uns die Lichtstrahlen sind, die Ideen des Weltenalls auf und tragen sie im Inneren der Erde in voller Bewußtheit von Erz zu Erz, von Stein zu Stein.

Wir schauen in die Tiefen der Erde hinunter, nicht indem wir da unten abstrakte Ideen suchen für irgendwelche bloß mechanisch wirkenden Naturgesetze, sondern wir schauen hinunter in die Tiefen der Erde und sehen die wandernden und wandelnden Gnomen, welche die lichtvollen Bewahrer des Weltenverstandes sind innerhalb der Erde. Weil daher diese Gnomen das, was sie sehen, zugleich wissen, haben sie im Vergleich zu den Menschen ein zwar gleichgeartetes Wissen; sie sind die Verstandeswesen katexochen, sie sind ganz Verstand. Alles ist an ihnen Verstand, aber ein Verstand, der universell ist, der daher auf den menschlichen Verstand eigentlich heruntersieht als auf etwas Unvollkommenes. Die Gnomenwelt lacht uns eigentlich aus mit unserem würgenden, ringenden Verstande, mit dem wir so dies oder jenes manchmal erfassen, während die Gnomen gar nicht nachzudenken brauchen. Sie sehen das, was verständig ist in der Welt, und sie sind insbesondere dann ironisch, wenn sie merken, daß der Mensch sich abmühen muß, um erst auf dieses oder jenes zu kommen. Wie kann man das – sagen die Gnomen –, wie kann man erst sich Mühe geben, nachzudenken? Man weiß ja alles, was man anschaut. Die Menschen sind dumm – so sagen die Gnomen –, denn sie müssen erst nachdenken.

Und ich möchte sagen, bis zur Ungezogenheit ironisch werden die Gnomen, wenn man ihnen von Logik spricht. Denn wozu soll man so ein überflüssiges Ding brauchen, eine Anleitung zum Denken? Die Gedanken sind doch da. Die Ideen strömen durch die Pflanzen. Warum stecken die Menschen nicht ihre Nase so tief in die Erde hinein, wie die Wurzel der Pflanze ist, und lassen sich in die Nase hineinträufeln das, was die Sonne zu den Pflanzen sagt? Dann würden sie etwas wissen! Aber mit Logik – sagen die Gnomen –, da kann man eigentlich immer nur ganz kleine Stücke von Wissen haben.

So sind die Gnomen eigentlich innerhalb der Erde die Träger der Ideen des Universums, des Weltenalls. Aber die Erde selbst haben sie gar nicht gerne. Sie schwirren herum in der Erde mit Ideen vom Weltenall, hassen aber eigentlich das Irdische. Das ist ihnen etwas, dem sie am liebsten entrinnen möchten. […] Sie sind eigentlich innerhalb der

Erde dasjenige, was darstellt das Außerirdische, weil es fortwährend vermeiden muß, mit dem Irdischen zusammenzuwachsen; sonst bekämen die Einzelwesen eben die Gestalt der Amphibienwelt. Und gerade aus diesem, ich möchte sagen Haßgefühl, Antipathiegefühl gegenüber dem Irdischen gewinnen die Gnomen die Kraft, die Pflanzen aus der Erde herauszutreiben. Sie stoßen fortwährend mit ihrer Grundkraft vom Irdischen ab, und mit diesem Abstoßen ist die Richtung des Wachstums der Pflanzen nach oben gegeben; sie reißen die Pflanzen mit. [...].

Ist dann die Pflanze nach oben gewachsen, hat sie den Bereich der Gnomen verlassen und ist übergetreten aus dem Reiche des Feucht-Irdischen in das Reich des Feucht-Luftigen, dann entwickeln die Pflanzen das, was in den Blättern zur äußeren physischen Gestaltung kommt. Aber in alldem, was nun im Blatte tätig ist, wirken wiederum andere Wesenheiten, Wassergeister, Elementargeister des wäßrigen Elementes, welche eine ältere instinktive Hellseherkunst zum Beispiel Undinen genannt hat. Geradeso wie wir die Wurzel umschwirrt und umwebt von den Gnomenwesen finden, so in der Nähe des Bodens, wohlgefällig das Aufwärtsstreben, das die Gnomen gegeben haben, beobachtend, sehen wir diese Wasserwesen, diese Elementarwesen des Wassers, diese Undinenwesen.

Diese Undinenwesen sind anders ihrer inneren Natur nach als die Gnomen. Sie können sich nicht wie ein Sinnesorgan, wie ein geistiges Sinnesorgan hinauswenden an das Weltenall. Sie können sich eigentlich nur hineinergeben in das Weben und Walten des ganzen Kosmos im luftig-feuchten Elemente, und dadurch sind sie nicht solche helle Geister wie die Gnomen. Sie träumen eigentlich fortwährend, diese Undinen, aber ihr Träumen ist zu gleicher Zeit ihre eigene Gestalt. Sie hassen nicht so stark die Erde wie die Gnomen, aber sie sind sensitiv gegen das Irdische. Sie leben im ätherischen Elemente des Wassers, durchschwimmen und durchschweben es. […] Sie träumen ihr eigenes Dasein. Und im Träumen ihres eigenen Daseins binden sie und lösen sie, binden sie und trennen sie die Stoffe der Luft, die sie auf geheimnisvolle Art in die Blätter hineinbringen und herantragen an dasjenige, was die Gnomen nach aufwärts gestoßen haben. Die Gnomen stoßen das Pflanzenwesen nach aufwärts [siehe Abbildung, hell].

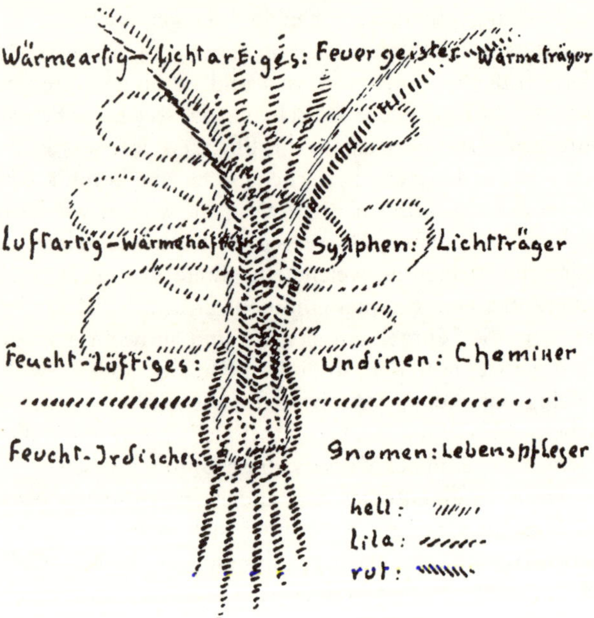

Es wurde hier verdorren, wenn nicht die Undinenwesen von allen Seiten gewissermaßen herankämen und nun in dieser traumhaften Bewußtheit, in der sie die Pflanzen umschwirren, sich erwiesen, man kann nicht anders sagen, als der Weltenchemiker. Die Undinen träumen das Verbinden und Lösen der Stoffe. Und dieser Traum, in dem die Pflanzen leben, in den die Pflanze hineinwächst, wenn sie nach aufwärts den Boden verläßt, dieser Undinentraum ist der Weltenchemiker, der die geheimnisvolle Verbindung und Lösung der Stoffe, vom Blatte ausgehend, in der Pflanze bewirkt. So daß wir sagen können, die Undinen sind die Chemiker des Pflanzenlebens. Sie träumen von Chemie. Es ist in ihnen eine ungemein zarte Geistigkeit, eine Geistigkeit, die eigentlich ihr Element da hat, wo Wasser und Luft sich berühren. Die Undinen leben ganz im feuchten Elemente; aber ihr eigentliches inneres Wohlgefallen haben sie, wenn sie irgendwo an eine Oberfläche, wenn auch nur an die Oberfläche eines Tropfens oder sonst irgendeines Wäßrigen kommen. Denn ihr ganzes Streben besteht darin, sich davor zu bewahren, ganz die Gestalt, die bleibende Gestalt der Fische zu bekommen. Sie wollen in der Metamorphose bleiben, in der ewigen, der immerwährenden Verwandelbarkeit. Aber in dieser Verwandelbarkeit, in der sie von Sternen und von der Sonne, vom Lichte und von der Wärme träumen, werden sie die Chemiker, die vom Blatte aus nun die Pflanze weiterbringen in ihrer Gestaltung, die Pflanze, die von der Gnomenkraft nach oben geschoben worden ist. Und so entwickelt denn die Pflanze das Blattwachstum, und das Geheimnisvolle enthüllt sich als Undinentraum, in den die Pflanze hineinwächst.

In demselben Maße aber, in dem die Pflanze in den Undinentraum hineinwächst, gerät sie nach oben nun in ein anderes Bereich, in das Bereich derjenigen Geister, die nun ebenso im luftartig-wärmehaften Elemente leben, wie die Gnomen im feucht-irdischen, die Undinen im feuchtluftigen leben. So im luftartig-wärmehaften Element leben diejenigen Wesenheiten, die eine ältere, instinktive Hellseherkunst als die Sylphen bezeichnet hat. Diese Sylphen, die im luftartig-warmen Elemente leben, dringen aber, weil die Luft überall durchsetzt ist vom Lichte, zum

Lichte vor, werden lichtverwandt und sind namentlich empfänglich für dasjenige, was die feineren, aber größeren Bewegungen innerhalb des Luftkreises sind.

Wenn Sie im Frühling oder Herbst einen Schwalbenschwarm sehen, der in seinem Hinfliegen zugleich den Luftkörper in Schwingungen bringt, einen bewegten Luftstrom hervorruft, so bedeutet dieser bewegte Luftstrom, der aber dann bei jedem Vogel vorhanden ist, für die Sylphen etwas Hörbares. Weltenmusik ertönt daraus den Sylphen. Wenn Sie irgendwo, sagen wir, auf dem Schiffe fahren und die Möwen heranfliegen, dann ist in dem, was durch den Möwenflug erregt wird, ein geistiges Ertönen, eine geistige Musik, die das Schiff begleitet.

Wiederum sind es die Sylphen, welche in diesem Tönen drinnen sich entfalten und entwickeln und in diesen erregten Luftströmen ihre Heimat finden. Im dem geistig-tönend bewegten Luftelemente finden sie ihre Heimat und nehmen dabei dasjenige auf, was die Kraft des Lichtes in diese Luftschwingungen hineinschickt. Dadurch aber fühlen sich diese Sylphen, welche im Grunde genommen für sich mehr oder weniger schlafende Wesenheiten sind, überall dort am heimischsten, am meisten zuhause, wo der Vogel die Luft durcheilt. Wenn eine Sylphe gezwungen ist, die vogellose Luft zu durchschwirren, dann ist es für sie so, als ob sie sich selbst verloren hätte. […]

Deshalb ist zu schauen die tiefste Sympathie der Sylphe mit der Vogelwelt. Wie der Gnom die Amphibienwelt haßt, wie die Undine sensitiv ist und sich gewissermaßen nicht nähern mag dem Fische, weg will vom Fisch, ein Grauen in gewissem Sinne empfindet, so will die Sylphe zum Vogel hin, fühlt sich wohl, wenn sie an sein Gefieder herantragen kann die schwebend-tönende Luft. Und wenn Sie den Vogel fragen würden, von wem er singen lerne, dann würden Sie von ihm hören, daß er seinen Inspirator in der Sylphe hat. Die Sylphe hat ein Wohlgefallen an der

Vogelgestalt. Aber sie ist abgehalten durch die kosmische Ordnung, Vogel zu werden, denn sie hat eine andere Aufgabe. Sie hat die Aufgabe, in Liebe das Licht an die Pflanzen heranzutragen [siehe Zeichnung S. 100, hell und rot]. Geradeso wie die Undine der Chemiker ist, ist dadurch die Sylphe für die Pflanze der Lichtträger. Sie durchsetzt die Pflanze mit Licht; sie trägt in die Pflanze das Licht hinein.

Dadurch, daß die Sylphe in die Pflanze das Licht hineinträgt, wird etwas ganz Eigentümliches in der Pflanze geschaffen. Sehen Sie, die Sylphe trägt fortwährend das Licht in die Pflanze hinein. Das Licht, das heißt die Sylphenkraft in der Pflanze, wirkt auf die chemischen Kräfte, welche die Undine in die Pflanze hineinversetzt. Da geschieht das Zusammenwirken von Sylphenlicht und Undinenchemie.

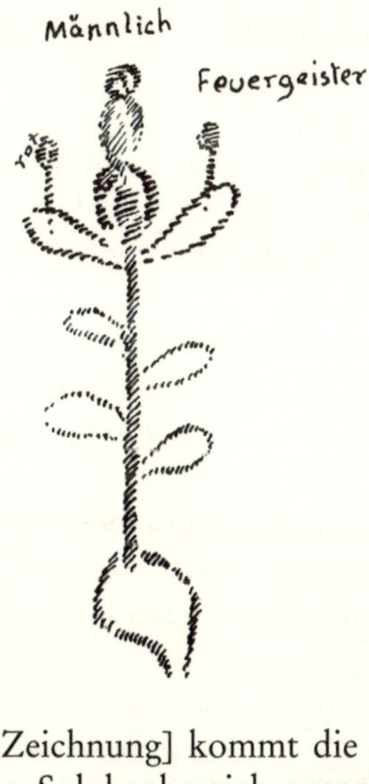

Hier oben [siehe Zeichnung] kommt die Pflanze, nachdem sie durch den Sylphenbereich gegangen ist, in die

Sphäre der Elementar-Feuergeister. Und die Feuergeister, sie sind die Bewohner des Wärmeartig-Lichtartigen; sie sammeln, wenn die Erdenwärme am höchsten gestiegen oder eben geeignet geworden ist, nun die Wärme auf. Ebenso wie die Sylphen das Licht aufgesammelt haben, so sammeln die Feuergeister die Wärme auf und tragen sie in die Blüten der Pflanzen hinein. Undinen tragen die Wirkungen des chemischen Äthers in die Pflanzen hinein, Sylphen tragen die Wirkungen des Lichtäthers in die Pflanzen hinein, die Feuergeister tragen die Wirkungen des Wärmeäthers in die Blüten der Pflanzen hinein. Und der Blütenstaub, der ist dasjenige, was nun gewissermaßen das kleine Luftschiffchen abgibt für die Feuergeister, um hineinzutragen die Wärme in den Samen. Die Wärme wird überall gesammelt mit Hilfe der Staubfäden und von den Staubfäden aus übertragen auf den Samen in dem Fruchtknoten. Und dieses, was hier im Fruchtknoten gebildet wird, das ist im Ganzen das Männliche, das aus dem Kosmos kommt. [...] Für die Pflanzen ist die Erde Mutter, der Himmel Vater. Und alles das, was außerhalb des Irdischen geschieht, ist für die Pflanze nicht Mutterschoß. Es ist ein kolossaler Irrtum zu glauben, daß das mütterliche Prinzip der Pflanze im Fruchtknoten ist. Da ist gerade das mit Hilfe der Feuergeister aus dem Universum herausgeholte Männliche. Das Mütterliche wird aus dem Kambium der Pflanze, welches sich sowohl gegen die Rinde wie gegen das Holz hin verbreitet, hinuntergetragen als Idealgestalt in der Pflanze. Und dasjenige, was nun entsteht aus dem Zusammenwirken von Gnomenwirkung und Feuergeisterwirkung, das ist Befruchtung. Im Grunde genommen sind die Gnomen die geistigen Hebammen der Pflanzen-Fortpflanzung. [...]

Sie sehen: dadurch, daß man das Geistige nicht kennt, daß man nicht weiß, wie mitweben und mitleben mit dem Pflanzenwachstum Gnomen, Undinen, Sylphen und

Feuergeister – was früher Salamander genannt worden ist –, dadurch ist man sich sogar ganz unklar über den Vorgang der Befruchtung in der Pflanzenwelt. Also da, außerhalb der Erde geschieht eben gar keine Befruchtung, sondern die Erde ist Mutter der Pflanzenwelt, der Himmel ist Vater der Pflanzenwelt. Das ist in ganz wörtlichem Sinne der Fall. Und die Befruchtung der Pflanzen geschieht dadurch, daß die Gnomen von den Feuergeistern dasjenige nehmen, was die Feuergeister in den Fruchtknoten hineingetragen haben auf den kleinen Luftschiffchen des Antherenstaubes als konzentrierte kosmische Wärme. So sind die Feuergeister Wärmeträger.

Die Sylphen empfinden ihr Selbst, ihr Ich, indem sie die Vögel schwirren sehen. Die Feuergeister haben dieses noch gesteigert gegenüber der Schmetterlingswelt und überhaupt der ganzen Insektenwelt. Und sie sind es, diese Feuergeister, welche am liebsten der Insektenspur folgen, um eben die Vermittlung der Wärme zu bewirken für den Fruchtknoten. Um das konzentrierte Warme, das hineinkommen muß in die Erde, um sich da zu verbinden mit der ideellen Gestalt, um das hinzutragen, fühlen sich die Feuergeister innig verwandt mit der Schmetterlingswelt und auch überhaupt mit der gesamten Insektenwelt. Sie folgen überall den Spuren der Insekten, die von Blüte zu Blüte schwirren. Und so hat man eigentlich das Gefühl, wenn man diese von Blüte zu Blüte schwirrenden Insekten verfolgt: jedes solche von Blüte zu Blüte schwirrende Insekt hat eigentlich eine ganz besondere Aura, die nicht recht erklärlich ist aus dem bloßen Insekt. Insbesondere die Bienen mit ihrer hellglänzenden, wunderbar leuchtenden, schimmernden, schillernden Aura, die von Pflanze zu Pflanze schwirren, sind außerordentlich schwierig ihrer Aura nach zu erklären. Warum? Weil das Insekt Biene überall begleitet ist von dem Feuergeist, der sich ihm so verwandt fühlt, daß da die Biene ist, und die Biene für das geistige Schauen überall in einer Aura drinnen ist, die eigentlich der Feuergeist ist.

Wenn die Erde dicht ist, so ist die Dichtigkeit diese Antipathie, durch welche Gnomen und Undinen ihre Gestalt aufrecht erhalten. Wenn sich Licht und Wärme heruntersenkt auf die Erde, so ist das zu gleicher Zeit der Ausdruck jener Sympathiekraft, der tragenden Sylphen-Liebekraft, die durch den Luftraum getragen wird, und der tragenden Feuergeist-Opferkraft, welche das Sich-Herunterneigende bringt. So daß man sagen kann: Es wächst über der Erde zusammen dasjenige, was Erdendichte, Erdenmagnetismus, Erdenschwere ist, indem es nach aufwärts strebt, zusammen mit der abwärts strebenden Liebe- und Opferkraft. Und in diesem Ineinanderwirken der abwärtsströmenden Liebe-Opferkraft und der aufwärtsströmenden Dichtigkeit, Schwerekraft und magnetischen Kraft, in diesem Zusammenwirken entwickelt sich über dem Erdboden, wo die beiden sich begegnen, das Pflanzenwesen, das ein äußerer Ausdruck des Zusammenwirkens von Weltenliebe, Weltenopfer, Weltenschwere und Weltenmagnetismus ist.

Kapitel V: Pflanzen und Insekten

Das weisheitsvolle Gleichgewicht der Natur

Der folgende zentrale Vortrag aus dem *Landwirtschaftlichen Kurs* hebt die wunderbare Symbiose zwischen dem Pflanzen-, dem Insekten- und dem Tierreich hervor und macht klar, wie sehr ein jedes dieser Reiche für die anderen notwendig ist und einen unentbehrlichen Dienst im gesamten Gleichgewicht der Natur erfüllt. Steiner erscheint in seinem Eintreten für eine reiche biologische Vielfalt seiner Zeit weit voraus.

Die Begriffe «astralisch» und «ätherisch», denen wir bereits mehrfach begegnet sind, gewinnen hier in bezug auf die Pflanzenwelt eine größere Vielschichtigkeit. Obwohl, wie bereits früher dargelegt, der «astralische» Bereich vorwiegend mit mehr nach innen gerichteten Seeleneigenschaften und der «ätherische» mehr mit fließenden, rhythmischen Lebensprozessen verbunden ist, durchdringen und beeinflussen sich für Steiner diese Bereiche gegenseitig. So «berührt» das Astralische die Pflanzen überall, wo eine Blume blüht, gleichsam von außen, und natürlich besteht hier die stärkste Wechselwirkung zur Welt der fliegenden Insekten. Wenn beispielsweise Bienen um duftende Blüten summen, nehmen wir ein flirrendes, strömendes Zwischenreich wahr, in dem sich Pflanze und Insekt begegnen. In diesem Zusammenhang beschreibt Steiner, wie wir die Geruchswahrnehmung ausbilden können, um das Gespür für feinste Eigenschaften zu steigern, die sich im Pflanzenreich offenbaren.

Während blühende Bäume in ihrer Krone von dieser Astralität umgeben sind, entziehen ihre stärker mineralisierten Wurzeln dem sie umgebenden Erdboden ätherische Lebenskräfte und lassen ihn an Leben verarmen. Es ist bekannt, daß Pflanzen und selbst Gras im allgemeinen unter Bäumen nicht gedeihen. Im wunderbaren Gleichgewicht der Natur jedoch schafft gerade dieser Umstand günstige Bedingungen für die Larvenphase von Insekten.

Das Verständnis des Zusammenspiels zwischen all diesen verschiedenen Reichen kann uns zeigen, wie wir eine Landschaft darin unterstützen können, sich wie ein gesunder Organismus selber zu regulieren.

Nun schauen wir uns den Baum an. Was ist er denn eigentlich im ganzen Haushalt der Natur? Wenn wir ihn nämlich verständig anschauen, so können wir zunächst zum eigentlich Pflanzlichen nur rechnen beim Baum dasjenige, was in dünnen Stengeln, in den grünen Blätterträgern, in Blüten, in Früchten herauswächst. Das wächst aus dem Baum heraus, wie die Krautpflanze aus der Erde wächst. Der Baum ist nämlich wirklich für dasjenige, was da an den Zweigen wächst, die Erde. Er ist die hügelig gewordene Erde, nur die etwas lebendiger gestaltete Erde als diejenige, aus der unsere Kraut- und Getreidepflanzen herauswachsen.

Wollen wir also den Baum verstehen, müssen wir sagen, nun ja, da ist der dicke Stamm des Baumes, in gewissem Sinne gehören auch noch die Äste und Zweige dazu. Von da ab also wächst zunächst die eigentliche Pflanze heraus, Blätter, Blüten wachsen da heraus. Das ist die Pflanze, die in den Stamm und in die Zweige des Baumes so eingewurzelt ist, wie die Kraut- und Getreidepflanzen in die Erde eingewurzelt sind. [...] Die Pflanze, die auf dem Baum wächst, hat ihre Wurzel verloren, sie hat sich sogar relativ von ihr getrennt und ist nur mit ihr verbunden, ich möchte sagen, mehr ätherisch. Und das, was ich hier hypothetisch aufgezeichnet habe, ist im Baum drinnen die Kambiumschichte, das Kambium, so daß wir die Wurzeln dieser Pflanze eben nicht anders anschauen können, als daß sie durch das Kambium ersetzt werden.

Das Kambium sieht nicht wie Wurzeln aus. Es ist die Bildungsschichte, die immer neue Zellen bildet, aus der heraus sich das Wachstum immer wieder entfaltet, so wie sich aus einer Wurzel unten das krautartige Pflanzenleben oben entfalten würde. Wir können so recht sehen dann, wie im Baum mit seiner Kambiumschichte, die die eigentliche Bildungsschichte ist und die die Pflanzenzellen erzeugen kann – die anderen Schichten des Baumes würden ja nicht frische Zellen erzeugen können –, tatsächlich das Erdige sich aufgestülpt hat, hinausgewachsen ist in das Luftartige, dadurch mehr Verinnerlichung des Lebens braucht, als die Erde sonst in sich hat, indem sie die gewöhnliche Wurzel noch in sich hat. Und wir fangen an, den Baum zu verstehen. Zunächst verstehen wir den Baum als ein merkwürdiges Wesen, als dasjenige Wesen, das dazu da ist, die auf ihm wachsenden «Pflanzen»: Stengel, Blüten, Frucht und deren Wurzel auseinanderzutrennen, sie voneinander zu entfernen und nur durch den Geist zu verbinden, respektive durch das Ätherische zu verbinden.

In dieser Weise ist es notwendig, makrokosmisch verständig in das Wachstum hineinzuschauen. [...] Und so ist das der Fall, daß, wenn wir die auf dem Boden wachsende Pflanze anschauen, sie von Astralischem, wie ich gesagt habe, umschwebt und umwölkt ist. Hier aber, an dem Baum, ist diese Astralität viel dichter. Da ist sie dichter, so daß unsere Bäume Ansammlungen sind von astralischer Substanz. Unsere Bäume sind deutlich Ansammler von astralischer Substanz.

Auf diesem Gebiete ist es eigentlich am leichtesten, ich möchte sagen, zu einer höheren Entwicklung zu kommen. Wenn man auf diesen Gebieten sich bestrebt, so kann man sehr leicht auf diesen Gebieten esoterisch werden. Man kann nicht geradezu hellsichtig werden, aber man kann sehr leicht hellriechend werden, wenn man sich aneignet nämlich einen gewissen Geruchsinn für die verschiedenen Aromen, die ausgehen von Pflanzen, die auf der Erde sind, und die ausgehen von Obstpflanzungen, auch wenn diese erst blühen, vom Walde gar. Dann wird man den Unterschied empfinden können zwischen einer astralärmeren Pflanzenatmosphäre, wie man sie bei den Krautpflanzen, die auf der Erde wachsen, riechen kann, und zwischen einer astralreichen Pflanzenwelt, wie man sie haben kann in der Nase, wenn man schnüffelt dasjenige, was in einer so schönen Weise von den Kronen der Bäume her gerochen werden kann. Und gewöhnen Sie sich auf diese Weise an, den Geruch zu spezifizieren, zu unterscheiden, zu individualisieren zwischen Erdpflanzengeruch und Baumgeruch, so haben Sie im ersteren Fall Hellriechigkeit für dünnere Astralität, im zweiten Fall Hellriechigkeit für dichtere Astralität. […]

Wenn wir dasjenige nun ins Auge fassen, wohin das weiterführen kann, so müssen wir uns nun doch fragen: Ja, wie ist es denn nun mit demjenigen, was gewissermaßen polarisch entgegensteht demjenigen, was da die auf dem Baum wachsende parasitische Pflanze als Astralisches in der Baumumgebung bewirkt? Was geschieht denn durch das Kambium, was tut denn das?

Sehen Sie, weit um sich herum macht der Baum die geistige Atmosphäre astralreicher in sich. Was geschieht denn da, wenn das Krautartige oben auf dem Baum wächst? Dann hat er eine bestimmte innere Vitalität, Ätherizität, ein gewisses starkes Leben in sich. Das Kambium dämpft nun dieses Leben etwas mehr herunter, so daß es mineralähnlicher wird. Dadurch wirkt das Kambium also so: Währenddem oben Astralreiches um den Baum entsteht, wirkt das Kambium so, daß im Innern Ätherisch-Ärmeres als sonst da ist, Ätherarmut gegenüber der Pflanze entsteht im Baum. Ätherärmeres entsteht hier. Dadurch aber, daß da im Baum durch das Kambium Ätherärmeres entsteht, wird auch die Wurzel wiederum beeinflußt. Die Wurzel im Baum wird Mineral, viel mineralischer, als die Wurzeln der krautartigen Pflanzen sind.

Dadurch aber, daß sie mineralisierter wird, entzieht sie dem Erdboden aber jetzt in dem, was im Lebendigen drinnen bleibt, etwas von seiner Ätherizität. Sie macht den Erdboden etwas mehr tot in der Umgebung des Baumes, als er sein würde in der Umgebung der krautartigen Pflanze. Das muß man ganz strikte ins Auge fassen. Aber was so in der Natur entsteht, das wird immer auch im Haushalt der Natur eine bedeutsame, eine innere Naturbedeutung haben. Deshalb müssen wir diese innere Naturbedeutung von dem Astralreichtum in der Baumumgebung und der Ätherarmut im Baumwurzelgebiet aufsuchen.

Und wenn wir Umschau halten, so finden wir, wie das nun weiter im Haushalt der Natur geht. Von demjenigen, was da als Astralreiches durch die Bäume hindurchgeht, lebt und webt das ausgebildete Insekt. Und dasjenige, was da unten ätherärmer wird im Erdboden und als Ätherarmut sich durch den ganzen Baum natürlich erstreckt, so wie Geistiges immer über das Ganze wirkt, wie ich gestern in bezug auf das Karma beim Menschen ausgeführt habe, dasjenige, was da unten wirkt, wirkt über die Larven, so daß also, wenn die Erde keine Bäume hätte, auf der Erde überhaupt keine Insekten wären. Denn die Bäume bereiten den Insekten die Möglichkeit, zu sein. Die um die oberirdischen Teile der Bäume herumflatternden Insekten, also die um den ganzen Wald so herumflatternden Insekten leben dadurch, daß der Wald da ist, und ihre Larven leben auch dadurch, daß der Wald da ist.

Sehen Sie, da haben wir dann einen weiteren Hinweis auf eine innigere Beziehung alles Wurzelwesens zu der unterirdisch-tierischen Welt. Denn, ich möchte sagen, am Baum kann man das besonders lernen, was wir jetzt ausgeführt haben. Da wird es deutlich. Aber das Bedeutsame ist, daß dasjenige, was am Baum eklatant und deutlich wird, daß das nun wiederum nuanciert bei der ganzen Pflanzenwelt vorhanden ist, so daß in jeder Pflanze etwas drinnen lebt, was baumhaft werden will. In jeder Pflanze strebt eigentlich die Wurzel mit ihrer Umgebung danach, den Äther zu entlassen, und in jeder Pflanze strebt dasjenige, was nach oben wächst, danach, das Astralische dichter heranzuziehen. Das Baum-werden-Wollen ist eigentlich in jeder Pflanze enthalten. Daher stellt sich bei jeder Pflanze diese Verwandtschaft zur Insektenwelt heraus, die ich beim Baum besonders charakterisiert habe. Aber es dehnt sich auch aus diese Verwandtschaft zur Insektenwelt zu einer Verwandtschaft zur ganzen Tierwelt. Die Insektenlarven, die eigentlich zunächst auf der Erde nur leben können dadurch, daß Baumwurzeln vorhanden sind, die entwickelten sich zu anderen Tierarten, die ihnen ähnlich sind, die ihr ganzes Tierleben mehr oder weniger in einer Art von Larvenzustand durchmachen und die dann sich gewissermaßen von der Baumwurzelhaftigkeit emanzipieren, um nach der anderen Wurzelhaftigkeit auch der krautartigen Pflanzen hin zu leben und mit ihr zusammen zu leben.

Nun stellt sich das Eigentümliche heraus, daß wir sehen können, wie, allerdings schon von dem Larvenwesen sehr entfernt, unterirdische Tiere nun wiederum die Fähigkeit haben, zu regulieren im Erdboden die ätherhafte Lebendigkeit, wenn sie zu groß wird. Wenn der Erdboden sozusagen zu stark lebendig werden würde und die Lebendigkeit in ihm überwuchern würde, dann sorgen diese unterirdischen Tiere dafür, daß aus dem Erdboden heraus die zu starke Vitalität entlassen werde. Sie werden dadurch wunderbare Ventile und Regulatoren für die in der Erde vorhandene Vitalität. Diese goldigen Tiere, die dadurch für den Erdboden ihre ganz besondere Wichtigkeit haben, das sind die Regenwürmer. Die Regenwürmer, die sollte man eigentlich in ihrem Zusammenleben mit dem Erdboden studieren. Denn sie sind diese wunderbaren Tiere, welche der Erde gerade soviel Ätherizität lassen, als sie für das Pflanzenwachstum braucht.

So haben wir unter der Erde diese, an die Larven nur noch erinnernden Regenwürmer und ähnliches Getier. Und eigentlich müßte man für gewisse Böden, denen man ja das ansehen kann, für eine in ihnen sich befindende günstige Regenwürmerzucht sogar sorgen. Dann würde man sehen, wie wohltätig eine solche Beherrschung dieser Tierwelt unter der Erde auch auf die Vegetation und dadurch wiederum – wie wir noch aufmerksam machen werden – auf die Tierwelt wirkt.

Nun gibt es wiederum eine entfernte Ähnlichkeit von Tieren mit der Insektenwelt, wenn diese Insektenwelt ausgebildet ist und herumfliegt. Das ist die Vogelwelt. Nun ist aber bekanntlich zwischen den Insekten und den Vögeln im Laufe der Erdentwicklung etwas Wunderbares vor sich gegangen. Man möchte das möglichst bildhaft sagen, wie es vor sich gegangen ist. Die Insekten nämlich haben eines Tages gesagt: Wir fühlen uns nicht stark genug, die Astralität richtig zu bearbeiten, die um die Bäume herumsprüht. Wir benutzen daher unsererseits das Baumhaftsein-Wollen der anderen Pflanzen und umflattern diese, und euch Vögeln überlassen wir in der Hauptsache dasjenige, was an Astralität die Bäume umgibt. Und so ist eine richtige Arbeitsteilung in der Natur zwischen dem Vogelwesen und dem Schmetterlingswesen eingetreten, und beides zusammen wirkt in einer ganz wunderbaren Weise wiederum so, daß dieses Fluggetier in der richtigen Weise die Astralität überall verbreitet, wo sie auf der Oberfläche der Erde, in der Luft gebraucht wird. Nimmt man dieses Fluggetier weg, so versagt die Astralität eigentlich ihren ordentlichen Dienst, und man wird das in einer gewissen Art von Verkümmerung der Vegetation erblicken. Das gehört zusammen: Fluggetier und dasjenige, was aus der Erde in die Luft hineinwächst. Eins ist ohne das andere letzten Endes gar nicht denkbar. Daher müßte innerhalb der Landwirtschaft auch ein Auge darauf geworfen werden, in der richtigen Art Insekten und Vögel herumflattern zu lassen. Der Landwirt selber müßte auch etwas von Insektenzucht und Vogelzucht zu gleicher Zeit verstehen. Denn in der Natur – ich muß das immer wieder betonen – hängt doch alles, alles zusammen.

Diese Dinge sind ganz besonders wichtig für die Einsicht in die Sache, deshalb wollen wir sie uns ganz genau vor die Seele hinstellen. Wir können sagen: Durch die fliegende Insektenwelt ist die richtige Astralisierung der Luft bewirkt. Sie steht, diese Astralisierung der Luft, im Wechselverhältnis zum Wald, der die Astralität in der richtigen Weise so leitet, wie in unserem Körper das Blut in der richtigen Weise durch gewisse Kräfte geleitet wird. Dasjenige, was der Wald tut in seiner weiten Nachbarschaft – die Dinge wirken auf sehr weite Flächen hin – nach dieser Richtung hin, das muß durch ganz andere Dinge getan werden da, wo waldleere Gegenden sind. Und man sollte verstehen, daß eigentlich das Bodenwachstum in Gegenden, wo Wald und Feldflächen und Wiesen abwechseln, ganz anderen Gesetzen unterliegt, als in weithin waldlosen Ländern.

Es gibt ja nun gewisse Gegenden der Erde, bei denen man von vornherein sieht, daß sie waldreich gemacht worden sind, als der Mensch noch nichts dazu tat – denn in gewissen Dingen ist die Natur noch immer gescheiter als der Mensch –, und man kann schon annehmen, wenn naturhaft der Wald in einer gewissen Landesgegend da ist, so hat er seinen Nutzen für die umliegende Landwirtschaft, die umliegende krautartige und halmartige Vegetation. Man sollte daher die Einsicht haben, in solchen Gegenden den Wald ja nicht auszurotten, sondern ihn gut zu pflegen. Und da die Erde aber auch durch allerlei klimatische und kosmische Einflüsse sich nach und nach verändert, sollte man das Herz dazu haben, dann, wenn man erblickt, die Vegetation wird kümmerlich, nicht allerlei Experimente bloß auf den Feldern und für die Felder zu machen, sondern die Waldflächen in der Nähe etwas zu vermehren. Und wenn man bemerkt, die Pflanzen wuchern und haben nicht genügend Samenkraft, dann sollte man allerdings dazu schreiten, im Walde Flächen auszusparen, herauszunehmen. Die Regulierung des Waldes in Gegenden, die schon einmal für Bewaldung bestimmt sind, gehört einfach mit zur Landwirtschaft und muß im Grunde genommen von der geistigen Seite her nach ihrer ganzen Tragweite betrachtet werden.

Aber man kann, wenn man so diese intime Verwandtschaft in der Natur verfolgt, von da aus wiederum Blicke gewinnen für das Wesen des Schädlichen.

So wie der Nadelwald eine intime Beziehung zu den Vögeln hat, die Sträucher eine intime Beziehung zu den Säugetieren haben, so hat wiederum alles Pilzige eine intime Beziehung zu der niederen Tierwelt, zu Bakterien und ähnlichem Getier, zu den schädlichen Parasiten nämlich. Und die schädlichen Parasiten halten sich mit dem Pilzartigen zusammen, sie entwickeln sich ja dort, wo das Pilzartige in Zerstreuung auftritt. Und dadurch entstehen jene Pflanzenkrankheiten, entstehen auch gröbere Schädlichkeiten bei den Pflanzen. Bringen wir es aber dahin, nicht nur Wälder zu haben, sondern Auen in entsprechender Nachbarschaft der Landwirtschaft, so werden diese Auen dadurch ganz besonders wirksam werden für die Landwirtschaft, daß in ihnen ein guter Boden vorhanden ist für Pilze. Und man sollte darauf sehen, daß die Auen besetzt sind in ihrem Boden mit Pilzen. Und da wird man das Merkwürdige erleben, daß, wo eine Aue, eine pilzreiche Aue, wenn auch vielleicht gar nicht von starker Größe, in der Nähe einer Landwirtschaft ist, daß da dann diese Pilze nun durch ihre Verwandtschaft mit den Bakterien und dem anderen parasitären Getier dieses Getier abhalten von dem anderen. Denn die Pilze halten mehr zusammen mit diesem Getier, als das die anderen Pflanzen tun. Neben solchen Dingen, wie ich sie angeführt habe zur Bekämpfung solcher Pflanzenschädlinge, besteht auch noch die Möglichkeit, im großen die Möglichkeit, durch Anlegung von Auen das schädliche Kleingetier, das schädliche Kleinviehzeug von der Landwirtschaft abzuhalten.

In der richtigen Verteilung von Wald, Obstanlagen, Strauchwerk, Auen mit einer gewissen natürlichen Pilzkultur liegt so sehr das Wesen einer günstigen Landwirtschaft, daß man wirklich mehr erreicht für die Landwirtschaft, wenn man sogar die nutzbaren Flächen des landwirtschaftlichen Bodens etwas verringern müßte. Jedenfalls übt man keine ökonomische Wirtschaft aus, wenn man die Fläche des Erdbodens so weit ausnutzt, daß alles das hinschwindet, wovon ich gesprochen habe, und man darauf spekuliert, daß man dadurch mehr anbauen kann. Das, was man da mehr anbauen kann, wird eben in einem höheren Grade schlechter, als dasjenige beträgt, was man durch die Vergrößerung der Flächen auf Kosten der anderen Dinge erreichen kann.

Vollkommene Symbiose: Blüte und Schmetterling

Die beiden folgenden Auszüge führen das Thema der Symbiose zwischen dem Pflanzenreich und dem Reich der Insekten im Hinblick auf den Schmetterling fort.

In seiner schönen Schilderung zeigt uns Steiner die unmittelbare Entsprechung zwischen der «befreiten» Blüte (dem Schmetterling) und dem «gefesselten» Schmetterling (der Pflanze). Auch hier unterscheidet sich seine Naturanschauung auf subtile Weise von derjenigen Darwins und dessen natürlicher Auslese. Die auf Darwin basierende Denkrichtung sieht in den erstaunlichen Wechselbeziehungen in der Natur ein Anpassungsverfahren zu dem Zweck, jedes Lebewesen seinen eigenen Vorteil suchen zu lassen. Daher betont sie den Kampf ums Dasein – das «egoistische Gen», wie ein Buchtitel von Richard Dawkins lautet. Auch in Steiners Anschauung ist eine solche Wechselseitigkeit zentral, doch aus seiner ganzheitlichen Perspektive sieht er in der sich gegenseitig stützenden Abhängigkeit aller Wesen voneinander eine dem Universum zugrundeliegende Weisheit und Liebe am Werk. Dieser Auffassung zufolge dient alles allem. Der «Mikrokosmos» eines jeden Lebewesens ist folglich wie eine Zelle unter vielen in einem gemeinsamen Organismus.

Nun, durchforschen Sie alles, wo Schmetterlingseier abgelegt werden; überall werden Sie finden: das Schmetterlingsei wird so abgelegt, daß es dem Sonneneinfluß nicht entzogen werden kann. […] der Schmetterling legt nirgends sein Ei hin, wo nicht das Ei in irgendeiner Weise im Zusammenhang bleiben kann mit der Sonne. So daß man schlecht sich ausdrückt, wenn man sagt, der Schmetterling legt sein Ei in das Erdengebiet. Das tut er gar nicht. Er legt sein Ei ins Sonnengebiet. Der Schmetterling geht gar nicht bis zur Erde herunter. Überall, wo im Irdischen Sonne ist, da sucht er seine Orte auf, um seine Eier hinzulegen, so daß dieses Schmetterlingsei durchaus nur unter dem Einfluß der Sonne steht. Es kommt gar nicht unter den Einfluß der Erde.

Dann wissen Sie, daß aus diesem Schmetterlingsei die Raupe auskriecht. Die Raupe kommt also heraus und bleibt unter dem Einfluß der Sonne, aber gerät nun unter einen anderen Einfluß mit. Die Raupe würde nicht kriechen können, wenn sie nicht noch unter einen anderen Einfluß mit käme. Und das ist der Marseinfluß.

[...] Dann verpuppt sich die Raupe, bildet um sich einen Kokon. Wir bekommen einen Kokon. Ich habe Ihnen beschrieben, wie das eine Hingabe der Raupe an die Sonne ist, wie der Faden, der da gesponnen wird, in der Richtung der Lichtlinie gesponnen wird. Die Raupe ist dem Lichte ausgesetzt, verfolgt die Lichtstrahlen, spinnt, hält an, wenn es dunkel ist, spinnt weiter. Das alles ist eigentlich kosmisches Sonnenlicht, Sonnenlicht, das mit Materie durchdrungen ist. Wenn Sie also zum Beispiel den Kokon der Seidenraupe haben, der zu Ihren Seidenkleidern verwendet wird, dann ist das, was in der Seide liegt, durchaus Sonnenlicht, hineingesponnen die Materie der Seidenraupe. Aus ihrem eigenen Leib heraus spinnt die Seidenraupe ihre Substanz in die Sonnenstrahlenrichtung hinein, und dadurch bildet sie den Kokon um sich. Aber es bedarf, damit das geschieht, der Jupitereinwirkung. Die Sonnenstrahlen müssen modifiziert sein durch die Jupitereinwirkung.

Dann kriecht, wie Sie wissen, aus dem Kokon, aus der Puppe, der Schmetterling aus, der Falter, der ja lichtgetragen, lichterglänzend ist. [...] Da kommt die Sonne unter den Einfluß des Saturn, und nur mit dem Saturn zusammen kann die Sonne das Licht so in die Luft senden, daß der Falter in der Luft erglänzen kann in seinen mancherlei Farben.

So sehen Sie, wenn wir uns jenes wunderbare Meer der fliegenden Schmetterlinge in der Atmosphäre anschauen, so haben wir darinnen etwas, wovon wir sagen müssen: Das ist im Grunde genommen gar nicht Erdengebilde.

Das wird in die Erde hineingeboren von oben her. Der Schmetterling geht mit seinem Ei gar nicht weiter hinunter als bis zu dem, was von der Sonne zur Erde kommt. Der Kosmos schenkt der Erde das Schmetterlingsmeer. Saturn gibt die Farben der Schmetterlinge. Die Sonne gibt die Kraft des Fliegens, hervorgerufen durch die tragende Kraft des Lichtes und so weiter.

Wir haben also in dem Schmetterling tatsächlich, ich möchte sagen, die kleinen Wesen zu sehen, die wie auf die Erde hereingestreut werden durch dasjenige, was Sonne und über der Sonne in unserem Planetensystem ist. Die Schmetterlinge, die Insekten überhaupt, die Libellen, ebenso die anderen Insekten sind durchaus die Gaben von Saturn, Jupiter, Mars und Sonne. Und die Erde könnte kein einziges Insekt hervorbringen, nicht einmal einen Floh, wenn nicht die über der Sonne befindlichen Planeten mit der Sonne zusammen der Erde diese Gabe des Insektenwesens schenken würden. [...]

Was Sie nun hier haben unter dem Einflusse des außerirdischen Kosmos, diese ganze Entwicklung vom Keim durch Raupe, durch Puppe zum Schmetterling, das können Sie nun da verfolgen: Indem der Same irdisch wird, entwickelt sich nicht der Schmetterling, sondern indem der Same irdisch wird, der Erde anvertraut wird – nun nicht der Sonne –, entwickelt sich die Pflanzenwurzel, das erste, was aus dem Keim entsteht. Und statt daß die Raupe kriecht in den Kräften, die vom Mars ausgehen, entsteht das Blatt, das in Spiralstellung herauf kriecht. Das Blatt ist die unter den irdischen Einfluß gekommene Raupe. Sehen Sie sich die kriechende Raupe an, dann haben Sie dasjenige, was im Oberen entspricht dem Unteren, dem Pflanzenblatte, das sich herausmetamorphosiert aus dem, was Wurzel geworden ist durch den Samen, der aus dem Sonnenbereich in den Erdenbereich versetzt worden ist.

Gehen Sie weiter hinauf, dann haben Sie, zusammengezogen immer mehr bis oben, wo der Kelch ist, dasjenige, was Puppe ist. Und endlich entwickelt sich der Falter in der Blüte, die ebenso farbig ist wie der Falter oben in den Lüften. Der Kreislauf ist geschlossen. Wie der Schmetterling sein Ei legt, so entwickelt sich in der Blüte wiederum der Same zu dem Künftigen. Sie sehen: wir blicken hinauf in die Luft zum Schmetterling, wir verstehen ihn als die in die Luft erhobene Pflanze. [...]

Sie sehen also, wir können zwei Sätze vor uns hinstellen, die ein großes Geheimnis der Natur ausdrücken:

Schaue die Pflanze
Sie ist der von der Erde
gefesselte Schmetterling.

Schaue den Schmetterling
Er ist die vom Kosmos
befreite Pflanze.

Die Pflanze – der durch die Erde gefesselte Falter! Der Falter – die durch den Kosmos von der Erde befreite Pflanze!

Schaue man den Schmetterling, das Insekt überhaupt, von dem Keim bis zum flatternden Insekt hin an: es ist die in die Luft hinaufgehobene, vom Kosmos in der Luft gestaltete Pflanze. Schaue man die Pflanze an: es ist der Schmetterling, der unten gefesselt wird. Das Ei wird von der Erde in Anspruch genommen. Die Raupe wird metamorphosiert in die Blattbildungen. In das, was zusammengezogen ist, wird die Puppenbildung metamorphosiert. Dann wird das, was sich im Falter entfaltet, in der Blüte bei der Pflanze entwickelt. Kein Wunder, daß jene innige Beziehung besteht zwischen der Schmetterlings- und Insektenwelt überhaupt und der Pflanzenwelt. [...]

Sehen Sie, man kann schon sagen: Verständnis der Welt kann nicht entstehen mit Abstraktionen, denn die Abstraktionen reichen nicht zum Verständnisse hin. Denn das, was im Kosmos wirkt, ist schon die größte Künstlerin. Der Kosmos gestaltet alles nach Gesetzen, die im tiefsten Sinne auch den Künstlersinn befriedigen. Niemand kann den in die Erde versenkten Falter verstehen anders, als indem er im Künstlersinne metamorphosiert, was abstrakte Gedanken sind. Niemand kann verstehen den in die Luft vom Lichte und von den kosmischen Kräften hinaufgehobenen Pflanzenblüteninhalt in dem Schmetterling, der nicht wiederum in künstlerische Bewegung bringen kann die abstrakten Gedanken. Es bleibt aber immerhin etwas ungeheuer Erhebendes, wenn wir diese tiefe innere Verwandtschaft der Naturdinge und Naturwesen ins Auge fassen.

Es ist etwas ganz Eigenes, das Insekt auf der Pflanze sitzen zu sehen, und zu gleicher Zeit dann zu sehen, wie über der Pflanzenblüte das Astralische waltet. Da strebt die Pflanze aus dem Irdischen hinaus. Die Sehnsucht der Pflanze nach dem Himmel waltet über den farbenschimmernden Blütenblättern. Die Pflanze selber kann diese Sehnsucht nicht befriedigen. Da strahlt ihr entgegen aus dem Kosmos dasjenige, was der Schmetterling ist. In dem sieht sie, ihn anschauend, die Befriedigung ihrer eigenen Wünsche. Das ist jene wunderbare Verbindung innerhalb der Erdenumgebung, daß die Sehnsuchten der Pflanzenwelt gestillt werden im Anblicke der Insekten, namentlich der Schmetterlingswelt. Das, was die Blumenblütenfarbe ersehnt, indem sie hinausstrahlt in den Weltenraum ihre Farbe, das wird ihr wie eine Erkenntniserfüllung ihrer Sehnsucht, indem ihr der Falter mit seinem Farbenschimmer entgegenkommt. Ausstrahlende, Wärme ausstrahlende Sehnsucht, vom Himmel hereinstrahlende

Befriedigung: das ist der Verkehr der Pflanzenblütenwelt mit der Schmetterlingsfalterwelt.

> Indem wir nun von der mehr vegetativen Phase der Larve zur Reglosigkeit, zum Scheintod und der radikalen Verwandlung der Puppe übergehen, können wir bemerken, daß sich das entstehende Insekt eine Zeitlang von den vegetativen Lebenskräften (dem Ätherischen) loslöst, während es sich zu der größeren Freiheit und Beweglichkeit des entstehenden Schmetterlings hin entwickelt. Was im Innern des Kokons vorgeht, scheint das verinnerlichte Wesen des Tieres und mehr noch des Menschen anzukündigen, der sich von seiner Umgebung loszulösen und ein autonomes Innenleben zu entfalten vermag.

Sie wissen, der Schmetterling legt sein Ei. Aus dem Ei kommt die Raupe heraus. Die Raupe also ist aus dem Ei herausgekommen; das Ei enthält ringsum geschlossen alles dasjenige, was Anlage des späteren Tieres ist. Nun kommt die Raupe aus dem Ei. Sie kommt an die lichtdurchflossene Luft. Das ist die Umgebung, in die sie hineinkommt, die Raupe. Da müssen Sie eben ins Auge fassen, wie eigentlich diese Raupe nun in der sonnendurchleuchteten Luft lebt. Das müssen Sie dann studieren, wenn Sie, sagen wir, des Nachts im Bette liegen, die Lampe angezündet haben und eine Motte nach der Lampe fliegt, dem Lichte zufliegt und den Tod findet im Lichte. Dieses Licht wirkt auf die Motte so, daß sie sich unterwirft dem Tod-Suchen. Damit haben wir schon die Wirkung des Lichtes auf das Lebendige.

Nun, die Raupe – ich deute diese Dinge nur aphoristisch an, wir werden sie morgen und übermorgen etwas genauer betrachten – kann nicht zur Lichtquelle hinauf, um sich hineinzustürzen, zur Sonne nämlich, aber sie möchte es; sie möchte es ebenso stark, wie es die Motte will, die sich in die Flamme neben Ihrem Bette wirft und darinnen umkommt. Die Motte wirft sich in die Flamme und findet den Tod im physischen Feuer. Die Raupe sucht ebenso die Flamme, jene Flamme, die ihr entgegenkommt von der Sonne. Aber sie kann sich nicht in die Sonne werfen; der Übergang ins Licht und in die Wärme bleibt bei ihr etwas Geistiges. Die ganze Sonnenwirkung geht auf sie über als eine geistige. Sie verfolgt jeden Sonnenstrahl, diese Raupe, sie geht bei Tag mit dem Sonnenstrahl mit. Geradeso wie sich die Motte einmal ins Licht stürzt und ihre ganze Mottenmaterie hingibt dem Lichte, so webt die Raupe ihre Raupenmaterie langsam in das Licht hinein, setzt bei Nacht ab, webt bei Tag weiter, und spinnt und webt um sich herum den ganzen Kokon. Und im Kokon, in den Kokonfäden haben wir darinnen dasjenige, was aus ihrer eigenen Materie die Raupe, indem sie fortspinnt im strömenden Sonnenlicht, aus sich heraus webt. Jetzt hat die Raupe, die zur Puppe geworden ist, sich die Sonnenstrahlen, die sie nur verkörperlicht hat, aus ihrer eigenen Raupensubstanz um sich herumgewoben. Die Motte verbrennt schnell im physischen Feuer. Die Raupe stürzt sich hinein, sich opfernd, in das Sonnenlicht, und webt um sich in der Richtung des jeweiligen Sonnenlichts, das sie verfolgt, die Fäden des Sonnenlichts. Wenn Sie den Kokon des Seidenspinners nehmen und sehen ihn an: das ist gewobenes Sonnenlicht, nur daß das Sonnenlicht verkörpert ist durch die Substanz der seidenspinnenden Raupe selber. Damit aber ist der Raum innerlich abgeschlossen. Das äußere Sonnenlicht ist überwunden gewissermaßen. Aber dasjenige, was vom Sonnenlichte, wie ich Ihnen gesagt habe, in die Kromlechs hineingeht – ich habe es Ihnen bei den Auseinandersetzungen über die Druidenmysterien gesagt –, das ist jetzt da innerlich. Und jetzt hat die Sonne, während sie früher die physische Gewalt ausübte und die Raupe zum Spinnen ihres eigenen Kokons veranlaßte, Gewalt über das Innerliche, schafft aus dem Innerlichen heraus den Schmetterling, der nun auskriecht. Und der Kreislauf beginnt von neuem.

Verstand der Insekten

> Der Verstand ist nicht bloß etwas, das wir «besitzen» und das sich in unserem Gehirn befindet, sondern er ist eine Kraft, die die Natur durchdringt und sich beispielsweise in der außerordentlichen Weisheit des Insektenlebens wahrnehmen läßt. Die Idee eines intelligenten Universums oder einer sich in allen Phänomenen manifestierenden Intelligenz ist von zentraler Bedeutung, wo die Erde als ein lebendiger, selbstregulierender Organismus empfunden wird, wie etwa im Werk von James Lovelock oder von Arne Næss, dem Begründer der «tiefenökologischen» Bewegung («Deep Ecology»).

Sie werden doch ohne weiteres sehen, wenn Sie einen kleinen Käfer anschauen, der hat auch einen furchtbar kleinen Kopf. Wenn Sie zum Beispiel einen solchen Käfer wie den Totengräberkäfer nehmen und Sie reißen ihm den Kopf ab und gucken da hinein, so finden Sie alles eher als ein solches Gehirn, womit man vorgibt, daß es der Apparat zum Denken ist. Solch ein kleiner Käfer hat natürlich in dem Sinne, wie man immer behauptet: das menschliche Gehirn denkt, kein Gehirn, sondern er hat ganz kleine Knötchen, Nervenknötchen, aber gar nicht im geringsten auch nur den Anfang eines irgendwie ausgefüllten Gehirnes.

[...] Diese Totengräberkäfer legen ihre Eier, und aus den Eiern kriechen zuerst wurmförmige, madenförmige

Tiere aus, die sich dann erst zum Käfer umwandeln. Diese kleinen Maden brauchen, wenn sie auskriechen, sogleich Fleischnahrung. Sie könnten nicht leben, wenn sie nicht Fleischnahrung hätten. Was tun daher die Totengräberkäfer?

Diese Totengräberkäfer suchen irgendwo auf dem Felde eine Stelle, wo eine tote Maus oder ein toter Vogel liegt oder ein Maulwurf. Dann, wenn ein einzelner Totengräberkäfer, sagen wir, eine tote Maus gefunden hat, dann läuft er zunächst wieder weg; dann kommt er wieder zurück, aber nicht allein, sondern er kommt mit einer ganzen Menge anderer Käfer. Und diese Käfer, mit denen er jetzt zurückgekommen ist, die laufen zunächst den ganzen Ort ab um die Maus herum. [...] und nachher fangen sie an zu graben, und graben so, daß sie unter der Maus zuerst und ringsherum die Erde ausgraben. Da sinkt die Maus immer mehr und mehr in die Erde hinein. Sie graben da so lange, bis die Maus in die Erde hineingefallen ist. Dann holen sie die Weibchen, und die legen ihre Eier hinein. Und dann machen sie das Erdreich darüber wieder zu, so daß ein Mensch, wenn er darüber hingeht, nichts von der ganzen Sache sieht.

[...]

Das Allermerkwürdigste, das unglaublich, aber wahr ist, das Allermerkwürdigste ist das, wenn man darüber nachdenkt, warum mit einem solchen Käfer, der fortgelaufen ist, nur zehn oder zwölf und nicht vierzig oder fünfzig Totengräberkäfer zurückkommen. Man merkt nämlich: es kommen niemals mehr Käfer zurück, wenn der fortgelaufen ist, als der zu der Arbeit braucht. Er stellt sich gar nicht mehr an, als er braucht. Aber es kommen auch nicht weniger. Der kommt gerade mit der Anzahl von Käfern, die die Arbeit bewältigen können.

Das ist etwas, was unglaublich klingt, aber was ich erzähle, ist kein Märchen. Das haben Leute an allerlei

Versuchen feststellen können. Es ist eine absolute Wahrheit. Und es war nicht etwa irgendein abergläubischer Mensch, sondern ein Mensch, der ein gesundes Urteil hatte, der sonst nur naturwissenschaftliche Untersuchungen gemacht hat in einer Zeit, in der die Naturwissenschaft noch besser war, ein Freund des Botanikers Gleditsch, der in der zweiten Hälfte des 18. Jahrhunderts Naturforscher war, der einmal Untersuchungen mit Kröten, mit richtigen Kröten gemacht hat. Die Versuche sind zu etwas ganz anderem bestimmt gewesen – Sie wissen ja, daß durch einen Froschschenkel zuerst die Elektrizität entdeckt worden ist. – Also er holte eine tote Kröte zum Trocknen. Was hat der Naturforscher getan? Er ist in den Garten gegangen und hat ein kleines Holzstückelchen genommen, auf das er die tote Kröte draufgesteckt hat, damit sie in der Sonne recht schnell trocknet. Nach einiger Zeit ging er wieder hin und fand ringsherum, fest arbeitend, die Totengräberkäfer, eine Anzahl Totengräberkäfer. [...] Die haben so lange gegraben, bis der Stock umgefallen ist, und bis die Kröte Platz gehabt hat hier im Erdreich, im Erdloch. Dann haben sie die Weibchen ihre Eier ablegen lassen und haben dann den Stock, der da war, nicht etwa liegen lassen, sondern den haben sie begraben und nachher die Erde darüber gelegt über die Kröte. Wenn das ein Mensch täte, würde man sagen: er gräbt den Stock ein, damit jede Spur verwischt ist, wenn ein Mensch darüber geht. Die Totengräberkäfer machen es geradeso, wie es gescheite Menschen machen würden; denn ich bin überzeugt, eine ganze Anzahl von dummen Menschen würde das gar nicht einmal so gescheit machen. Also Sie sehen daraus, daß dasjenige, was man Gescheitheit, Verstand nennt, einfach vorhanden ist, ohne daß die Totengräberkäfer ihn haben.

Nun kann immer noch einer sagen: Nein, das ist Unsinn, Verstand braucht das nicht zu sein. Das ist ganz blöd, wenn einer sagt, das ist Verstand, das ist einfach Instinkt. – Ich halte zwar jemand für blöde, der in diesem Fall das Wort Instinkt gebraucht, der auf diese Weise die Sache auf ein totes Gleis bringen will. Man will ein Wort haben. Das Wort «Instinkt» benützt man für alles, damit man sich überhaupt nichts vorzustellen braucht. Die Sache soll ich kennenlernen – es ist ja ganz gleichgültig, wie ich sie nenne –, die Sache soll ich kennenlernen. [...]

Nun will ich aber eine andere Geschichte erzählen, noch dazu eine, die ein ganz einwandfreier Mensch erzählt hat, und zwar diejenige Geschichte, die auch andere beobachtet haben, aber vor allem ein ganz einwandfreier Mensch, nämlich Darwin [...], nun nicht an einem Käfer, aber an einer Wespe erlebt hat. Die Wespen haben ja kein größeres Gehirn als die Käfer. Sehen Sie, auch solche Wespen brauchen für ihre Larven, für ihre Maden, die aus den Eiern auskriechen, gleich Fleisch. Und diese Wespen sind schwächer als diese Käfer, auch wenn sie beisammen sind. Und es kommt da noch das dazu, daß sie nicht Maulwürfe oder tote Kröten brauchen können, sondern daß sie wiederum kleinere Tiere brauchen, die nur einer brauchen kann, wo es nicht viel hilft, wenn mehrere fortgehen. Deshalb sammeln solche Tiere, solche Wespen für ihre Maden andere kleine Tiere wie Fliegen und dergleichen.

Nun hat Darwin, der immer als der größte Naturforscher des 19. Jahrhunderts genannt wird, folgendes beobachtet: Eine Wespe, die ein solches Tier braucht, damit das Weibchen, das mit Eiern beladen ist, also die Eier ablegen kann, findet eine Fliege, eine tote Fliege am Weg. Sie will mit der Fliege fortfliegen, die Wespe. Jetzt ist sie ihr zu schwer. Was tut die Wespe? Die Wespe beißt den Kopf und den Hinterleib ab und fliegt fort mit der Brust und den Flügeln. Das kann sie bewältigen, Brust und Flügel. Ohne Kopf und Hinterleib der Fliege fliegt nun die Wespe fort. Jetzt ist aber ein starker Wind, und die Wespe kommt nicht vorwärts. Sie arbeitet sich vorwärts – wie gesagt, Darwin hat dies alles beobachtet –, aber sie kommt nicht recht vorwärts wiederum, weil sich der Wind immer in den zwei Flügeln verfängt. Da schlägt der Wind an an diese zwei Flügel, und sie kommt nicht vorwärts. Was tut da die Wespe, die beladen ist mit der Fliege? Sie fliegt auf den Boden, beißt die zwei Flügel ab und fliegt mit der Fliege ohne die Flügel weiter.

Nun, da ist es unmöglich, anderes zu sagen, als daß es noch Überlegung ist; denn die Wespe hat sich ja nach dem Wind gerichtet. Das kann ihr doch nicht angeboren sein, beim Wind die Flügel auch noch wegzubeißen. [...] Da ist das vorhanden, was man Überlegung nennt. Und die Folge davon ist, daß man sagen muß, da wirkt eben wirklich der Verstand. Da wirkt der Verstand.

Daraus können Sie sehen, wie dasjenige gearbeitet hat, was Naturforschung im 19. Jahrhundert war. Ich habe Ihnen ganz absichtlich Darwin angeführt, der dies gesehen hat. Was hat Darwin aber gesagt? Darwin hat gesagt: Alles dasjenige, was uns bei Tieren entgegentritt, das geschieht nur durch die Vererbung und durch natürliche Zuchtwahl und so weiter.

Ja, die Leute unterschlagen ja dasjenige, was sie selber wissen, um Theorien aufzustellen! [...] Gewiß, Darwin war ein großer Mann, und das, was er positiv geleistet hat, das hat keiner liebevoller anerkannt als ich selbst. Ich habe für Darwin geschrieben, alles mögliche. Aber man muß sich eben klar sein, daß selbst diejenigen, die schon etwas geleistet haben – das ist gerade das Merkwürdige –, schon etwas Größeres geleistet haben, an der Krankheit gelitten haben, daß sie gar kein Auge mehr hatten für Tatsachen. Das 19. Jahrhundert ist trotz seiner großen Triumphe in der Außenwelt eben dadurch charakterisiert, daß die Leute den Sinn für Tatsachen ganz verloren haben und einfach die Tatsachen unterschlagen haben.

Nun gehen wir einmal weiter. Nehmen wir andere Insekten. An den Insekten muß man ja diese Sache gerade beobachten, weil man bei den Insekten ganz genau wissen kann: dadurch können sie nicht gescheit sein, daß sie ein großes Gehirn haben, denn das haben sie ganz sicher nicht. Deshalb muß man diese Sache gerade bei den Insekten beobachten. [...] Nun sehen Sie, es gibt Insekten, die sind, wenn sie ausgewachsen sind, Vegetarier, die fressen bloß Pflanzen. [...] Aber das Eigentümliche ist vorhanden, daß ihre Larven, ihre Maden, wenn sie aus den Eiern auskriechen, trotzdem Fleisch brauchen. Also diese Insekten haben die große Eigentümlichkeit, daß ihnen zuerst etwas ganz anderes angeboren ist. Die bekehren sich erst, wenn sie ausgewachsene Tiere sind, zur Pflanzenkost. Wenn sie noch kleine Kinder sind und ganz anders ausschauen – wie Maden oder Würmer –, da fressen sie Fleisch.

Nun, was tun denn diese Tiere? Diese Tiere suchen sich andere Insekten wiederum, meistens Raupen, und legen in den Körper der Raupe die Eier hinein. Sie selber haben gar keinen Appetit mehr auf Fleisch, auf tierische Nahrung, aber sie wissen, daß aus den Eiern Maden auskriechen und die brauchen Fleisch – also legen sie ihre Eier in den Körper einer solchen Raupe oder eines anderen Insektentieres hinein.

Aber das ist noch immer nicht so furchtbar viel, es gibt noch etwas ganz anderes. Man kann nämlich sagen: Diese auskriechenden Maden sind eigentlich schon furchtbar gescheit. Denn denken Sie einmal, es gibt solche, die angewiesen sind auf *lebendige* Tiernahrung. Wenn also die Eier gelegt werden, dann macht das Insekt, das einen Stachel hat, einen Stich in ein lebendiges anderes Insekt, das größer ist, und da werden manchmal sehr viele Eier drinnen abgelegt. So daß manchmal in einer solchen Raupe – da sind überall drinnen Stiche gemacht – massenhaft Eier drinnen sind, aus denen dann diese Maden auskriechen.

Sie sind dann im Körper dieses anderen Insekts drinnen. Aber nur in lebendige Insekten werden diese Eier abgelegt, weil in dem Augenblick, wo das Tier, in das diese Eier abgelegt sind, krepieren würde, alle diese Eier auch dem Tode ausgeliefert würden. Die Maden können nur von dem lebendigen Tierischen leben. Also denken Sie, wenn es einer einzigen solchen Made, die da auskriecht, passieren würde, dem Tiere, in das solche Eier hineingelegt sind, ein solches Organ zu zerstören, wovon das Tier, in das die Eier hineingelegt sind, den Tod hätte, dann müßten alle die Maden, die aus den abgelegten Eiern auskriechen, zugrundegehen. Nun sind diese Insektentiere so gescheit, daß niemals in einer solchen lebendigen Raupe etwas anderes gefressen wird als dasjenige, was nicht so notwendig ist für das Leben der Raupe, daß also die Raupe davon nicht stirbt. Also die lebensnotwendigen Organe werden geschont. Wenn noch so viele Eier da sind – es wird nur das im Inneren gefressen, was noch möglich macht, daß das Tier weiterlebt.

[...]

Daraus können Sie aber ersehen, daß man bei den Tieren wie den Insekten sagen kann: Sie haben ganz gewiß keinen Verstand, denn einen Apparat haben sie ja nicht zum Verstand, das Gehirn ist ja weg, aber das, was sie tun, in dem wirkt der Verstand. Das muß man sagen: der Verstand ist da. Die Tiere überlegen sich das ja nicht. Zum Überlegen braucht man schon ein Gehirn. Die Tiere überlegen sich das nicht, aber geschehen tut das, was Verstand ist.

[...]

Sie sehen: überall wirkt das, was beim Menschen durch den Kopf wirkt, zum Verstand wirkt. Überall wirkt Verstand, sogar im Insekt wunderbarer Verstand. Denn stellen Sie sich nur einmal vor, was das für ein wunderbarer Verstand ist, daß da die Insektenlarven, die da auskriechen, nicht etwa den Magen des Tieres sofort anbeißen.

Wenn sie den Magen anbeißen würden, dann wäre alles gleich nachher kaputt.

Wenn man diese Taktik verfolgt, die von den Menschen manchmal im Krieg ausgeführt wird, da bekommt man schon ein bißchen Respekt vor dem Verstand, der da drinnen waltet (in dem Insekt) gegenüber dem Unverstand der Menschen! Nach dieser Richtung haben die Menschen gar nicht Grund, zu sagen: Wir haben allein den Verstand.

Nun will ich Ihnen da noch etwas anderes sagen. Sie alle kennen Papier. Sie wissen, die Menschen haben das Papier, das wir heute haben, erst vor vier bis fünf Jahrhunderten erfunden. Früher hat man alles mögliche andere, Pergament und so weiter zum Schreiben verwendet. Aber das sogenannte Lumpenpapier, das hat ja die zivilisierte Menschheit erst vor vier bis fünf Jahrhunderten entdeckt. Vorher konnte man auf Leder und so weiter schreiben. Wie konnte man das entdecken? Das konnte man nur dadurch entdecken, daß man gewisse Substanzen in einer bestimmten Form zusammengemischt hat. Vielleicht war einmal einer von Ihnen in einer Papierfabrik. Das Papier ist zuerst flüssig, wird verfestigt und so weiter. Also es wird auf eine rein künstliche Weise, durch allerlei chemische und mechanische Mittel hergestellt.

Sie werden vielleicht nicht nur Papier gesehen haben, sondern auch ab und zu ein Wespennest. Solch ein Wespennest ist ungefähr so aufgebaut: Es steht irgendwo auf, dann geht es so herum, daß die Wespen hereinfliegen können. Grau ist es, nicht weiß, sondern grau, aber es gibt ja auch graues Papier. Dieses Wespennest, das ist richtiges Papier! Wenn man frägt: Was ist das chemisch, woraus das Wespennest gemacht ist? – so ist es nach der chemischen Zusammensetzung ganz genau dasselbe wie das Papier. Es ist richtiges Papier.

Nun, die Wespen machen ihre Nester nicht erst seit vier bis fünf Jahrhunderten, sondern wahrhaftig seit Jahrtausenden! Daraus würden Sie sehen: die Wespen haben das Papier viel früher hergestellt als die Menschen. Das ist einfach auch eine Tatsache. Das Wespennest ist einfach aus Papier. Wenn die Menschen schon vor Jahrtausenden etwa den schlauen Gedanken gehabt hätten: wir wollen einmal nachschauen, aus was die Wespennester bestehen, so wären sie schon zum Papier gekommen. [...]

Ich könnte Ihnen natürlich nicht stundenlang, sondern tagelang davon reden, wie überall der Verstand ausgebreitet ist. Man findet ihn überall. Und beim Menschen ist es natürlich nur so, daß er den Verstand, der überall ausgebreitet ist, zusammenhäuft und dann ihn gebraucht. Und dadurch, daß er das ausgebildete Gehirn hat, dadurch kann er dasjenige, was überall in der Welt ausgebreitet ist, für sich gebrauchen. Also der Mensch hat eben das durch sein Gehirn, daß er den Verstand, der überall in den Dingen drinnen ist, für sich gebrauchen kann.

Also nicht dazu haben wir unser Gehirn, daß wir Verstand erzeugen. Das ist ja ein großer Unsinn, wenn wir glauben, daß wir Verstand erzeugen. Wenn wir glauben, daß wir Verstand erzeugen, so ist das gerade so dumm, wie wenn einer mit einer Wasserkanne geht und aus einem Teich Wasser schöpft, dann mit der Wasserkanne kommt und dann sagt: Sieh einmal an, da drinnen ist jetzt Wasser; du hast gesehen, vor einer Minute war noch keines drinnen: aus dem Blech ist das Wasser herausgewachsen! Da wird ein jeder sagen: Das ist ein Blödsinn! Der war eben beim Teich und hat sich Wasser geholt; das ist nicht aus der Kanne herausgewachsen! – Aber die Gelehrten zeigen das Gehirn auf, das einfach auch den Verstand zusammensammelt, weil er überall ist, wie das Wasser, und sie behaupten, aus dem Innern wachse der Verstand heraus! Das ist genau so dumm, wie wenn man sagt, das Wasser wachse aus der Wasserkanne heraus, weil der Verstand auch dort ist, wo kein Gehirn ist. Ebenso ist der Teich nicht abhängig von der Wasserkanne. Der Verstand ist überall da. Schöpfen kann ihn der Mensch, den Verstand.

Der Stich des Lebens: Ameisen, Wespen, Bienen

> In der Natur existiert nichts, was bloß nimmt, ohne gleichzeitig etwas zurückzugeben. Die selbstregulierende Weisheit des Ganzen beseitigt fortwährend Mängel und Mißverhältnisse – mit anderen Worten: Sie heilt sich fortwährend selber.

Es gibt sogar eine Ameisenart, die macht es in folgender Weise. Die richtet irgendwo auf der Erde so eine Art Wall auf – da ist er erhöht–, da bildet sie dann einen Kreis, und da ist die umgebende Erde. Da bohrt sie sich dann hinein. Da drinnen sind die Ameisen. Das kann auch so werden, daß es wie ein feuerspeiender Berg aufgesetzt ist. Da drinnen sind die Gänge, und die gehen dann in die Umgebung.

Nun, diese Ameisen machen dann etwas ganz Besonderes. Diese Ameisen beißen alle diejenigen Gräser und Pflanzen, die da in der Umgebung sind, weg bis auf eine einzige Grasart. Alles, was nicht diese einzige Grasart ist, das beißen sie weg. Und manchmal ist es so, daß sie überhaupt alles wegbeißen, so daß dann in der Mitte so eine Art Hügel ist, und ringsherum schaut es aus wie fein gepflastert. Denn dadurch, daß sie alles abbeißen, wird die Erde etwas dichter. Es ist dann sehr dichte Erde. Also da hat man so einen Ameisenhaufen und ringsherum etwas wie gepflastert; ganz glatt, wie ein Asphaltpflaster schaut es aus, nur heller.

Nun gehen dann diese Ameisen in die Umgebung und holen sich eine bestimmte Grasart, und die bauen sie an.

Sobald der Wind andere Samen hinträgt – flugs beißen sie die Geschichte ab, wenn sie herauskommt, werfen sie aus dem Gebiet hinaus, das sie glatt gemacht haben, und in dieser ganzen Umgebung wächst nichts als diese einzige Grasart. Da hat sich also die Ameise eine Art Besitztum angelegt und richtig ringsherum die Grasart angebaut, die ihr gerade paßt. Und sie läßt nichts anderes da, wirft es heraus, beißt alles weg. Diese Grasart, die da wächst, die bekommt ein ganz anderes Aussehen, als das betreffende Gras draußen hat. Denn das Gras draußen wächst zum Beispiel in lockerem Boden. Da schaut es ganz anders aus. Dieser Boden ist durch die Ameisen aber hart gemacht, so daß das Gras, das da wächst, das durch die Ameisen angepflanzt ist, ganz harten Samen hat, kieselsteinharten Samen hat.

Ja, solche Ameisenhaufen kann man finden: Ringsherum eine ganze Landwirtschaft – ackerbautreibende Ameisen sind das! So hat sie Darwin genannt, der die Sache besonders beobachtet hat. Man findet also ringsherum diese ganze Wirtschaft, den Boden so wie kleine Reiskörner, die Samen aber furchtbar hart. Dann, wenn die ganze Sache fertig ist, kommen die Ameisen heraus, beißen die Geschichte da oben ab und tragen sie in ihren Bau hinein. Sie bleiben dann eine Zeitlang drinnen; da sieht man sie wieder nicht. Aber da sind sie tätig in ihrem Bau drinnen. Alles das, was sie nicht brauchen können, was da an den Früchten, die so kieselsteinhart sind, als kleine Halme daran ist, das beißen sie davon ab, und nach einiger Zeit kommen die Ameisen heraus, laufen da drüber und werfen das alles aus ihrem Acker heraus, was sie nicht brauchen können, behalten in ihrem Ameisenhaufen nur den kieselsteinharten Samen, den sie dann mit ihren sehr harten Kiefern teilweise eben als Futter benützen, teilweise auch, um da drinnen weiterzubauen. Sie sind richtige Bauern; sie sehen sich an, ob sie das gerade brauchen können, was in der Nachbarschaft ist. Was sie nicht brauchen können, werfen sie wieder heraus. Schließlich machen es ja die Menschen auch nicht viel anders. Sie machen außerordentlich fein dasjenige, was sie für sich brauchen, diese ackerbautreibenden Ameisen.

Das ist eine Art, von der man sich sagt: Was geht denn da eigentlich vor im Grunde? – Sehen Sie, da wird ja im Grunde eine ganz neue Grasart gebildet! So kieselsteinharte Reiskörner, wie sie da wachsen, die gibt es sonst nicht. Die werden nur durch die Ameisen erzeugt. Und diese Ameisen verarbeiten sie wieder. Was geht denn da eigentlich vor? Bevor wir an dies herantreten, wollen wir die Geschichte noch von einer anderen Seite betrachten.

Gehen wir wieder zu den Wespen zurück, da finden wir, wie ich Ihnen schon sagte, solche Tiere, die ihre Eier in Baumblätter, Baumrinden hineinlegen, wodurch dann die sogenannten Galläpfel herauswachsen, aus denen sich wiederum die jungen Wespen entwickeln.

Es kann auch anders sein. [Steiner beschreibt, wie die Schlupfwespen ihre Eier in lebende Raupen hinein legen; siehe vorhergehendes Kapitel, S. 129 f.]

Also weise ist es eingerichtet, daß diese Wespenmaden eben nichts von dem anfressen, was die Raupe zugrunde richten kann. Vielleicht werden Sie das auch schon gesehen haben, wie die Maden dann, wenn sie reif sind, da herauskommen. Sie kriechen heraus, und die ganze Raupe war eigentlich die Pflegemutter, mit ihrem eigenen Leib die Pflegemutter dieser ganzen Brut. Die kriechen jetzt heraus, entwickeln sich draußen weiter zu Schlupfwespen und suchen nun ihre Nahrung von Blumen und so weiter. Und dann, wenn sie reif sind dazu, legen sie wiederum ihre Eier in solche Raupen hinein ab.

Nun können Sie sagen: Da ist aber eigentlich etwas furchtbar Gescheites drinnen! – Und in der Tat, ich sagte Ihnen schon, man kommt, wenn man diese Dinge beobachtet, immer mehr und mehr in die Bewunderung hinein, Das ist gar nicht anders. Man kommt in die Bewunderung hinein und fragt sich dann: Was ist eigentlich in diesem Ganzen für ein Zusammenhang? – Gehen wir jetzt einmal, ich möchte sagen, der Sache auf den Grund. Wir sagen uns zunächst: Da sind aus der Erde herauswachsend die Blumen. Da sind die Raupen vorhanden. Und da kommen nun diese Insekten, fressen sich voll an Blumen und an Raupen, pflanzen sich dann wiederum fort. Immer beginnt die Geschichte von neuem. Und uns Menschen erscheint es nun zunächst so, als ob eigentlich diese ganze Insektenwelt auch wegbleiben könnte. Gewiß, wenn man die Biene anschaut, so sagen wir Menschen uns: Die Bienen liefern uns den Honig und daher ist die Bienenzucht für uns nützlich. Schön, aber das ist vom Standpunkte der Menschen aus gesehen. Und wenn die Bienen Räuber sind, die einfach den Blumen den Honig wegnehmen, und wir Menschen das dann benützen, um uns von diesem Honig zu nähren oder sogar uns mit diesem Honig zu heilen, dann ist das für uns höchst günstig; aber vom Standpunkte der Blumen schaut das so aus, als wenn es bloß eine Räuberei wäre, und wie wenn wir Menschen bloß an der Räuberei teilnehmen würden. Es fragt sich also: Ist der Standpunkt der Blumen derjenige, der etwa so sagt: Da außen sind diese Räuber – Bienen, Wespen, Ameisen –, die nehmen uns unseren Saft weg, und wir könnten viel besser gedeihen, wenn die uns nicht unseren Saft wegnehmen würden?

Das ist ein Standpunkt, den der Mensch gewöhnlich bei den Blumen voraussetzt. Und Sie können sogar viele Lamentationen hören bei Unkundigen, die da besagen: Ach, die armen Blumen, ach, die armen Viecher, die Raupen! Da kommen diese schrecklichen Schmarotzer, nähren sich davon, machen alles mögliche, wodurch den Blumen etwas weggenommen wird. – So ist es aber nicht. So ist es ganz und gar nicht, sondern die Sache ist ganz anders. Wenn man nämlich an eine Blume herankommt und man sieht da das Insekt, sagen wir eine Biene, sitzen und aus der Blume oder aus den Weiden den Saft heraussaugen, dann muß mau sich sagen: Wie wäre es mit der Pflanze, wenn die Biene oder Wespe oder ein anderes Insekt nicht herankäme und diesen Saft heraussaugen würde? Wie wäre es dann? – Das ist natürlich eine Frage, die schwerer zu beantworten ist als die Geschichte mit der einfachen Räuberei, weil man da schon in den ganzen Haushalt der Natur hineinblicken muß.

Und sehen Sie, dasjenige, was diese Blumen brauchen, was sie ganz notwendig brauchen, das ist ein Stoff, der auch im menschlichen Körper eine große Rolle spielt. Wenn Sie nämlich den menschlichen Körper untersuchen, so finden Sie in diesem menschlichen Körper die verschiedensten Stoffe. Alle diese Stoffe verwandeln sich fortwährend. Aber überall im menschlichen Körper verwandeln sich die Stoffe zuletzt in etwas, was in gewissen Mengen immer im menschlichen Körper enthalten ist. Der menschliche Körper braucht es. Das ist die Ameisensäure.

Wenn Sie hinausgehen zu einem Ameisenhügel und Sie sammeln Ameisen, quetschen sie aus, so kriegen Sie einen Saft. Dieser Saft enthält Ameisensäure und etwas Alkohol. Dieser Saft ist in den Ameisen drinnen. Aber diesen Saft haben Sie in ganz feiner Verteilung auch in Ihrem Körper. Was Sie essen in Ihrem Leben, verwandelt sich immer – nicht ausschließlich, es ist auch anderes natürlich da, aber in geringen Teilen – zu Ameisensäure. Diese Ameisensäure füllt Ihren ganzen Körper aus. Und wenn Sie krank sind und nicht genug Ameisensäure in sich haben, dann ist das für den Körper nämlich etwas sehr Schlimmes. Denn dann kommt Ihr Körper dazu, gerade weil Sie nicht genug Ameisensäure in sich haben [...], gichtisch oder rheumatisch zu werden. Er bildet zuviel Harnsäure aus und zu wenig Ameisensäure.

Die Ameisen haben also das in sich, was der menschliche Körper auch braucht. Aber die Ameisensäure, die ist überhaupt etwas, was in der ganzen Natur gebraucht wird. Sie können eigentlich keine Baumrinde finden, ohne daß in der Baumrinde etwas Ameisensäure ist. Im ganzen Baum ist überall, wie im menschlichen Körper, Ameisensäure. In jedem Blatt, überall muß Ameisensäure drinnen sein. Aber nicht nur Ameisensäure muß drinnen sein, sondern verwandt mit der Ameisensäure ist das, was die Wespen haben, auch dasjenige, was die Bienen in sich haben, was dann zum Bienengift wird. Diese Insekten tragen alle einen gewissen Stoff in sich, der giftig ist. Sticht einen eine Biene, bekommt man Entzündungen; sticht einen die Wespe, ja, da geht es einem manchmal recht schlimm. Diese Geschichte mit den Wespenstichen, das ist etwas ganz Schauerliches. [...] Und schließlich, wenn Sie von einer Ameise gebissen werden, da gibt es auch eine kleine Entzündung, denn da läßt sie die Ameisensäure in die Wunde einfließen. Diese Ameisensäure ist aber wiederum in der richtigen Verdünnung in allem Lebendigen drinnen.

Wenn es nun keine Ameisen, keine Bienen und Wespen gäbe, die eigentlich die Zubereiter dieser Gifte sind, was würde dann geschehen? Dann würde ganz dasselbe geschehen, was mit der Fortpflanzung der Menschheit geschehen würde, wenn Sie plötzlich einmal alle Männer köpften und nur die Frauen auf der Erde ließen. Dann würde sich die Menschheit nicht fortpflanzen können, weil eben der Samenstock der Männer nicht da wäre. Nun, diese Insekten haben alle extra noch Samen, aber trotzdem ist zu ihrem Leben dasjenige notwendig, was von diesen Giften kommt, denn diese Gifte sind geblieben von dem, was da in der Umgebung des alten Mondes war.

Fein verteilt Bienengift, Wespengift, Ameisensäure ist einmal da aus dem Weltenraum über die Pflanzen hereingekommen. Der Rest davon ist noch heute da. Wenn Sie also gehen und sehen irgendwo auf einem Weidenbaum oder auf einer Blume eine Biene sitzen, dann sagen Sie nicht: Das Insekt wird der Blume bloß etwas rauben–, sondern sagen Sie: Während das Bienlein da drauf sitzt und saugt, da ist es der Blume so wohl, daß sie nach der Stelle, wo die Biene saugt, einen Saft hinfließen läßt. Das ist sehr interessant! Wenn die Biene da saugt, läßt die Blume diesen Saft da hinfließen. Und da fließt in diesem Saft, während die Biene der Blume etwas wegnimmt, durch die Biene der Blume hinzu von der Biene Gift. Und auch während die Wespe [Gallwespe] sticht, fließt Wespengift ein; und insbesondere während die Ameise sich hermacht sogar über die Baumstämme und so weiter, die schon gar nicht mehr leben, fließt Ameisensäure ein. Da verbindet sich also, wenn eine Ameise kommt, der Saft der Blume mit dem Ameisensaft. Das ist notwendig. Denn geschähe das nicht, gäbe es nicht diese Bienen, Wespen und Ameisen, die fortwährend über diese Blumenwelt kommen und sie anfressen, so flössen nicht die nötige Ameisensäure und die nötigen Gifte zu diesen Blumen, und die Blumen müßten nach einiger Zeit aussterben.

[...] Und im Grunde genommen werden die Blumen fortwährend immer kränker und kränker, und diese Bienlein und Wespen und Ameisen sind fortwährend kleine Ärzte, die den Blumen die Ameisensäure zubringen, die sie brauchen, und die wiederum die Krankheit ausheilt, so daß man alles wieder heilen kann. Sie sehen: Diese Bienen, Wespen und Ameisen sind nicht bloß Räuber, sondern bringen zu gleicher Zeit dasjenige, was den Blumen die Möglichkeit gibt, zu leben.

Und so ist es schließlich sogar mit den Raupen. Die würden auch aussterben, würden nach einiger Zeit nicht mehr da sein. Nun ja, Sie werden vielleicht sagen, das ist ja gar kein großer Schaden; dann würden halt diese Raupen aussterben. – Aber von solchen Raupen nähren sich wiederum die Vögel und so weiter! Die ganze Natur steht ja in einem solchen inneren Zusammenhang. Und wenn wir da sehen, wie zum Beispiel die Ameisen mit ihrer Ameisensäure alles durchdringen, dann sehen wir hinein in den Haushalt der Natur. Das ist etwas ganz Großartiges. Überall geschieht etwas, was absolut zur Erhaltung des Lebens und der Welt notwendig ist.

[...] Da sind überall in der Nähe diese Ameisenhaufen. Aus diesen Ameisenhaufen kommt in den Waldesgrund die Ameisensäure hinein.

Wenn Sie hier einen Waldesgrund haben und da einen Ameisenhaufen, so ist es gerade so, wie wenn Sie hier ein Wasserglas voll Wasser hätten; jetzt geben Sie einen Tropfen von irgend etwas hinein, der füllt gleich das ganze Wasser aus. Wenn Sie Salz hineintun, ist gleich das ganze Wasser salzig. Wenn Sie da einen Ameisenhaufen haben, so geht die Ameisensäure gerade so in den ganzen Waldesgrund, in den Moder hinein, und der ganze Waldesgrund, der schon im Absterben ist, wird von dieser Ameisensäure durchtränkt. Also nicht nur ins Innere der heutigen Pflanzen, die noch leben, und der heutigen Raupen, die noch leben, geht die Ameisensäure hinein, oder auch das Bienen- oder Wespengift, wenn die Biene auf der Blume sitzt und die Blume aufsaugt das, was sie nun kriegt von der Biene, sondern auch in den absterbenden Boden.

[...]

Und so ist es selbst mit dem leblosen Material im Walde. Denken Sie sich nur einmal: Selbst die physische Wissenschaft, wie sie heute ist, nimmt ja an, daß die Erde einmal ganz tot werden wird. Sie würde es auch, denn es müßte ja einmal ein Zustand kommen, wo das Vermoderte überhandnehmen würde und wo die Erde abgestorben wäre.

Er wird aber nicht kommen, weil die Erde überall, wo sie vermodert, zu gleicher Zeit durchsetzt wird von dem, was Bienen, Wespen und Ameisen geben. Die Bienen geben es allerdings nur den lebenden Blumen, die Wespen auch fast nur den lebenden Blumen. Aber die Ameisen geben das, was sie da hergeben in der Ameisensäure, zugleich dem vermoderten Toten, und sie regen es dadurch in einem gewissen Grade zum Leben an, und sie tragen dazu bei, daß die Erde in ihren vermoderten Dingen überhaupt lebendig bleibt.

[...]

Schauen wir jetzt diese ackerbautreibenden Ameisen an, die da ihre kleinen Felder anlegen, die Pflanzen ganz anders herrichten. Ja, der Mensch könnte sich von dem, was da angebaut wird, nicht nähren. Denn wenn der Mensch diese kleinen Reiskörner, die kieselsteinhart sind, genießen würde, würde er erstens merkwürdige Krankheitszustände davon kriegen, weil er dann zuviel Ameisensäure in sich kriegte; aber außerdem würde er sich die Zähne sehr stark ausbeißen, daß eine Zeitlang die Zahnärzte sehr viel zu tun hätten. Nachher aber würde der Mensch elendiglich zugrunde gehen an diesen kieselsteinharten Reiskörnern, die da auf diese Weise gewonnen werden.

Aber die Ameisen, der Ameisenhaufen eigentlich, der sagt sich das Folgende: Wenn wir nur hinausziehen in die freie Natur und dasjenige aus den Pflanzen saugen, was da überall ist, dann kriegen wir in uns viel zu wenig Ameisensäure, und dann können wir auch der Erde wiederum viel zu wenig Ameisensäure abgeben. Also machen wir das, daß wir uns nur diejenigen Pflanzen auswählen, die wir so aufziehen können, daß alles ganz dicht ist, steinhart zusammenhängt, und wir daher viel Ameisensäure aus diesem Dichten herauskriegen. – So daß also diese ackerbautreibenden Ameisen dies machen, damit sie möglichst viel Ameisensäure herauskriegen. Und diese Ameisen sind es wiederum, die viel in die Erde hineinbringen von dieser Ameisensäure. So ist der Zusammenhang.

Sie können also daraus sehen, daß Gifte, wenn sie entzündlich wirken oder dergleichen, eigentlich zugleich die fortwährenden Heilmittel sind gegen das Absterben. Und man kann sagen: Gerade die Biene ist in dieser Beziehung ungeheuer wichtig, damit sich alles in den Blumen erhält, denn es ist eben eine tiefe Verwandtschaft zwischen den Bienen und den Blumen.

Und dieses Erhalten zeigt eigentlich, daß jedesmal, wenn die Insekten sich in dieser Weise in der Erde ergehen, daß da die Erde wiederum aufgegiftet wird, möchte ich sagen. Das ist die geistige Beziehung. Ich möchte niemals, wenn jemand fragt, wie da die geistigen Beziehungen sind, bloß sagen, das ist so und so, sondern ich führe Ihnen dann die Tatsachen an, und aus den Tatsachen können Sie selber beurteilen, ob es einen Sinn hat oder nicht. [...] In unseren Gegenden wird es vielleicht weniger respektiert, aber sobald man mehr nach dem Süden kommt, da kann man schon hören, wie die Bauern, einfache Leute, wiederum mit einer instinktiven Wissenschaft sagen: Diese Ameisenhaufen, die darf man nicht zerstören, denn diese Ameisenhaufen, die tragen dazu bei, daß der Moder nicht so schädlich wird. – Und die ganz Gescheiten in solchen Gegenden, die sagen noch etwas anderes. Wenn man mit denen spazierengeht im Walde, namentlich in einem Walde, wo ein Baumschlag ist, wo also gerade Bäume weggeschlagen sind und die jungen Bäume nachwachsen, da gehen diese Leute – die sind nämlich gescheit, nicht oben, sondern in der Nase; man kann nämlich in der Nase auch gescheit sein – durch solch einen Baumschlag, wo die jungen Bäume wieder nachgezogen werden sollen, kommen an eine Stelle und sagen: Nun, das wird ganz gut gedeihen, da riecht es nicht so moderig wie oftmals, da muß ein Ameisenhaufen in der Nähe sein, der seine Nützlichkeit erweist. – Das riechen nämlich die Leute; die sind mit der Nase gescheit. Aus solchem Gescheitsein mit der Nase rührt manche volkstümliche Wissenschaft her, die ganz nützlich ist.

Die Harmonie der Bienen

Überall, «wo der Mensch hineintapst in die Naturkräfte», macht «er die Dinge nicht besser [...], sondern schlechter.» Indem wir uns hier allmählichen dem Thema der Behandlung und Mißhandlung der Natur durch den Menschen nähern, kommen wir zu jenem sensiblen Gleichgewicht, das in Bienenvölkern wirksam ist – vielleicht auch als bewundernswerte Metapher für ein vollkommen ausgewogenes Geben und Nehmen, das wir im Hinblick auf die Natur anstreben können.

In der Natur ist nämlich ein merkwürdiger Zusammenhang zwischen allem. Da sind diejenigen Gesetze, die der Mensch mit dem gewöhnlichen Verstande nicht durchschaut, eigentlich die allerwichtigsten. Nicht wahr, diese Gesetze wirken nur so, daß sie immer ein kleines bißchen Freiheit lassen. So ist es zum Beispiel bei den Geschlechtern auf der Erde. Es entstehen nicht ganz gleich viel Männer und Frauen auf der Erde, aber ungefähr gleich viele. Über die ganze Erde hin ist es ungefähr gleich. Das wird durch die Naturweisheit selber bewirkt. Wenn einmal die Geschichte kommen würde – ich glaube, ich habe es Ihnen schon gesagt –, daß die Menschen das Geschlecht willkürlich erzeugen könnten, dann würde die Sache gleich in Unordnung kommen. Nun, es ist ja auch so: Wenn zum Beispiel in irgendeiner Gegend durch wilde Kriege die Bevölkerung dezimiert ist, so wird sie nachher fruchtbarer. In der Natur also wirkt jeder Mangel in eine entgegengesetzte Kraft hinein.

Nun ist es auch so, daß, wenn irgendwo in einer Gegend die Bienen sich Honig suchen, sie dann ja natürlich den Honig von den Pflanzen wegnehmen. Aber sie nehmen den Honig weg von den Pflanzen, die man sonst auch braucht, die uns allerlei Früchte geben und dergleichen. Und das Eigentümliche ist, daß in Gegenden, wo Bienenzucht ist, auch die Obstbäume und Ähnliches besser gedeihen als in Gegenden, wo keine Bienenzucht ist. Also wenn die Bienen den Honig wegnehmen von den Pflanzen, wird die Natur nicht müßig, sondern sie erzeugt mehr solche fruchtbaren Pflanzen. So daß also der Mensch nicht nur vom Honig, den die Bienen geben, etwas hat, sondern daß ihm dann auch wiederum etwas von den Pflanzen gebracht wird, die von den Bienen besucht werden. Das ist ein Gesetz, in das man wirklich recht gut hineinschauen kann und das wichtig ist.

Nun, mit alledem hängt es aber zusammen, daß, wenn man so diese Sachen durchschaut, man sagen kann: In dem ganzen Wesen eines Bienenzusammenhanges, eines Organismus, ist schon etwas, in das von der Natur eine ganz wunderbare Weisheit hineingelegt ist. – Die Bienen stehen schon unter Naturkräften, die außerordentlich wichtig und wirklich wunderbar sind. Daher bekommt man eine gewisse Scheu davor, hineinzutapsen in diese Naturkräfte.

Die Dinge stellen sich nämlich heute noch immer so heraus, daß, wo der Mensch hineintapst in die Naturkräfte, er die Dinge nicht besser macht, sondern schlechter. Aber er macht es nicht gleich schlechter, sondern es ist schon so, daß die Natur überall Hindernisse hat. Trotz der Hindernisse wirkt sie in der besten Weise, wie sie kann. Gewisse Hindernisse, die kann der Mensch schon hinwegräumen, und damit kann er auch der Natur manches erleichtern.

Und er erleichtert zum Beispiel der Natur ja wirklich in der Bienenzucht anscheinend dadurch sehr viel, daß er nicht die alten Bienenkörbe, sondern die neueren Bienenkisten benützt, die bequem eingerichtet sind und so weiter.

Aber nun kommt dieses Kapitel mit der künstlichen Bienenzucht. Sie dürfen nicht glauben, daß ich nicht einsehen würde, auch von gar nicht geisteswissenschaftlichem Standpunkte, daß natürlich die künstliche Bienenzucht zunächst im ersten Anhub etwas für sich hat, denn es wird natürlich manches erleichtert; aber dieses starke Zusammenhalten, ich möchte sagen, einer Bienengeneration, einer Bienenfamilie, das wird dadurch doch auf die Dauer beeinträchtigt werden. Man wird heute noch allgemein die künstliche Bienenzucht, wenn alle die Vorsichtsmaßregeln getroffen werden, die Herr Müller ausgeführt hat, natürlich in gewisser Beziehung nur loben können. Aber wie die Sachen in fünfzig oder achtzig Jahren sind, das muß abgewartet werden, denn da werden einfach gewisse Kräfte, die bisher im Bienenschwarm organisch wirkten, mechanisiert, die werden mechanisch gemacht. Es ist nicht mehr jene innige Verwandtschaft herzustellen zwischen der gekauften Bienenkönigin und den Arbeitsbienen, wie sie sich herstellt, wenn die Bienenkönigin von der Natur selber da ist. Aber in der allerersten Zeit macht sich so etwas noch nicht geltend.

Selbstverständlich würde ich durchaus nicht wollen, daß eine fanatische Bewegung gegen die künstliche Bienenzucht eingeleitet werden soll. Solche Sachen kann man eigentlich nicht machen im praktischen Leben. Denn das wäre ungefähr so wie etwas anderes, was ich Ihnen jetzt sagen will. Man kann ungefähr berechnen, wann einmal in der Erde keine Kohlen mehr sein werden. Der Kohlenvorrat der Erde ist ja erschöpfbar, geht einmal aus. Nun könnte man ja heute auch so wenig Kohlen aus der

Erde herausfördern, daß das ungefähr so lange bliebe, bis die Erde selber zugrunde gegangen sein wird. Man kann nicht sagen, man soll es so machen, denn man muß da ein bißchen Vertrauen auf die Zukunft haben. Man muß sich sagen: Nun ja, gewiß, wir rauben der Erde alle Kohlen, das heißt, unseren Nachkommen rauben wir eigentlich die Kohlen; aber die werden schon etwas anderes dann erfinden, damit sie keine Kohlen brauchen. – So kann man natürlich auch sagen gegenüber den Nachteilen, die die künstliche Bienenzucht etwa hat.

Aber dabei bleibt es doch gut, wenn man sich bewußt ist, daß man dasjenige, was in der Natur in einer so wunderbaren Weise ausgebildet ist, eigentlich doch stört, wenn man etwas Mechanisches, Künstliches da hineinbringt.

> Die folgenden beiden Passagen heben die Sensibilität der Bienen für ihre Umgebung hervor: ihre enge Beziehung zum unmittelbaren Umfeld, auch dem menschlichen, und die Bedeutung eines ebenso feinfühligen menschlichen Eingehens auf ihre Bedürfnisse.

Dasjenige, was Sie mit dem amerikanischen Klee anführten, der das ganze Jahr blüht, ist etwas, von dem man abkommen wird, weil dieser nicht eine Blutsverbesserung bewirkt, sondern durch den amerikanischen Klee werden die Bienen für eine kurze Zeit aufgestachelt. So wie wenn man einen Menschen mit Alkohol kuriert, so ist es beim amerikanischen Klee; die Bienen sind dann aufgestachelt, für einige Zeit etwas zu leisten. Aber das muß sorgfältigst berücksichtigt werden, daß man nicht ganz Fremdartiges an die Bienen heranbringen darf, denn die Bienen sind ihrer ganzen Natur nach an eine gewisse Gegend gebunden, also an eine gewisse Gegend gewöhnt. Das geht schon daraus hervor, daß die Bienen aus anderen Gegenden ganz anders ausschauen. Es gibt diese mitteleuropäische Biene, die auch hier schon erwähnt wurde, die Gemeine Hausbiene. Die Italienische Biene sieht ganz anders aus, die Krainer Biene wieder ganz anders. Die Bienen sind sehr stark an die Gebiete gewöhnt, und man kann gar nicht auf die Dauer helfen, wenn man ihnen Honigseim überliefert aus ganz fremden Gebieten. Da haben sie sehr viel zu tun mit ihrem eigenen Körper, da fängt es an zu rumoren, denn sie wollen ihn umwandeln, daß er so werde, wie es dort ist, wo der Klee herkommt. Es wird sich herausstellen, daß man ein paar Jahre Erfolg hat, aber nachher hat man schon die Schererei.

DENKEN SIE SICH: Ein Bienenvater, der geht ja für die Bienen nicht bloß so wie sonst ein Mensch zum Bienenstock hin, sondern die Bienen fühlen – wenn ich mich des Ausdrucks bedienen darf – die ganze Ausdünstung, sie fühlen, wie der beschaffen ist. Daran gewöhnen sich die Bienen. Stirbt er, so müssen sie sich umgewöhnen. Und das bedeutet für die Bienen außerordentlich viel. Denken Sie doch nur einmal, was Sie selbst bei Hunden finden: Wenn der Herr starb – das hat es schon gegeben –, sind sie aufs Grab gegangen und dort gestorben, weil sie sich nicht an einen anderen Herrn gewöhnen konnten. Also warum soll man bei den Bienen, die doch einen solchen feinen chemischen Sinn haben, nicht voraussetzen können, daß sie alles wahrnehmen, daß sie sich an den Bienenvater so gewöhnen, daß sie sich nicht gleich wieder umgewöhnen können an einen anderen? Es liegt also durchaus etwas Bedeutsames zugrunde.

Aber Sie können sagen: Ist denn das bei Hunden und Pferden ebenso wie bei diesen kleinen winzigen Tieren, den Insekten? – Nun, Sie werden vielleicht dieses nicht beobachtet haben, aber es ist dennoch wahr: Man findet Menschen, die haben, wie man sagt, eine besonders glückliche Hand im Blumenaufziehen. Alles gedeiht ihnen, wenn sie einen Blumenstock haben und Pflanzen und so weiter. Ein anderer pflegt ihn ebenso – es wird nichts. Das ist die Ausdünstung, die der Mensch hat, die von dem einen Menschen günstig auf die Blumen wirkt, bei anderen ungünstig. Bei manchen geht es gar nicht, daß sie Blumen ziehen. Und das Ungünstig-Wirken geschieht vorzugsweise gerade auf die Kraft in der Blume, die den Honig erzeugt, auf die Kraft, die die Blume versüßt. Und so kann man sagen: Sogar auf die Blumen wirkt der Mensch, und er wirkt im eminentesten Sinne gerade auf die Bienen.

Angesichts der gegenwärtigen weltweiten Dezimierung der Bienenvölker und der grassierenden Krankheiten in den Bienenstöcken erscheint die folgende Passage, in der Steiner auf die langfristigen schädlichen Auswirkungen künstlicher Ernährungs- und Brutmethoden aufmerksam macht, geradezu prophetisch. Wissen wir wirklich, was wir tun, wenn wir in die Natur eingreifen und scheinbar sehr praktische und wirtschaftlich einträgliche Maßnahmen ergreifen? Man denke etwa an genmanipuliertes Getreide. Vielleicht müssen auch in diesem Bereich achtzig oder hundert Jahre vergehen, bevor wir die schädlichen Wirkungen dessen zu spüren bekommen, was wir ausgelöst haben.

Einer der Zuhörer bei den Arbeitervorträgen verstand nicht, wie Rudolf Steiner zu seiner Auffassung kam, daß die Bienenvölker durch künstliche Zucht nach achtzig bis hundert Jahren eingehen würden. Ebenso fragte er, wie es möglich sei, daß beim Tode des Pflegers der größte Teil eines Bienenstandes eingehe – eine Tatsache, auf die er selber schon hingewiesen hatte.

Gehen wir zunächst einmal, damit wir möglichst rationell über die Dinge reden, auf das Wiedererkennen des Bienenvaters durch die Bienen ein. [...] Denken Sie sich, Sie haben einen Freund; den lernen Sie, sagen wir, im Jahre 1915 kennen. Dieser Freund bleibt hier in Europa und Sie gehen nach Amerika und kommen im Jahre 1925 wieder zurück. Der Freund ist meinetwillen in Arlesheim. Sie kommen nach Arlesheim, begegnen dem Freund und erkennen ihn wieder. Was ist aber inzwischen vorgegangen? Ich habe Ihnen ja auseinandergesetzt: Der Stoff, die Materie, die Substanz, die in dem menschlichen Körper ist, die ist nach sieben, acht Jahren vollständig ausgetauscht. Es ist gar nichts mehr davon da. So daß also der Freund, wenn Sie ihn nach zehn Jahren wiedersehen, nichts in sich hat von all dem, wirklich nichts in sich hat von dem, was Sie vor zehn Jahren an Materie an ihm gesehen haben. Und doch haben Sie ihn wiedererkannt. Und wenn wir ihn äußerlich anschauen, dann schaut er ja allerdings so aus, wie Sie wissen, daß er eine zusammenhängende Masse ist. Er schaut schon so aus. Aber wenn Sie ihn jetzt durch ein genügend großes Vergrößerungsglas anschauen würden, den Freund, da würden Sie sehen: Da fließt in seinem Kopf eine Blutader. Ja, schön, diese Blutader schaut so aus, wenn man sie mit dem gewöhnlichen Auge oder mit einem kleinen Vergrößerungsglas anschaut. Aber wenn man sich ein riesiges Vergrößerungsglas denkt, da schaut das, was da als Blut ist, nicht mehr so aus; da besteht es aus lauter Pünktchen, die so ausschauen wie kleine Tiere. Aber diese Pünktchen sind nicht in Ruhe, die zittern fortwährend. Und wenn Sie das anschauen, dann hat das eine verfluchte Ähnlichkeit mit einem schwärmenden Bienenschwarm!

Der Mensch schaut nämlich, wenn man ihn genügend vergrößert in seiner Substanz, ganz genau so aus wie ein Bienenschwarm. Wenn man das durchschaut, so müßte es einem eigentlich unverständlich erscheinen, daß einen ein Mensch nach zehn Jahren wiedererkennt, denn kein einziges von diesen kleinen bewegten Pünktchen ist noch da. Seine Augen haben ganz andere Punkte. Es sind ganz andere kleine Tierchen da drinnen, und dennoch erkennt einen der Mensch wiederum.

Also ist es absolut nicht notwendig, daß diese einzelnen kleinen Tierchen und Pflänzchen, aus denen wir bestehen, das machen, daß wir uns wiedererkennen, sondern der ganze Mensch erkennt uns wieder; und der Bienenstock ist eben nicht nur das, was man so und so viele tausend Bienen nennt, sondern der Bienenstock ist ein Ganzes, ein ganzes Wesen. Was einen wiedererkennt oder nicht wiedererkennt, das ist der ganze Bienenstock.

[...] Also das ist es gerade, was man bei der Biene beachten muß, daß man es nicht nur mit den Einzelbienen zu tun hat, sondern daß man es mit demjenigen, was ja absolut zusammengehört, was ein Ganzes ist, zu tun hat. Und das kann man mit dem bloßen Verstand nicht erfassen. Da muß man schon das Ganze als solches anschauen können. [...] Also dasjenige, was da stattfindet, daß tatsächlich diese Veränderung, der Tod des Bienenvaters, auf den Bienenstock einen gewissen Einfluß hat, das ist ja nicht abzuleugnen. Das ist da. Das ergibt die Erfahrung.

[...]

Es ist schon so, daß man nur zurechtkommt mit den Bienen, wenn man über den bloßen Verstand hinausgeht und mit einer gewissen inneren Anschauung die Sachen tatsächlich verfolgt. Es ist ja ganz wunderbar, dieses Bild. Und deshalb muß man sagen: Der Bienenstock ist eben durchaus ein Ganzes. Er ist als Ganzes aufzufassen. Aber bei einem Ganzen erscheint der Schaden durchaus nicht momentan.

Wer den Menschen gut kennt, der kann zum Beispiel folgendes sich sagen: Irgendein Mensch – es gibt solche – ist mit fünfundsechzig, sechsundsechzig Jahren noch ziemlich frisch; ein anderer ist nicht mehr frisch, weil er an innerlichen Verkalkungen der Blutadern und so weiter leidet. Dieses sich anzuschauen und in Zusammenhang mit dem zu bringen, was in der Kindheit sich vollzogen hat, das ist außerordentlich interessant.

Man kann zum Beispiel einem Kinde Milch geben, die von Kühen herrührt, die zuviel Nahrung aufnehmen, die mit dem Kalkboden zu tun hat. Dadurch kann das Kind schon mit der Kuhmilch, mit der es genährt wird, etwas von dem Kalkboden bekommen. Das zeigt sich vielleicht gar nicht gleich. Und nun kommt irgendein Mediziner von der heutigen Sorte, zeigt einem ein solches Kind, das mit Kuhmilch aufgezogen ist, auch vom Kalkboden, und ein anderes, das mit Muttermilch aufgezogen ist, und er sagt: Das macht gar keinen Unterschied – und dergleichen. Aber das Kind, das mit Muttermilch aufgezogen ist, ist mit fünfundsechzig, sechsundsechzig Jahren noch frisch, das Kind, das mit Kuhmilch aufgezogen ist, das verkalkt mit fünfundsechzig, sechsundsechzig Jahren! Das ist, weil der Mensch ein Ganzes ist und was in einem Zeitraum wirkt, noch in viel späterer Zeit nachwirkt. Etwas kann in einem Zeitraum ganz gesund sein; dennoch wirkt es nach. Und das ist es, was ich meine, wenn ich sage: Es läßt sich aus dem heutigen Bestand überhaupt gar nichts schließen darauf, was die künstliche Bienenzucht bedeutet oder nicht, sondern das muß man nach fünfzig, sechzig Jahren oder meinetwillen hundert Jahren ins Auge fassen. [...]

Aber eingesehen werden muß es, daß es etwas anderes ist, ob man der Natur ihren Lauf läßt und sie nur in richtige Bahnen bringt, oder wenn man etwas Künstliches in die Sache hineinbringt. [...] Wir wollen uns in einem Jahrhundert wieder sprechen, Herr Müller, und wollen sehen, was Sie dann für eine Ansicht haben. Das ist etwas, was heute gar nicht entschieden werden kann.

Der Bienenstock wird hier als eine Art keusches Gefäß gesehen, in dem durch die uneigennützige, harmonische Arbeit des Bienenvolks aus der ganzen Umgebung eine wunderbare Substanz – der Honig – destilliert werden kann. Steiner hat ausführlich und unter vielen verschiedenen Gesichtspunkten über die Bienen gesprochen, doch die folgende Passage bildet eine Zusammenfassung seiner herzlichen Wertschätzung dieser Geschöpfe – gewissermaßen als Antwort auf das, was er als einen durch Liebe hervorgebrachten Stoff betrachtete, den Honig, der sich ihrer unermüdlichen Emsigkeit verdankt. Viele Menschen sind sich möglicherweise der Bedeutung gar nicht bewußt, welche die Bienen für den Fortbestand zahlloser Früchte haben. Denn sie verbinden dynamisch und in vollkommener Übereinstimmung mit ihrer Umgebung Biosysteme untereinander und fördern unaufhörlich Leben und Fruchtbarkeit. Daß sie heute in einem solchen Ausmaß von Krankheiten heimgesucht sind, ist eine von vielen Alarmglocken, die uns wecken sollten, damit wir in ein sensibleres und weniger ausbeuterisches Verhältnis zur Natur treten.

Der Herr [einer der Zuhörenden] hat durch seine Frage, weil er ein Bienenkenner ist, auf den Unterschied hingewiesen, der da besteht zwischen dem Leben der Bienen und dem Leben der Wespen. Vieles Ähnliche ist da. Ich habe Ihnen das Leben der Wespen neulich beschrieben. Im Bienenleben ist viel Ähnliches. Aber wiederum lebt der Bienenstock ein ganz merkwürdiges, eigentümliches Leben. Worauf beruht denn das?

[...] Das Leben des Bienenstocks beruht ja darauf, daß die Bienen so ganz richtig, viel mehr als die Ameisen und die Wespen, zusammenwirken, daß sie alle Arbeit so verrichten, daß das alles zusammenstimmt. Und wenn man dann darauf kommen will, wovon das herrührt, dann sagt man sich: Die Bienen haben ein Leben, worin unterdrückt wird, außerordentlich stark unterdrückt wird dasjenige, was bei den übrigen Tieren im Geschlechtsleben sich äußert. Das wird bei den Bienen außerordentlich stark zurückgedrängt.

Denn sehen Sie, bei den Bienen ist es eigentlich immer so, daß die Fortpflanzung nur besorgt wird durch ganz wenige auserlesene weibliche Individuen, die Bienenköniginnen. Die anderen sind eigentlich so, daß bei ihnen das Geschlechtsleben mehr oder weniger zurückgedrängt wird. Im Geschlechtsleben aber ist dasjenige vorhanden, was eben Liebesleben ist. Das Liebesleben ist ja zunächst etwas Seelisches. Nur dadurch, daß gewisse Organe des Körpers bearbeitet werden von diesem Seelischen, dadurch werden diese Organe zur Offenbarung, zum Ausdrucke des Liebeslebens. Und indem bei den Bienen das Liebesleben zurückgedrängt wird, eigentlich nur auf die einzige Bienenkönigin, wird das Geschlechtsleben sonst im Bienenstock verwandelt zu all diesem Treiben, das die Bienen untereinander entwickeln. Daher haben schon jene älteren, weiseren Menschen, die eben auf ganz andere Art die Sache gewußt haben, als man sie heute weiß, diese weiseren Menschen haben das ganze wunderbare Treiben des Bienenstocks auf das Liebesleben zurückgewiesen, auf das Leben, das sie mit dem Planeten Venus in Zusammenhang gebracht haben.

Und so können wir sagen: Wenn man auf der einen Seite die Wespen oder die Ameisen beschreibt, dann sind das Tiere, die sich mehr dem Einfluß des Planeten Venus entziehen. Die Bienen hingegen sind ganz hingegeben dem Einfluß des Planeten Venus, entwickeln das Liebesleben in ihrem ganzen Bienenstock. [...] Und so kann man gerade dasjenige, was eigentlich nur dann in uns dargelebt wird, wenn unser Herz Liebe entwickelt, eigentlich im ganzen

Bienenstock drinnen wie eine Substanz haben. Der ganze Bienenstock ist eigentlich von Liebesleben durchzogen. Die einzelnen Bienen verzichten so vielfach auf die Liebe und entwickeln die Liebe im ganzen Bienenstock. So daß man anfängt, das Bienenleben zu verstehen, wenn man sich klar darüber ist, daß die Biene wie in einer Luft lebt, die ganz von Liebe durchschwängert ist.

Nun aber, das kommt ja gerade der Biene am allermeisten zugute, daß sie eigentlich von denjenigen Bestandteilen in den Pflanzen lebt, die wiederum bei der Pflanze ganz vom Liebesleben durchzogen sind. Die Biene saugt ihre Nahrung, die sie dann zu Honig macht, ja ganz aus denjenigen Bestandteilen der Pflanzen, die im Liebesleben drinnenstehen, bringt also gewissermaßen das Liebesleben von den Blumen in den Bienenstock hinein.

So muß man sagen, daß man das Bienenleben auf seelische Art studieren muß.

[...] Die Biene ist tatsächlich, mit Ausnahme der Bienenkönigin, eigentlich dasjenige Wesen, das, ich möchte sagen, sich sagt: Wir wollen auf das einzelne Geschlechtsleben verzichten und uns selber zu einem Träger des Liebeslebens machen. – So daß sie in der Tat in den Bienenstock dasjenige hineingetragen haben, was auf den Blumen lebt. Und wenn Sie anfangen, das so richtig durchzudenken, so haben Sie das ganze Geheimnis des Bienenstockes. Das Leben dieser sprossenden, sprießenden Liebe, das in den Blumen ausgebreitet ist, das ist dann auch im Honig drinnen.

[...] Und es ist nichts besser für den Menschen, als seinen Speisen im richtigen Maße etwas Honig zuzusetzen. Die Bienen sorgen eigentlich wunderbar dafür, daß der Mensch durch sein Seelisches an seinen Organen arbeiten lernt. Der Bienenstock gibt dem Menschen durch den Honig wiederum dasjenige zurück, was er braucht an Arbeitsamkeit seiner Seele in seinem Leibe. Wenn der

Mensch also Absinth säuft, so will er die Seele genießen. Wenn der Mensch seinen Speisen Honig zusetzt, so will er gerade sein Seelisches so zubereiten, daß es richtig am Körper arbeitet, atmet. Daher ist die Bienenzucht etwas, was eigentlich die Kultur ungeheuer fördert, weil es den Menschen stark macht. [...]

Wer einen Bienenstock sieht, sollte sich fast in einer gehobenen Stimmung sagen: Auf dem Umwege durch den Bienenstock zieht das ganze Weltenall herein in den Menschen und macht tüchtige Menschen.

Kapitel VI: Das Wesen der Tiere

Vogel, Löwe, Kuh

Wir kommen nun zur Welt der Säugetiere und der Vögel, und da möge eine Passage als Einleitung dienen, in der versucht wird, imaginativ und einfühlsam auf die archetypischen Eigenschaften dreier Tierarten einzugehen und sie auf verschiedene Aspekte des Menschen zu beziehen. Wissenschaftler mögen einwenden, daß man den spezifischen Eigenschaften der Tiere nicht gerecht werden kann, wenn man sie in solcher Weise auf den Menschen bezieht. Steiners Schilderungen erscheinen mir jedoch derart lebendig und nah an der Realität dieser Lebewesen, wie es sonst vielleicht bei der tiefen Ehrfurcht eines amerikanischen Ureinwohners dem Adler oder Büffel gegenüber der Fall ist. Zudem ist es unerläßlich, daß wir eine solche Beziehung zwischen Mensch und Tier in einem ökologischen Zeitalter neu beleben. Indem Steiner den Adler mit dem Kopf und den Sinnen, den Löwen mit dem Herzen und dem Atem und die Kuh mit der Verdauung in Zusammenhang bringt, liefert er keine trokkenen Klischees, sondern vermittelt uns ein lebendiges Gefühl sowohl für unsere eigene Natur als auch für die Natur als Ganzes.

Man kann eigentlich den Löwen nur verstehen, wenn man ein Gefühl dafür entwickelt, welche Freude, welche innere Befriedigung der Löwe hat, mit seiner Umgebung zu leben. Es gibt eigentlich kein Tier, welches nicht löwenverwandt ist, das eine so wundervolle, geheimnisvolle Atmung hat. Es müssen überall beim tierischen Wesen die Atmungsrhythmen zusammenstimmen mit den Zirkulationsrhythmen, nur daß die Zirkulationsrhythmen schwer werden durch den an ihnen hängenden Verdauungsapparat, die Atmungsrhythmen leicht werden dadurch, daß sie anstreben, hinauf in die Leichtigkeit der Gehirnbildungen zu kommen. Es ist beim Vogel so, daß dasjenige, was in seinem Atmen lebt, eigentlich zugleich in seinem Kopfe lebt. Der Vogel ist ganz Kopf, und er trägt sozusagen den Kopf äußerlich für die Welt hin. Seine Gedanken sind die Formen seines Gefieders. Es gibt eigentlich für ein richtiges Naturgefühl, das in Schönheit leben kann, nichts Rührenderes, als die innige Verwandtschaft dessen zu fühlen, was Menschengedanke ist, wenn er so ganz konkret wird, wenn er so ganz innerlich lebendig wird, mit einem Vogelgefieder. Derjenige, der in solchen Dingen eine innere Praxis hat, der weiß ganz genau, wann er pfauenmäßig denkt und wann er adlermäßig denkt und wann er spatzenhaft denkt. Die Dinge sind durchaus so, daß mit Ausnahme davon, daß das eine astralisch, das andere physisch ist, sich die Dinge in einer wunderbaren Art entsprechen. Es ist so. So daß man sagen kann: Der Vogel hat ein so überwiegendes Leben in der Atmung, daß das andere, Blutzirkulation und so weiter, fast verschwindet. Alle Schwere der Verdauung, ja selbst die Schwere der Blutzirkulation ist eigentlich von dem In-sich-Fühlen beim Vogel weggefegt, ist nicht da.

Beim Löwen ist das so, daß eine Art von Gleichgewicht besteht zwischen dem Atmen und der Blutzirkulation. Allerdings, die Blutzirkulation wird auch beim Löwen schwer gemacht, aber nicht so schwer wie, sagen wir bei dem Kamel oder bei dem Rind. Da ist die Verdauung etwas, was die Blutzirkulation ungemein belastet. Beim Löwen, der einen verhältnismäßig sehr kurzen Verdauungsapparat hat und der ganz so gebaut ist, daß die Verdauung auch möglichst schnell sich vollzieht, ist das so, daß die Verdauung keine starke Belastung ist für die

Zirkulation. Dagegen ist es wiederum so, daß nach der anderen Seite im Löwenkopf eine solche Entfaltung des Kopfmäßigen ist, daß die Atmung im Gleichgewichte mit dem Zirkulationsrhythmus gehalten ist. Der Löwe ist dasjenige Tier, das am allermeisten einen inneren Rhythmus des Atmens und einen Rhythmus des Herzschlages hat, die sich innerlich die Waage halten, die sich innerlich harmonisieren. Der Löwe hat deshalb auch, wenn wir, ich möchte sagen, auf sein subjektives Leben eingehen, diese eigentümliche Art, mit einer schier unbegrenzten Gier seine Nahrung zu verschlingen, weil er eigentlich froh ist, wenn er sie drunten hat. Er ist gierig auf die Nahrung, weil ihm natürlich der Hunger viel mehr Pein macht als einem anderen Tiere; er ist gierig auf die Nahrung, aber er ist nicht versessen darauf, ein besonderer Gourmand zu sein. Er ist gar nicht darauf versessen, viel zu schmecken, weil er ein Tier ist, das seine innere Befriedigung aus dem Gleichmaß von Atmung und Blutzirkulation hat. Erst wenn der Fraß beim Löwen übergegangen ist in das Blut, das den Herzschlag reguliert, und dieser Herzschlag in ein Wechselverhältnis kommt mit der Atmung, an der der Löwe wieder seine Freude hat, indem er den Atmungsstrom mit einer tiefen inneren Befriedigung in sich hereinnimmt, erst dann, wenn er in sich fühlt die Folge des Fraßes, dieses innere Gleichgewicht zwischen Atmung und Blutzirkulation, dann lebt der Löwe in seinem Elemente. Er lebt eigentlich ganz als Löwe, wenn er die tiefe innere Befriedigung hat, daß ihm sein Blut heraufschlägt, daß ihm seine Atmung hinunterpulsiert. Und in diesem gegenseitigen Berühren zweier Wellenschläge lebt der Löwe.

Sehen Sie sich ihn an, diesen Löwen, wie er läuft, wie er springt, wie er seinen Kopf hält, selbst wie er blickt, so werden Sie sehen, daß das alles zurückführt auf ein fortwährendes rhythmisches Wechselspiel von etwas Aus-dem-Gleichgewicht-Kommen und wieder Ins-Gleichgewicht-Kommen. Es gibt vielleicht kaum etwas, was so geheimnisvoll einen anmuten kann als dieser merkwürdige Löwenblick, der so viel aus sich herausschaut, der herausschaut aus sich etwas von innerlicher Bewältigung, von Bewältigung von entgegengesetzt Wirksamem. Das ist dasjenige, was der Löwenblick nach außen schaut: diese Bewältigung des Herzschlages durch den Atmungsrhythmus in einer schier ganz vollkommenen Weise.

Und wiederum, wer Sinn für künstlerische Auffassung von Gestaltungen hat, der schaue sich das Maul des Löwen an, diesen Bau im Maul des Löwen, der so zeigt: der Herzschlag pulsiert herauf bis zu diesem Maul, aber die Atmung hält ihn zurück. Wenn Sie sich dieses Gegenseitig-sich-Berühren von Herzschlag und Atmung ausmalen, so kommen Sie auf das Löwenmaul.

Der Löwe ist eben ganz Brustorgan. Er ist wirklich das Tier, welches in seiner äußeren Gestalt, in seiner Lebensweise das rhythmische System ganz zum Ausdrucke bringt. Der Löwe ist so organisiert, daß sich dieses Wechselspiel von Herzschlag und Atmen auch in dem gegenseitigen Verhältnis von seinem Herzen und seiner Lunge zum Ausdrucke bringt.

So daß wir wirklich sagen müssen: Wenn wir am Menschen etwas suchen, was dem Vogel am ähnlichsten ist, was nur metamorphosiert ist, so ist es der Menschenkopf; wenn wir am Menschen etwas suchen, was dem Löwen am ähnlichsten ist, so ist es die menschliche Brustgegend, da, wo die Rhythmen sich begegnen, die Rhythmen der Zirkulation und der Atmung.

Und jetzt lenken wir den Blick ab von alledem, was sich uns darbietet oben in den Lüften als das Vogelgeschlecht; was eigentlich, weil es in der Luft, die in der unmittelbaren Umgebung der Erde ist, mit dem Luftkreislauf lebt wie im Löwen; sehen wir uns das Rind an. Ich habe schon öfter in anderen Zusammenhängen darauf hingewiesen, wie reizvoll es ist, eine gesättigte Herde, hingelagert auf der Weide, zu betrachten, dieses Geschäft des Verdauens zu beobachten, das sich in der Lage wiederum, in dem Augenausdruck, in jeder Bewegung ausdrückt.

Versuchen Sie es einmal, eine Kuh, die auf der Weide liegt, anzuschauen, wenn meinetwillen etwas da oder dort irgendein Geräusch gab. Es ist ja so wunderbar zu sehen, wie die Kuh den Kopf hebt, wie in diesem Heben das Gefühl liegt, daß das alles schwer ist, daß man den Kopf nicht leicht heben kann, wie ein ganz Besonderes noch da drinnen liegt. Man kann, wenn man eine Kuh so in einer Störung auf der Weide den Kopf hochheben sieht, auf nichts anderes kommen, als sich sagen: Diese Kuh ist erstaunt darüber, daß sie den Kopf zu etwas anderem als zum Abgrasen heben soll. Warum hebe ich denn jetzt eigentlich den Kopf? Ich grase ja nicht, und es hat keinen Zweck, den Kopf zu heben, wenn ich nicht grase. – Sehen Sie nur, wie das ist! Das ist im Kopfheben des Tieres drinnen. Aber es ist nicht nur im Kopfheben des Tieres drinnen. Sie können sich nicht vorstellen, daß der Löwe den Kopf so hebt, wie die Kuh ihn hebt. Das ist in der Form des Kopfes drinnen. Und geht man weiter, geht man auf die ganze Form des Tieres ein – es ist ja das ganze Tier der, ich möchte sagen, ausgewachsene Verdauungsapparat! Die Schwere der Verdauung lastet so auf der Blutzirkulation, daß das alles Kopf und Atmung überwältigt. Es ist ganz Verdauung, das Tier. Es ist wirklich, wenn man das nun geistig anschaut, unendlich wunderbar, wenn man den Blick hinaufwendet zum Vogel, und dann herunterschaut auf die Kuh.

[...]

Und da hat man, wenn man jetzt das Ähnliche beim Menschen ansehen will, wiederum diese Korrespondenz zwischen dem, was die Kuh einseitig ausbildet, die physische Verfleischung eines gewissen Astralischen, da hat man das beim Menschen harmonisch zu dem anderen hinzuverwebt in seinen Verdauungsorganen und in ihrer Fortsetzung, in den Gliedmaßen. So daß wirklich das, was ich schaue hoch oben in den Lüften im Adler, was ich schaue da, wo das Tier sich unmittelbar an der Luft erfreut wie beim Löwen, was ich schaue dann, wenn das Tier verbunden ist mit den unterirdischen Erdenkräften, die weiterwirken in seinen Verdauungsorganen, wenn ich also statt in die Höhe, hinunter in die Tiefe schaue und verständnisvoll von da aus das Wesen der Kuh durchdringe, dann habe ich die drei Gestalten, die im Menschen zu einer Harmonie vereinigt sind und sich dadurch ausgleichen: die Metamorphose des Vogels im Menschenhaupt, die Metamorphose des Löwen in der Menschenbrust, die Metamorphose der Kuh in dem Verdauungs- und Gliedmaßenapparat des Menschen, natürlich im Gliedmaßenapparat wieder kolossal metamorphosiert, kolossal umgestaltet.

Wenn man so heute hinschaut auf diese Dinge und wiederum darauf kommt, wie der Mensch eigentlich aus der ganzen Natur heraus geboren ist und in sich die ganze Natur wiederum trägt, so wie ich es dargestellt habe, wie er das Vogelreich, das Löwenreich, das Kuhwesen in sich trägt, dann bekommt man die einzelnen Bestandteile dessen, was der abstrakte Satz sagt: Der Mensch ist eine kleine Welt. – Er ist schon eine kleine Welt, und die große Welt ist in ihm, und all das Getier, welches in den Lüften wohnt, und das Getier, welches um die Erde herum in der kreisenden Luft sein hauptsächlichstes Element hat, und das Getier, welches unter dem Erdboden in den Kräften der Schwere sein hauptsächlichstes Element hat, sie wirken im Menschen zu einer harmonischen Ganzheit zusammen. Und der Mensch ist dann die Zusammenfassung von Adler, Löwe, Stier oder Kuh.

[...]

Die menschliche Brust, der Herzschlag, die Atmung muß, wenn es sich begreifen will als Geheimnis in den Naturgeheimnissen, hinwenden den Blick zu so etwas, was der Löwe ist. Der Mensch muß seinen Stoffwechselapparat versuchen zu verstehen aus der Konstitution, aus der Organisation des Rindes. Aber der Mensch hat in seinem Haupte die Träger seiner Gedanken, in seiner Brust die Träger seiner Gefühle, in seinem Stoffwechselapparat die Träger seines Willens. So daß also auch seelisch der Mensch ein Abbild ist der mit dem Vogelgeschlecht die Welt durchwebenden Vorstellungen, die sich im Gefieder der Vögel ausdrücken; der die Erde umkreisenden Gefühlswelt, die sich im inneren Ausgleichsleben zwischen Herzschlag und Atmung beim Löwen findet, die gemildert ist beim Menschen, die aber beim Menschen eben das innerliche Mutvolle – die griechische Sprache hatte das Wort mutvoll für die Herzenseigenschaften, für die Brusteigenschaften gebildet – darstellt. Und wenn er seine Willensimpulse finden will, die vorzugsweise in seinem Stoffwechsel sitzen, wenn er diese äußerlich gestaltet, schaut er hin auf dasjenige, was fleischlich in der Kuh gestaltet ist.

[...] Sehen Sie, es ist doch eine auffallende Erscheinung, daß jener Mahatma Gandhi, [...] der seine Tätigkeit zwar ganz nach außen gewendet hat, aber dabei, innerhalb des indischen Volkes, ich möchte sagen, wie ein nach Indien hinüber versetzter Aufklärer des 18. Jahrhunderts gegenüber der alten Hindureligion dasteht, daß der in seinem aufklärerischen Hinduismus aber eines bewahrt hat: die Verehrung der Kuh. Von der könne man nicht abkommen, sagt der Mahatma Gandhi, der, wie Sie wissen, von den Engländern sechs Jahre schweren Kerkers bekommen hat für seine politische Tätigkeit in Indien. Die Verehrung der Kuh behält er bei.

Solche Dinge, die mit einer Zähigkeit in geistigeren Kulturen sich erhalten haben, begreift man nur, wenn man diese Zusammenhänge kennt, wenn man wirklich weiß, welche ungeheuren Geheimnisse in dem Verdauungstier, der Kuh, leben, und wie man verehren kann, ich möchte sagen, ein irdisch gewordenes und deshalb nur niedrig gewordenes, ein irdisch gewordenes hoch Astralisches in der Kuh.

Kuh und Hirsch

> Hier zeigt sich erneut ein Wahrnehmen von subtilen Gebärden im Tierreich, ein Gewahrwerden scheinbar kleiner, in Wirklichkeit jedoch tiefgründiger Unterschiede zwischen zwei Tieren. Wenn wir beispielsweise lernen, die zitternde Empfindsamkeit eines Rehs oder die Selbstgenügsamkeit der Kuh wahrzunehmen, und zulassen, daß diese Unterschiede in uns nachklingen, so sind wir einem tiefen Einklang mit der Welt der Natur einen Schritt näher.

Haben Sie schon einmal nachgedacht, warum die Kühe Hörner haben oder gewisse Tiere Geweihe haben? Das ist eine außerordentlich wichtige Frage. Aber dasjenige, was die Wissenschaft darüber bietet, ist gewöhnlich etwas außerordentlich Einseitiges und Äußerliches. Beantworten wir uns die Frage, warum die Kühe Hörner haben. Sehen Sie, ich habe gesagt, das Organische, das Lebendige, muß nicht immer nur nach außen gerichtete Kraftströme haben, sondern kann auch nach innen gerichtete Kraftströmungen haben. [...] die Kuh hat Hörner, hat Klauen. Was geschieht an den Stellen, wo die Klaue, das Horn wächst? Da wird ein Ort gebildet, der in besonders starker Weise die Strömungen nach innen sendet. Da wird das Äußere ganz besonders stark abgeschlossen. Da ist nicht nur die Kommunikation durch die durchlässige Haut oder das Haar, sondern da werden die Tore für das nach außen Strömende vollständig verschlossen. Daher hängt die Hornbildung zusammen mit der ganzen Gestalt des Tieres. Hornbildung und Klauenbildung hängen zusammen mit der ganzen Gestaltung des Tieres.

In ganz anderer Weise ist es bei der Geweihbildung. Bei der Geweihbildung handelt es sich nicht darum, daß die Ströme zurückgeführt werden in den Organismus, sondern daß gewisse Strömungen gerade ein Stück nach außen geführt werden, daß Ventile da sind, wodurch gewisse Strömungen – die müssen ja nicht immer flüssig und luftförmig sein, sondern sie können auch Kraftströmungen sein, die in dem Geweih lokalisiert sind –, daß diese da außen entladen werden. Der Hirsch ist schön dadurch, daß er eine starke Kommunikation mit seiner Umgebung dadurch hat, daß er gewisse seiner Strömungen nach außen sendet und mit der Umgebung lebt, dadurch aufnimmt alles dasjenige, was in den Nerven und Sinnen organisch wirkt. Er wird ein nervöser Hirsch. In gewisser Beziehung sind alle die Tiere, die Geweihe haben, von einer leisen Nervosität durchströmt, was man ihnen in den Augen schon ansehen kann.

Die Kuh hat Hörner, um in sich hineinzusenden dasjenige, was astralisch-ätherisch gestalten soll, was da vordringen soll beim Hineinstreben bis in den Verdauungsorganismus, so daß viel Arbeit entsteht gerade durch die Strahlung, die von Hörnern und Klauen ausgeht, im Verdauungsorganismus. Wer daher die Maul- und Klauenseuche verstehen will, also das Zurückwirken des Peripherischen auf den Verdauungstrakt, der muß diesen Zusammenhang durchschauen.

Der Biber

Das Studium der Natur muß auf sorgfältiger und genauer Beobachtung beruhen. Doch das allein genügt nicht; und zur Erklärung von tierischem Verhalten auf Begriffe wie «Instinkt» zurückzugreifen, ist eigentlich überhaupt keine Erklärung. Im folgenden bemüht Steiner sich um eine tiefere Einsicht in das Verhalten des Bibers, und er bringt dieses in Verbindung mit dem Biberschwanz und dessen Vermögen, Sonnenlicht und damit eine Intelligenz aufzunehmen, die erst beim Nahen des Herbstes voll zur Geltung kommt. Obwohl Steiner keinen stichhaltigen Beweis für diese Aussagen erbringt, können wir darin zumindest eine weitere Präzisierung der Idee sehen, daß Intelligenz oder Verstand nicht etwas vom Gehirn «Produziertes» ist, sondern vielmehr aus dem Kosmos aufgefangen wird, soweit es das physische «Gefäß» zuläßt. Das Sozialverhalten der Biber kann in gewisser Hinsicht als Ausdruck und Verkörperung des universalen Zusammenwirkens in der Natur gesehen werden, im Gegensatz zum «Überleben des am besten Angepaßten», wie Darwin es im Anschluß an Herbert Spencer formuliert hat. Auch wenn der Konkurrenzkampf zwischen den Arten selbstverständlich eine allgegenwärtige Tatsache ist, so kann eine tiefere, umfassendere Anschauung in einer solchen Konkurrenz ein wundervolles Mittel zur Selbstregulierung im Erdorganismus sehen, vergleichbar der Notwendigkeit des Todes – und des Wachstums – der Zellen im menschlichen Körper.

Die Bibertiere, die man ja bei uns eigentlich nur kennenlernt in Menagerien oder ausgestopft in Kabinetten, diese Bibertiere sind eigentlich ziemlich plump. Nicht wahr, so ein Biber schaut eigentlich so aus, daß er nach vorne ziemlich plump einen Kopf hat, der Körper ist auch ziemlich plump, die vordern Beine nach hinten ziemlich dick, die Hinterbeine dann sind mit Schwimmhäuten versehen, so daß er schwimmen kann. Das Merkwürdigste, was er hat, das ist ein geradezu wie ein Instrument aussehender Schwanz da hinten, der ziemlich flach ist und der also sehr künstlich ausgearbeitet ist. Das ist eigentlich sein künstlichstes Werkzeug, was er da hinten hat. [...]

Dieser Biber ist ein sehr merkwürdiges Tier. Man möchte sagen, wenn man diesen Biber so kennenlernt im Leben – das zeigt sich ja auch, wenn wir ihn in unseren Menagerien haben –, so ist er eigentlich ein außerordentlich phlegmatisches Tier. Er ist wirklich so phlegmatisch, daß man nichts Rechtes mit ihm anfangen kann. Sie können einen solchen Biber attackieren, angreifen, er verteidigt sich nicht. Er selber greift nie an, was man auch tut. Er ist ein ganz phlegmatisches Wesen.

Nun, diese Biber leben namentlich in solchen Gegenden, in denen entweder große Sümpfe sind oder nicht allzulange Flüsse, kurze Flüsse. Da leben sie, und sie leben auf eine sehr merkwürdige Weise. Die Biber leben so: Wenn der Frühling kommt, dann sucht der Biber sich irgendwo einen Ort aus in der Nähe eines Sees oder eines Flusses, am Ufer, gräbt sich eine Erdhöhle aus und wohnt den ganzen Sommer als ein richtiger Einsiedler allein in dieser Erdhöhle, so daß also dieser Biber den ganzen Sommer, ich möchte sagen, in dieser seiner einsiedlerischen Sommerwohnung wie ein phlegmatischer Mönch sitzt, um da in seiner Sommervilla den Sommer zu verbringen. Es ist eine Höhle, die er sich in die Erde hineingräbt. Aber das tut er in vollständiger Einsiedelei.

Wenn nun der Winter kommt – schon wenn der Herbst kommt –, aber wenn der Winter kommt, kommen diese Biber aus ihrer Erdhöhle heraus, versammeln sich in einer

Anzahl von zwei- bis dreihundert, sie kommen in ihrer ganzen «Phlegmatischheit» zusammen, sind dann eine Gemeinde von zwei- bis dreihundert. Sie können sich denken, daß in einer solchen Gemeinde auch diejenigen sind, die zusammengehören. Nicht wahr, eine solche Biberfrau, die hat sich ihre Einsiedlerwohnung so gemacht, daß sie auch Kinder hat kriegen können; in der Nähe ist der Mann, der sich seine Höhle selber macht. Und sie kommen mit ihren ganzen Familien da zusammen.

Jetzt gehen sie zuerst in aller Phlegmatischheit und suchen sich einen Ort auf. Dem einen Trupp paßt es besser – bei dem phlegmatischen Temperament dieser Biber kann man das manchmal schwer unterscheiden –, sich einen See auszusuchen; dem andern Trupp paßt es besser, sich einen kurzen Fluß auszusuchen, den sie verfolgen bis zu einer Stelle, die ihnen besonders für ihre Zwecke geeignet erscheint. Und nachdem sie da untersucht haben, gehen sie im ganzen Trupp wiederum darauf los. In der Nähe des Sees oder des Flusses sind dann meist Bäume. Und nun ist es sehr merkwürdig: dieser plumpe Biber, der wird nun außerordentlich geschickt. Er benützt nämlich die Vorderfüße – nicht die Hinterfüße, die haben Schwimmhäute zwischen den Zehen, mit denen kann er schwimmen –, er benutzt die Vorderfüße, aber wirklich viel geschickter, als der Mensch irgendwelche Instrumente benutzt. Und dazu nimmt er seine spitzen Schneidezähne. Und mit den Zähnen, unterstützt von den Vorderfüßen, beißt er Zweige und sogar ganze Stämme von den Bäumen. Dann, wenn ein Trupp genügend Zweige und Baumstämme hat, dann schleppen diese Biber alles entweder in den See, den sie sich ausgewählt haben, oder in den Fluß hinein.

Diejenigen nun, welche ihre Baumstämme in den See hineingeschmissen haben, die schieben die Baumstämme bis zu der Stelle, die sie ausgewählt haben. Diejenigen, die ihre Baumstämme in den Fluß hineingeworfen haben, die wissen auch ganz gut, der Fluß trägt sie von selber, und sie steuern die Baumstämme nur, damit sie nicht auf die Seite gehen. Und so wird überall, entweder bis zum Seeufer oder der Stelle des Flusses, die sie ausgewählt haben, auf diese Weise die ganze Menge von Baumstämmen weiterbefördert.

Wenn sie dort angekommen sind, fangen diejenigen, die einen See sich ausgesucht haben – sie haben die Baumstämme bis zum Ufer hinauf befördert –, gleich an, Hütten zu bauen. Aber die anderen, die sich einen Fluß ausgesucht haben, die fangen gar nicht an, gleich Hütten zu bauen, sondern die bauen zuerst ein Netzwerk auf. Da werden einige Baumstämme so gelegt [siehe Zeichnung],

die andern so gelegt; aber das geht dann hinten durch, daß sie ein richtiges Netzwerk bilden. Also sie verschlingen sie so ineinander, bilden ein Netzwerk. Wenn sie eine solche Wand aufgebaut haben, machen sie eine zweite daran. Sie holen immer neue Baumstämme, alle miteinander eben, und machen eine zweite Wand daran. Und so machen sie eine Wand, die manchmal zwei Meter, manchmal noch dicker ist. Und dann, sehen Sie, wenn der Fluß so fließt, halten sie den Fluß da auf; er muß dann da drüber fließen, und sie haben da unten einen freien Raum. Und im Flusse drinnen, da bauen sie sich dann erst, wenn sie dieses Wehr aufgebaut haben, diese Wand, da bauen sie sich erst die Hütte an, so daß der Fluß über die Hütte drüber fließt.

Wenn sie genügend Baumstämme zusammengetragen haben und ihnen ihre Wand dick genug zu sein scheint, dann schleppen sie anderes Material herein, gewöhnliche Tonmassen aus der Erde, und da machen sie eine Art Lehm daraus, und mit dem verkitten sie hinten und vorne und nach der Seite hier, und nach der Seite hier diese Wand; sie bauen als richtige Baukünstler zuerst eine Wand auf. Aber diejenigen, die sich den See ausersehen haben, brauchen das nicht und unterlassen das.

Wenn nun diese Wand aufgerichtet ist – bei denen, die sich den See ausgesucht haben, geschieht es gleich –, fangen sie an, aus demselben Material kleine Häuser zu bauen. Die schauen ja nun allerdings so aus wie Tonfässer, aber es sind richtige kleine Häuser. Diese bauen sie sich so auf, daß sie Flechtwerk machen. Die sind nun wiederum so verkittet, daß auch das wenige Wasser, das da hereinkommt, ihnen nichts anhaben kann. Nun, eine solche Biberhütte – denken Sie nur, wie gescheit das ist! –, die wird niemals an einen Ort des Flusses gebaut, wo noch das Wasser gefriert. Sie wissen, das Wasser gefriert immer nur oben; wenn man tief genug hineinkommt, ist weder beim stehenden noch beim fließenden Wasser das Wasser gefroren, nur oben. Und just da legen sich diese Biber ihre Wohnung an, wo das Wasser nicht gefriert im ganzen Winter.

Jede solche Hütte hat zwei Stockwerke; da ist ein Boden eingebaut, da unten ist der Eingang. Da können sie laufen, und da oben halten sie sich auf, und da unten haben sie ihre Wintervorräte drinnen. Dasjenige, was sie brauchen, um es als Wintervorräte zu verzehren, schleppen sie sich herein. Und wenn die ganze Sache so weit ist, daß sie ihre Wintervorräte hereingebracht haben, dann bezieht eine Biberfamilie diese Hütte, bleibt aber immer in der Nähe von den andern.

Da oben wohnt nun, bis es wieder Frühling wird und sie ihre einsamen Wohnungen beziehen, die Biberfamilie.

Die Eßvorräte werden vom unteren Stockwerk geholt. Und auf diese Weise bringt sich die Biberfamilie fort. Wie gesagt, wenn der Sommer kommt, suchen sie sich ihre einsamen Höhlen. Im Winter sind sie aber beieinander. Da führen sie ihr soziales Leben in Biberdörfern auf dem Grund von Seen oder auf dem Grund von Flüssen, bei einem solchen Wehr, das sie sich zuerst selber außerordentlich kunstvoll angelegt haben.

Nun sehen Sie, nach allem, was man wissen kann, auch von den Bibern, die zu uns gebracht worden sind in Menagerien, macht der Biber die Arbeit lediglich mit den Zähnen und Vorderfüßen, niemals mit dem Schwanz. Den benützt er gar nicht dazu. Trotzdem ist er außerordentlich kunstvoll ausgebildet. [...]

Eigentlich kann man sagen, er zeigt auch, vor allen Dingen, wenn er als einzelnes Tier sich betätigt, daß er ein furchtbar phlegmatischer Bursche ist. Sein Phlegma, sein phlegmatisches Temperament ist eben so groß, daß er ebenso gescheit sein kann, wie überhaupt phlegmatische Menschen einen gescheiten Eindruck machen: sie gehen an allem vorbei. Also der Biber ist schon furchtbar dumm. Aber er macht das alles, was außerordentlich gescheit ist! So daß man sagen kann: Es ist bei den Bibern wirklich nicht so, wie zum Beispiel der Rosegger einmal gesagt hat. Rosegger hat das nicht vom Biber, sondern vom Menschen gesagt:

> Oaner is a Mensch,
> mehrer seins Leut
> und viel seins scha Vieher! [...]

Bei den Bibern, könnte man sagen, ist das Gegenteil der Fall: Oaner is dumm, und mehrer seins a bissel gscheiter. Und wenn zwei- oder dreihundert beisammen sind, wenn sie sich im Herbst zusammensammeln, da werden sie ganz gescheit, da werden sie zu wirklichen Architekten. [...]

Nun kann man viel nachstudieren, warum die Biber, wenn sie beieinander sind, so besonders gescheit sind. Und eine wichtige Spur ergibt sich doch daraus: Wenn der Herbst kommt, fangen diese Biber an, diese ganze Geschichte zu machen. Aber bei Tag sieht man eigentlich nicht viel von dieser Tätigkeit. Der Aufbau eines solchen Wehres und des Biberdorfes – denn es ist wirklich ein ganzes Dorf, das sie da anlegen – geschieht sehr schnell, der ist manchmal in wenigen Tagen fertig. Man sieht sie, wenn man sie bei Tag anschaut, außerordentlich wenig arbeiten. Sie arbeiten also fieberhaft während der Nacht. Also bestätigt ist die Gescheitheit des Bibers erstens durch den Winter und zweitens durch die Nacht. So daß also da tatsächlich Spuren liegen, wie man eigentlich die ganze Geschichte studieren soll.

[...] wo hält er sich denn im ganzen Sommer auf? Er hält sich einsam in einer Erdhöhle auf, läßt den ganzen Sommer das, was an Sonnenlicht und Sonnenwärme zu dieser Erdhöhle kommt, in seinen Körper hineindringen, so daß er tatsächlich den ganzen Sommer Sonnenlicht und Sonnenwärme aufsaugt. Und ist er im Herbst mit diesem Aufsaugen fertig, dann fängt er an, seinesgleichen zu suchen und mit denen gescheit zu werden. Er wendet eine Gescheitheit an, die er als einzelnes Tier gar nicht hat. [...]

Ja, daran sehen Sie doch ganz anschaulich, was ich Ihnen vorgestern gesagt habe: Gescheitheit, wenn sie in einem Wesen ist, muß geradeso erst zusammengesammelt werden wie das Wasser, wenn man es in Kannen sammelt. Was tut denn der Biber, während er als einzelnes Tier in seiner Sommervilla ist, als solcher Einsiedler? Der Biber sammelt sich Sonnenlicht und Sonnenwärme – so sagen wir, weil wir nur Sonnenlicht und Sonnenwärme wahrnehmen. In Wahrheit sammelt er sich da seinen Verstand zusammen. Mit Sonnenlicht und Sonnenwärme kommt aus der Welt der Verstand auf die Erde herein. Und der Biber sammelt ihn sich; nun hat er ihn eben und baut dann. Also am Biber können wir das, was ich Ihnen neulich wie ein Bild nur hingestellt habe, in der Wirklichkeit sehen.

Jetzt wird uns auch etwas erklärlich, nämlich der Biberschwanz. Vergleichen Sie das, was ich Ihnen vom Hundeschwanz gesagt habe, daß der eigentlich das Organ der Freude, also das seelische Organ beim Hunde ist. Daher wedelt er, wenn er Freude an einem hat. Ja, beim Biber ist es so: In diesem Schwanz da drinnen, den er nicht als Werkzeug gebraucht, sondern der sehr kunstvoll ausgebildet ist, da hat er den zusammengesammelten Verstand drinnen. Mit dem dirigiert er sich. Das heißt, er wird eigentlich durch Sonnenwärme und Sonnenlicht dirigiert. Die stecken da drinnen und sind Verstand geworden. Das ist eigentlich das gemeinschaftliche Gehirn, das diese Biberkolonie hat.

Alle diese Schwänze sind also dasjenige, durch was Sonnenlicht und Sonnenwärme gescheit wirkt. Er gebraucht das also nicht als physisches Instrument. Als physisches Instrument nimmt er die Vorderfüße und die Zähne. Aber das ist dasjenige, was wirkt, geradeso wirkt, wie wenn Sie irgendeinen Trupp haben, und da hinten treibt einer den gesamten Gruppenverband an. Der treibt die andern. So ist es die Sonne, welche durch die Biberschwänze im Winter noch nachwirkt und die Biberdörfer baut. Es ist der Verstand, der mit dem Licht und mit der Wärme von der Sonne auf die Erde kommt und da baut.

[...] Er hat das, wie man sagt, als einen Instinkt in sich. «Instinkt» kann jeder sagen; das ist ein Wort. Solche Worte sind Säcke, in die man alles dasjenige hereinfügt, worüber man nichts weiß. Will man irgend etwas erklären wie den Instinkt, dann kommt man eben dazu, daß man sagen muß: Nun ja, da ist die Sonne. Das ist so! So daß man wirklich schon auf diese Weise durch die reinen Tatsachen dazu kommt, anzuerkennen, wie die ganze Weltumgebung der Erde auf die Lebewesen wirkt.

[...]

Und beim Biber sehen Sie noch etwas anderes. Im Herbst kommen ja diese Bibereinsiedler, die den ganzen Sommer einsiedlerisch leben, zu Zwei- bis Dreihunderten zusammen und können nur da jetzt den von der Sonne gegebenen Verstand anwenden; sie können ihn durch Gruppen anwenden, nicht einzeln. Sie könnten das ja gar nicht zusammenbringen als einzelne; das muß die Arbeit der Gruppe sein.

Beim Menschen ist es tatsächlich so, daß er viel als einzelner zusammenbringen kann, was bei den Tieren nur Gruppen zusammenbringen. Deshalb sagen wir in der Anthroposophie: Bei den Tieren gibt es seelisches Leben nur in Gruppen – Gruppenseelen, und der Mensch hat seine einzelne Seele. Und dies ist nun sehr interessant.

Ich habe Ihnen zum Beispiel einmal gesagt, wie ein Oberschenkel beim Menschen aussieht. Während er beim Biber wirklich noch nicht so ist, sieht ein Oberschenkel beim Menschen wie ein außerordentlich feines, schönes Kunstwerk aus. Da sind Balken [siehe Zeichnung]; die sind

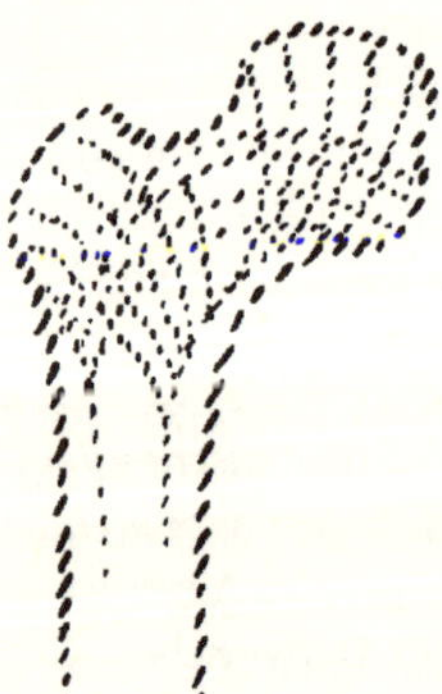

ganz kunstgemäß gebaut. Und der ganze Mensch ist eigentlich so aufgebaut, daß man, wenn man ihn richtig betrachtet, sagt: der baut alles in sich selber hinein, was der Biber nach außen baut. Von der Natur baut er alles in sich selber hinein, was der Biber nach außen baut. So daß man darauf kommt, die Frage aufzuwerfen: Woher stammt denn eigentlich dasjenige, was im Menschen so geistreich, so kunstvoll aufgebaut ist in seinem Innern? Nun, wenn der Biberbau von der ganzen Sonne und ihrer Umgebung abstammt, so stammt eben der Menschenbau auch von der Sonne ab. Wir sind eben nicht Erdenwesen, wir sind Sonnenwesen, und sind nur auf die Erde hereingestellt. Wozu? Nun, das können Sie sehen, wenn Sie diese Sache betrachten.

[...] Aber Sie sehen, so kommt man durch die Tatsachen, wenn man sie richtig betrachtet, darauf, zu sehen, wie wirklich die Welt eine Einheit ist und wie man abhängig ist auch von der Erdenumgebung, die dann nicht bloß leuchtende und wärmende Sonne ist, sondern gescheite Sonne, verständige Sonne.

Eins mit den Tieren

Die beiden folgenden Passagen, mit denen Kapitel VI abgeschlossen wird, gehen als Auftakt zu dem der Landwirtschaft gewidmeten Kapitel VII noch einmal auf den umfassende Charakter des Tierreiches ein und betonen, wie wichtig es ist, daß wir ein ehrfurchtsvolles und kein ausbeuterisches Verhältnis zu ihm entwikkeln. Es besteht ein großer qualitativer Unterschied zwischen der hier zum Ausdruck kommenden Anschauung und dem Darwinschen Gesichtspunkt. Obwohl wir uns nach dessen Auffassung aus – und daher in gewisser Weise auch dank – dem Tierreich entwickelt haben, beschwört die Idee der natürlichen Auslese ein Gefühl gegenüber der Natur herauf, das von Kampf und Unterwerfung geprägt ist. Steiners Worte dagegen rufen eine Stimmung tieferliegender gegenseitiger Abhängigkeit, Dankbarkeit und Liebe hervor.

Bevor wir zu unseren eigentlichen menschlichen Karmafragen kommen, wie sie angekündigt sind, sind eine Reihe von Vorbetrachtungen notwendig. Dazu gehört das, was gestern gesagt worden ist: eine Art Beschreibung des Karmabegriffes. Dazu gehört auch das, was heute zu sagen sein wird über Karma und Tierreich. Was man nennen könnte äußere Beweise für die Wirklichkeit der karmischen Gesetzmäßigkeit, das werden Sie im Laufe des Zyklus an denjenigen Stellen finden, wo gerade Veranlassung sein wird, auf diese äußeren Beweise besonders hinzudeuten. Bei diesen Gelegenheiten werden Sie auch die Möglichkeit finden, über die Begründung der Karmaidee zu Außenstehenden zu sprechen, welche Sie, über dies oder jenes als Zweifler an der ganzen Karmaidee, befragen werden. Zu alledem sind aber einige Vorbetrachtungen notwendig.

Was läge denn näher, als zu fragen: Wie verhalten sich tierisches Leben, tierisches Schicksal zu dem, was wir den Verlauf des menschlichen Karma nennen, in dem wir – wie sich zeigen wird – die wichtigsten und tiefeingreifendsten Schicksalsfragen für den Menschen beschlossen finden?

Das Verhältnis der Menschen auf der Erde zur Tierwelt ist ja im Laufe der Zeit und auch je nach den verschiedenen Völkern ein verschiedenes. Und es ist gewiß nicht uninteressant zu sehen, wie bei Völkerschaften, die sich die besten Teile der uralt heiligen Weisheit der Menschheit bewahrt haben, eine weitgehend mitleidvolle, liebevolle Behandlung der Tiere Platz gegriffen hat. Innerhalb der

Welt des Buddhismus zum Beispiel, der sich wichtige Teile alter Weltanschauungen bewahrt hat, wie sie die Menschen in ihrer Urzeit hatten, haben wir eine tiefgehend mitleidvolle Behandlung der Tiere, eine Behandlung der Tiere und Gefühle gegenüber der Tierwelt, die in Europa unzählige Menschen noch nicht verstehen können. Aber auch bei andern Völkern – ich erinnere nur an den Araber in bezug auf Behandlung seines Pferdes –, insbesondere wenn diese Völker sich etwas bewahrt haben von den alten Anschauungen, wie sie als alte Erbstücke da und dort auftreten, finden Sie eine Art «Freundschaft» zu den Tieren, etwas wie menschliche Behandlung der Tiere. Dagegen darf man wohl sagen, daß in denjenigen Gegenden, in denen sich eine Art von Weltanschauung der Zukunft vorbereitet, in den abendländischen Gegenden, wenig Verständnis für solches Mitleid mit der Tierwelt Platz gegriffen hat. Und charakteristisch ist es, daß im Verlaufe des Mittelalters und dann auch bis in unsere Zeit hinein gerade in Ländern, in denen die christliche Weltanschauung Ausbreitung gewonnen hat, die Anschauung auftauchen konnte, daß die Tiere überhaupt nicht als Wesen zu betrachten seien mit einem eigentlichen Seelenleben, sondern als eine Art Automaten. [...]

Es ist einmal – wenn wir so sagen dürfen – das Menschheitsschicksal der abendländischen Völker, daß sie sich emporarbeiten müssen aus materialistischen Untergründen und gerade in der Überwindung der materialistischen Ansichten und Tendenzen die starken Kräfte werden entfalten müssen zu einem höchsten Spiritualismus. Damit, daß dieses Schicksal, dieses Karma den abendländischen Völkern geworden ist, ist auch bei ihnen jener Zug entstanden, die Tiere nur wie Automaten zu betrachten. Wer nicht gut das Wirken des geistigen Lebens durchschauen kann, wer nur sich halten kann an das, was uns in der sinnlichen Außenwelt umgibt, der wird aus den Eindrücken dieser sinnlichen Außenwelt heraus leicht zu einer Auffassung über die Tierwelt kommen können, welche die Tiere möglichst niedrig stellt. Dagegen haben solche Weltanschauungen, die noch Elemente der alten spirituellen Weltanschauungen der Urweisheit der Menschheit in sich behalten haben, sich eine Art Erkenntnis bewahrt über das, was auch in der Tierwelt geistig ist; und trotz allen Mißverständnissen, trotz all dem, was sich in ihre Weltanschauungen eingeschlichen und deren Reinheit verdorben hat, konnten sie doch nicht vergessen, daß geistige Tätigkeiten, geistige Gesetze an dem Ausleben und Ausgestalten des Tierischen betätigt sind.

Wir haben also eine Menschheit, die nur dadurch möglich geworden ist, daß der Mensch sich befreit hat von denjenigen Wesenheiten, die um uns herum in den untergeordneten Reichen leben. Wir haben diese Wesenheiten mit allen ihren Kräften einmal in dem Strom der Entwicklung darinnen gehabt, sie waren damit verbunden wie in dem Wasser die dichteren Bestandteile. Wir haben sie zu Boden sinken lassen und haben uns daraus emporgehoben. Dadurch ist unsere Entwicklung möglich geworden. Wir sehen also hinunter auf die drei neben uns lebenden Naturreiche und sagen: In alledem sehen wir etwas, was unser Boden hat werden müssen, damit wir uns haben entwickeln können. Diese Wesenheiten sind hinuntergesunken, damit wir haben emporsteigen können. So blicken wir in der richtigen Art auf die untergeordneten Naturreiche.

Wir schauen auf die Tiere und sagen: Alles, was die Tiere darstellen an Grausamkeit, an Gefräßigkeit, an allen tierischen Untugenden, neben der Geschicklichkeit, die sie haben, das hätten wir in uns, wenn wir sie nicht hätten aus uns heraussetzen können! – Wir verdanken die Befreiung unseres astralischen Leibes dem Umstande, daß alle gröberen astralischen Eigenschaften zurückgeblieben sind im Tierreich der Erde. Und wir können sagen: Wohl uns, daß wir das nicht mehr in uns haben: die Grausamkeit des Löwen, die List des Fuchses, daß es aus uns herausgezogen ist und außer uns ein selbständiges Dasein führt!

So haben die Tiere das mit uns gemeinschaftlich, was unser astralischer Leib ist, und haben dadurch die Möglichkeit, Schmerzen empfinden zu können. Aber sie haben gerade durch das, was jetzt gesagt worden ist, nicht die Möglichkeit erlangen können, durch den Schmerz und durch die Überwindung des Schmerzes immer höher und höher zu steigen. Denn sie haben keine Individualität. Dadurch sind die Tiere viel, viel übler daran als wir. Wir müssen die Schmerzen ertragen; aber jeder Schmerz ist für uns ein Mittel zur Vervollkommnung; indem wir ihn überwinden, steigen wir höher durch den Schmerz. Die Tiere haben wir zurückgelassen als etwas, was zwar die Schmerzfähigkeit schon hatte, aber noch nicht das, was sie über den Schmerz erheben konnte, wodurch sie den Schmerz überwinden. Das ist das Schicksal der Tiere. Sie zeigen uns unsere eigene Organisation auf der Stufe, da wir schmerzfähig waren, aber noch nicht durch Überwindung den Schmerz ins Heilsame für die Menschheit umwandeln konnten. So haben wir den Tieren im Laufe der Erdentwicklung unser schlimmeres Teil gegeben, und sie stehen um uns herum als Wahrzeichen dessen, daß wir zu unserer Vervollkommnung kamen. Wir hätten den Bodensatz nicht losbekommen, hätten wir nicht die Tiere zurückgelassen.

Solche Tatsachen müssen wir nicht als Theorien betrachten lernen, sondern mit kosmischem Weltengefühl. [...]

Wenn man dieses kosmische Gefühl aus der Theorie entwickelt, wird es zu dem umfassenden Mitgefühl mit der Tierwelt. Wo daher das kosmische Gefühl aus der

Urweisheit der Menschheit entsproß, wo die Menschen sich noch bewahrt hatten eine Erinnerung an das Urwissen, das jedem aus dem dämmerhaften Hellsehen sagte, wie die Dinge einst lagen, da hatte man sich damit auch das Mitgefühl für die Tierwelt bewahrt, und da tritt das Mitgefühl für die Tiere in einem hohen Maße hervor. – Dieses Mitgefühl wird wiederkommen, wenn die Menschen sich angewöhnen werden, spirituelle Weisheit aufzunehmen, wenn die Menschen wiederum einsehen werden, wie das Menschheitskarma mit dem Weltenkarma verbunden ist.

Wenn Menschen eine starke Gefühlsbeziehung zu den Tieren entwickeln, werden dadurch wirkliche Kräfte und Wesenheiten intensiv angezogen. Wer dieser Aussage kein Verständnis entgegenbringen kann, der möge sie wenigstens als imaginative Schilderung einer mächtigen, Leben erzeugenden Resonanz zwischen verschiedenen Naturreichen betrachten.

Überall da, wo verschiedene Naturreiche sich berühren, wird eine Gelegenheit geboten, daß sich gewisse Wesenheiten offenbaren. Zum Beispiel im Innern der Erde, da, wo sich der Stein mit der Metallader berührt, da setzen sich besondere Wesenheiten an. An der Quelle, wo das Moos den Stein bedeckt und somit das Pflanzenreich das Mineralreich berührt, setzen sich solche Wesenheiten fest. Wo Tier und Pflanze sich berühren, im Blumenkelch, bei der Berührung der Biene mit der Blüte, da verkörpern sich bestimmte Wesenheiten, ebenso da, wo der Mensch sich mit dem Tierreiche berührt. Nicht im gewöhnlichen Verlauf der Berührung ist das der Fall. Nicht, wenn zum Beispiel der Fleischer das Rind schlachtet oder wenn der Mensch das Fleisch der Tiere ißt, nicht im normalen Verlauf des Lebens, da ist so etwas nicht der Fall. Aber wo im außernormalen Verlauf, wie bei Bienen und Blume, sich wie durch einen Überschuß von Leben die Reiche berühren, da verkörpern sich Wesenheiten. Und insbesondere da, wo des Menschen Gemüt, sein Intellekt, im Umgang mit den Tieren besonders engagiert ist, bei einem Verhältnis, wie es zum Beispiel der Schäfer zu den Schafen hat, ein Gemütsverhältnis, da verkörpern sich solche Wesenheiten.

Solche intimere Verhältnisse des Menschen zum Tiere finden wir häufiger, wenn wir zurückgehen in alte Zeiten. In Zeiten niederer Kulturen hatte man vielfach solch ein Verhältnis, wie es der Araber zu seinem Pferde hat, nicht wie ein Rennstallbesitzer zu seinen Pferden. Da finden wir jene Gemütskräfte, die hinüberspielen von Reich zu Reich, wie zwischen dem Schäfer und den Lämmern. Oder wo Geruchs- und Geschmackskräfte entwickelt werden und hinüberstrahlen, wie zwischen der Biene und der Blume, da wird Gelegenheit geschaffen, daß sich ganz gewisse Wesenheiten verkörpern können.

Kapitel VII: Kultur und Agrikultur

Ökologische Erziehung

> Weckt man bei Kindern früh schon einen Sinn für die Erde als lebendigen Organismus, mit dem sie sich verbunden fühlen, werden sie als Erwachsene gefestigter und zugleich sorgsamer als Hüter der Natur wirken können.

Wenn man dem Kinde einzelne Pflanzen vorlegt und an einzelnen Pflanzen dies oder jenes behandeln läßt, so hat man ja zunächst etwas getan, was keiner Wirklichkeit entspricht. Eine Pflanze für sich hat keine Wirklichkeit. Wenn Sie sich ein Haar ausreißen und dieses Haar betrachten, als ob es eine Sache für sich wäre, so hat das keine Wirklichkeit. Im trivialen Leben sagt man zu allem, was man mit Augen irgendwie begrenzt vor sich sieht, es habe eine Wirklichkeit. Aber es ist doch etwas anderes, ob man einen Stein, den man beurteilt, vor sich sieht oder ob man ein Haar oder eine Rose vor sich sieht. Der Stein wird nach zehn Jahren noch gerade dasselbe sein, was er heute ist, die Rose nach zwei Tagen nicht mehr; sie ist nur eine Realität am ganzen Rosenstock daran. Das Haar hat gar keine Realität für sich, es ist nur eine Realität mit dem ganzen Kopf, am ganzen Menschen. […]

Wenn Sie hier eine Pflanze haben [siehe Zeichnung], so ist das allein nicht die Pflanze, sondern zu der Pflanze gehört noch dasjenige, was da als Boden darunter ist, unbegrenzt weit, vielleicht sehr weit. Es gibt Pflanzen, die lassen noch Würzelchen in sehr großer Weite ausstrahlen. Daß dieses Stück Erde, in dem die Pflanze drinnen ist, in weitem Umkreise dazu gehört, das kann Sie die Tatsache lehren, daß man Dünger in die Erde hineingeben muß, wenn man von gewissen Pflanzen will, daß sie richtig wachsen. […]

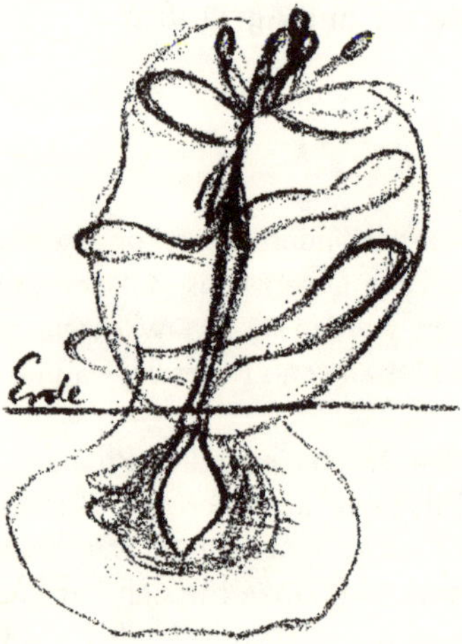

Sie können gar nicht sachlich eine Pflanze für sich betrachten.

Fahren Sie über eine Gegend, oder, noch besser, gehen Sie in einer Gegend, in der bestimmte geologische Formationen sind, zum Beispiel rot liegender Sand, und schauen sich die Pflanzen an: Es sind zumeist Pflanzen darauf mit gelb-rötlichen Blüten. Es gehören die Blüten zum Boden dazu. Boden und Pflanze ist eine Einheit, wie Ihre Kopfhaut und Ihre Haare.

Daher dürfen Sie mit dem Kind nicht einerseits Geographie und Geologie, andrerseits Botanik betrachten. Das ist ein Unsinn. Sondern Geographie, Beschreibung des Landes und Betrachtung der Pflanzen muß immer eines sein; denn die Erde ist ein Organismus, und die Pflanzen sind so wie Haare an diesem Organismus. Und das Kind muß die Vorstellung bekommen können, daß die Erde und die Pflanzen zusammengehören, daß jedes Stück Erde diejenigen Pflanzen trägt, die zu diesem Stück Erde gehören.

Es ist also richtig, daß Sie die Pflanzenkunde nur im Zusammenhange mit der Erde betrachten und dem Kinde eine deutliche Empfindung davon hervorrufen, daß die Erde ein lebendiges Wesen ist, das Haare hat. Die Haare sind die Pflanzen. [...]

Ein Verständnis dafür, wie man den Acker behandeln soll, bekommt das Kind nur, wenn es weiß, wie der Acker mit der Pflanze zusammenhängt. Weil die Menschen in unserer Zeit mehr und mehr keinen Sinn für Realität mehr haben [...], deshalb betrachten sie alles für sich, alles gesondert.

Und so ist es gekommen, daß in vielen, vielen Gegenden seit fünfzig, sechzig Jahren alle Feldprodukte dekadent geworden sind. [...]

Warum? Weil die Leute nicht verstehen, den Boden mit dem Dünger lebendig zu machen. Aber die Menschen können das nicht verstehen, wenn man ihnen solche Begriffe beibringt wie: die Pflanzen seien etwas für sich. Gerade so wenig, wie ein Haar etwas für sich ist, ist die Pflanze etwas für sich. Wenn das Haar etwas für sich wäre, gut, dann wäre es ja einerlei, dann könnte man es, damit es wächst, in ein Stück Wachs oder Talg hineinstecken! Aber es wächst eben in der Kopfhaut.

Will man erkennen, wie die Erde mit der Pflanze zusammengehört, dann muß man wissen, in welche Art von Erde eine Pflanze hineingehört. Und wie man diese Erde noch düngen muß, das kann man nur dadurch wirklich erkennen, daß man Erde und Pflanzenwelt als eine Einheit betrachtet, daß man wirklich die Erde wie einen Organismus anschaut und die Pflanze als etwas, was innerhalb dieses Organismus wächst.

Dadurch aber bekommt das Kind von vornherein das Gefühl, auf einem lebendigen Boden zu stehen. Dies hat für das Leben eine große Bedeutung. [...]

Diese ganze Empfindungsreihe, die das Kind erlebt, wenn es heruntersteigt aus der vorirdischen Welt in die irdische, diese ganze reiche Welt wird ihm konfus gemacht, chaotisch gemacht, wenn man es so anleitet, Pflanzenkunde zu lernen, wie man es gewöhnlich tut; während das Kind innerlich aufjauchzt, wenn es die Pflanzenwelt im Zusammenhang mit der Erde kennenlernt.

In einer ähnlichen Weise muß betrachtet werden, wie man das Kind in die tierische Welt einführt. [...] Beim Menschen finden wir, daß er eigentlich alle Eigenschaften haben kann, wenigstens die alle Tiere zusammen haben. Diese haben sie einzeln für sich; der Mensch hat immer ein bißchen von allem. Er ist nicht so majestätisch wie der Löwe, aber er hat etwas von Majestät. Er ist nicht so grausam wie der Tiger, aber er hat etwas von Grausamkeit. Er ist nicht so geduldig wie das Schaf, aber er hat etwas von Geduld. Er ist nicht so träge wie der Esel – wenigstens nicht alle Menschen –, aber er hat etwas von dieser Trägheit an sich. Das haben alle Menschen. Man kann sagen, wenn man die Sache ganz richtig betrachtet: Der Mensch hat in sich Löwen-Natur, Schaf-Natur, Tiger-Natur, Esel-Natur. Alles hat er in sich. Nur ist alles in sich harmonisiert. Alles schleift sich an dem anderen ab. Der Mensch ist der harmonische Zusammenfluß oder, wenn man es gelehrter ausdrücken will, die Synthese von all den verschiedenen seelischen Eigenschaften, die das Tier hat. Und gerade dann ist das Rechte beim Menschen erzielt, wenn er in seine Gesamtwesenheit die gehörige Dosis Löwenheit, Schafheit, die gehörige Dosis Tigerheit, die gehörige Dosis Eselheit und so weiter richtig einführt, wenn das alles in rechtem Maße in den Menschen eingetaucht ist und mit allem anderen in dem richtigen Verhältnis steht.

Auch in bezug auf seine übrigen Organe kann man überall finden, daß der Mensch auch in der äußeren Gestalt gemildert, harmonisiert hat das, was auf die übrigen Tiere ausgebreitet ist.

Denken Sie sich, wenn Sie eine watschelnde Ente haben, etwas von dem, was da watschelt, haben Sie nämlich auch zwischen den Fingern, nur ist es da zurückgezogen. […] Es ist so: Wenn alles an Ihnen elastisch wäre, aber so elastisch, daß es nach verschiedenen Richtungen hin verschieden elastisch sein könnte, und Sie nach einer gewissen Richtung hin elastisch sich ausdehnen würden, so würde ein gewisses Tier daraus entstehen. Wenn man Ihnen die Augengegend aufreißen würde, würde wiederum, wenn es entsprechend elastisch sich aufdunsen würde, ein anderes Tier entstehen. So trägt der Mensch das ganze Tierreich in sich.

Aber Sie ersehen daraus, daß der Mensch lehrend das Tierreich so behandeln kann, daß das Tierreich ein ausgebreiteter Mensch ist.

Das gibt für das Kind wiederum eine sehr, sehr feine, schöne Empfindung ab. Denn nicht wahr, das Kind lernt, wie ich Ihnen angedeutet habe, die Pflanzenwelt als zur Erde gehörig kennen, und die Tiere als zu sich gehörig. Es wächst das Kind mit dem ganzen Erdenbereich zusammen. Es steht nicht mehr bloß auf dem toten Erdboden, sondern es steht auf dem lebendigen Erdboden und empfindet die Erde als Lebendiges. Es bekommt allmählich die Vorstellung, es stehe auf dem Erdboden so, wie wenn es auf einem großen Organismus stünde, wie zum Beispiel auf einem Walfisch. Das ist auch die richtige Empfindung. Das allein führt in die ganze menschliche Weltempfindung hinein.

Warum gehen denn heute die Menschen in der Welt so, ich möchte sagen, entwurzelt von allem herum? Den Menschen, wenn sie heute in der Welt herumgehen, sieht man es schon an, sie gehen nicht ordentlich, sie treten nicht ordentlich auf, sie schleppen die Beine nach. Das andere haben sie im Sport gelernt, aber das ist dann wiederum etwas Unnatürliches. Aber vor allen Dingen, sie denken trostlos! Sie wissen nicht was Rechtes anzufangen im Leben. Sie wissen etwas anzufangen, wenn man sie an die Nähmaschine oder an das Telefon stellt oder wenn eine Eisenbahnfahrt oder eine Reise um die Welt arrangiert wird. Aber mit sich selbst wissen sie nichts anzufangen, weil sie nicht in entsprechender Weise durch die Erziehung in die Welt hineingestellt worden sind. Aber das kann man nicht dadurch, daß man die Phrase drechselt, man solle den Menschen richtig erziehen, sondern das kann man nur dadurch, daß man wirklich im Einzelnen, Konkreten so etwas für den Menschen findet, wie, daß man die Pflanze richtig in den Erdboden hineinsenkt und das Tier in der richtigen Weise neben den Menschen stellt. Dann steht der Mensch in der richtigen Weise auf dem Erdboden darauf, und dann stellt er sich in der richtigen Weise zur Welt.

Der Bauernhof als lebendiger Organismus

In den folgenden Abschnitten, die alle dem «Landwirtschaftlichen Kurs» von 1924 entnommen sind, arbeitet Steiner seine Vision einer Revitalisierung der Landwirtschaft sehr detailliert heraus. Die durch ihn entwickelte «biologisch-dynamische» Methode war nicht bloß Wegbereiterin des biologischen Landbaus, sie geht in mancherlei Hinsicht sogar darüber hinaus, indem sie sich bemüht, dem Erdreich und den Nutzpflanzen die volle Lebenskraft zurückzugeben, die ihnen einst innewohnte. Wiederum sehen wir hier, über welchen Weitblick Steiner verfügte, als er noch vor dem endgültigen Durchbruch industrieller Anbaumethoden deren heraufziehende Gefahren erkannte und Schritte unternahm, ihnen heilend zu begegnen.

Die Kräfte der Erde und des Kosmos

Der wahrhaft autarke Bauernhof, der alles selbst hervorbringt, was für die landwirtschaftliche Erzeugung notwendig ist, bildet einen Gesamtorganismus, dessen «Organe» – Boden, Nahrungspflanzen, Tiere und sogar der Bauer selber – in wechselseitigem Nutzen harmonisch zusammenwirken. Das unterscheidet ihn grundlegend von einer materialistisch ausgerichteten Landwirtschaft, die zur Ertragssteigerung chemische Mittel einsetzt, ohne Rücksicht auf die Reduzierung der Artenvielfalt, die Schwächung der Vitalität von Tieren und Pflanzen und den Nährwertverlust, die dadurch verursacht werden. Steiner sieht in seinen Schilderungen den Bauern als eine Art Künstler, der im Einklang mit seinem Stoff – dem Land – auf dessen wechselnde Bedürfnisse achtet.

Nun, eine Landwirtschaft erfüllt eigentlich ihr Wesen im besten Sinne des Wortes, wenn sie aufgefaßt werden kann als eine Art Individualität für sich, eine wirklich in sich geschlossene Individualität. Und jede Landwirtschaft müßte eigentlich sich nähern – ganz kann das nicht erreicht werden, aber sie müßte sich nähern – diesem Zustand, eine in sich geschlossene Individualität zu sein. Das heißt, es sollte die Möglichkeit herbeigeführt werden, alles dasjenige, was man braucht zur Hervorbringung, innerhalb der Landwirtschaft selbst zu haben, wobei zur Landwirtschaft der entsprechende Viehstand selbstverständlich hinzugerechnet werden muß. Im Grunde genommen müßte eigentlich dasjenige, was in die Landwirtschaft hereingebracht wird an Düngemitteln und ähnlichem von auswärts, das müßte in einer ideal gestalteten Landwirtschaft angesehen werden schon als ein Heilmittel für eine erkrankte Landwirtschaft.

Eine gesunde Landwirtschaft müßte dasjenige, was sie selber braucht, in sich selber eben auch hervorbringen können. Wir werden sehen, warum dies ein Natürliches ist. [...]

Gehen wir heute einmal – wir werden auch von anderen Gesichtspunkten die Dinge zu betrachten haben – von dem Gesichtspunkt aus, der zunächst den Blick wirft darauf, daß wir zur Grundlage der Landwirtschaft den Erdboden haben.

Dieser Erdboden [...] wird gewöhnlich angesehen als etwas bloß Mineralisches, in den höchstens dadurch, daß sich Humus bildet, oder dadurch, daß Dünger in ihn versenkt wird, etwas Organisches hineinkommt, so daß der Erdboden als solcher nicht nur so ein gewisses Leben in sich hat, daß er schon von selbst etwas Pflanzenhaftes in sich birgt und daß sogar etwas astralisch Wirksames im Erdboden ist. Das ist ja etwas, was heute nicht einmal bedacht, viel weniger irgendwie zugegeben wird. Und wenn man gar dann weitergeht und darauf sieht, wie dieses innere Leben des Erdbodens in feiner, ich möchte sagen, Dosierung ganz verschieden ist im Sommer und im Winter, dann kommt man auf Gebiete, die zwar für die Praxis von einer ungeheuren Bedeutung sind, die aber heute eben gar nicht berücksichtigt werden. Man muß schon, wenn man von der Betrachtung des Erdbodens ausgeht, sein Augenmerk darauf lenken, daß der Erdboden eine Art Organ ist in dem Organismus, der sich im Naturwachstum überall zeigt, wo eben ein solches Naturwachstum ist.

Der Erdboden ist ein wirkliches Organ, er ist ein Organ, das wir etwa vergleichen können, wenn wir wollen, mit dem menschlichen Zwerchfell. Und wir bekommen eine richtige Vorstellung von demjenigen, was da eigentlich vorliegt – es ist nicht ganz genau gesprochen, sondern es soll nur verdeutlichen und genügt dazu –, wir gelangen zu einer Vorstellung, wenn wir uns sagen: über dem Zwerchfell sind beim Menschen gewisse Organe, vor allem der Kopf und dasjenige, was ihn aus Atmung und Zirkulation heraus versorgt, und unter dem Zwerchfell sind andere Organe. Wenn wir nun von diesem Gesichtspunkte aus vergleichen sozusagen den Erdboden mit dem menschlichen Zwerchfell, so müssen wir sagen: Der Kopf ist dann unter dem Erdboden für diejenige Individualität, die da in Betracht kommt, und wir mit allen Tieren zusammen leben im Bauch dieser Individualität. Das, was über der Erde ist, ist eigentlich durchaus dasjenige, was zum Eingeweide der – um ein Wort zu haben – landwirtschaftlichen Individualität gehört. Auf einer Landwirtschaft gehen wir eigentlich im Bauche der Landwirtschaft herum, und die Pflanzen wachsen in den Bauch der Landwirtschaft herauf. Also wir haben es durchaus mit einer Individualität zu tun, die auf dem Kopfe steht und die wir auch nur richtig anschauen, wenn wir sie als auf dem Kopfe stehend betrachten, auch auf dem Kopfe stehend in bezug auf den Menschen. In bezug auf das Tier werden wir im Laufe der Vorträge sehen, ist das etwas anderes. Nun, warum sage ich das, daß die landwirtschaftliche Individualität auf dem Kopfe steht?

Ich sage es aus dem Grunde, weil alles dasjenige, was in unmittelbarer Nähe der Erde ist, an Luft, an Wasserdünsten, auch an Wärme, wo wir drinnen sind, wo wir selber drinnen atmen, wo das herkommt, wovon die Pflanzen mit uns diese Außenwärme, Außenluft, auch ihr Außenwasser bekommen, in der Tat entspricht demjenigen, was im Menschen Unterleibsorgan ist. Dagegen alles dasjenige, was im Innern der Erde, unter der Oberfläche der Erde geschieht, wirkt auf das gesamte Pflanzenwachstum so, wie unser Kopf auf unseren Organismus namentlich in der Kindheit, aber auch während des ganzen Lebens wirkt. Wir haben eine fortwährende, eine ganz lebendige Wechselwirkung von Über-der-Erde und Unter-der-Erde, und das über der Erde befindliche Wirken ist abhängig zugleich – betrachten Sie es zunächst als Lokalisierung des Wirkens – unmittelbar von Mond, Merkur, Venus, welche die Sonne in ihrer Wirkung unterstützen und modifizieren, so daß also die sogenannten erdennahen Planeten ihre Wirksamkeit entfalten mit Bezug auf alles dasjenige, was über der Erde ist, dagegen die fernen Planeten, die außerhalb des Umkreises der Sonne herumgehen, auf alles dasjenige wirken, was unterhalb der Erde ist, und die Sonne unterstützen in denjenigen Wirkungen, die sie von unterhalb der Erde ausübt. So daß wir sozusagen mit Bezug auf unser Pflanzenwachstum den fernen Himmel in seiner Wirksamkeit unter der Erde, die nähere Erdumgebung über der Erde zu suchen haben.

Alles dasjenige also, was gerade aus den Weiten des Kosmos in das Pflanzenwachstum hereinwirkt, das wirkt nicht direkt, wirkt nicht durch unmittelbare Bestrahlung, sondern wirkt dadurch, daß es zunächst von der Erde aufgenommen wird und von der Erde zurückgestrahlt wird nach oben. […]

Wenn wir den Erdboden nehmen, so haben wir in ihm zunächst alles das noch als Wirkung, was von den äußersten Fernen des Kosmos, die für die Erdenwirkung in Betracht kommen, abhängt. Das ist das, was man gewöhnlich Sand und Gestein nennt. Sand und Gestein, das Wasserundurchlässige, dasjenige, was, wie man im gewöhnlichen Leben sagt, keinerlei Nährstoffe enthält, was aber nicht weniger als das andere, was noch in Betracht kommt, außerordentlich wichtig ist für die Entfaltung des Wachstums, das hängt ab durchaus von den Wirkungen fernster kosmischer Kräfte. Und auf dem Umwege – so sehen wir – des kieselhaltigen Sandes kommt ja vorzugsweise – so unwahrscheinlich es zunächst erscheint – in den Erdboden hinein, um dann bei der Rückstrahlung zu wirken, dasjenige, was wir ansprechen können als das Lebensätherische des Erdbodens und das Chemischwirksame des Erdbodens. Wie der Erdboden selber innerlich lebendig wird, wie der Erdboden einen eigenen Chemismus ausübt, das hängt durchaus ab davon, wie der sandige Teil dieses Erdbodens beschaffen ist. Und dasjenige, was die Wurzeln der Pflanzen erleben im Erdboden, ist zum gar nicht geringen Teil eben davon abhängig, inwiefern das kosmische Leben und der kosmische Chemismus auf dem Umwege durch das Gestein – was daher auch durchaus in gewissen Tiefen der Erde sein kann – aufgefangen werden. Man müßte sich also bei jeder Gelegenheit, die in Betracht kommt, um Pflanzenwachstum zu studieren, ganz klar sein über die geologische Grundlage, über der sich das Pflanzenwachstum aufrichtet, und man sollte unter keinen Verhältnissen außer acht lassen, daß man für Pflanzen, bei denen man auf das eigentliche Wurzelwesen sieht, im Grunde einen kieseligen Boden, wenn auch nur in Tiefen, nicht entbehren kann.

[...] Nun handelt es sich aber auch darum, daß dasjenige, was auf diese Art durch den Kiesel mit dem Wurzelhaften zusammenhängt, daß das auch durch die Pflanze nach oben geleitet werden kann. Es muß ja nach oben strömen, es muß eine fortwährende Wechselwirkung da sein dessen, was aus dem Kosmos durch den Kiesel hereingeholt wird, mit dem, was sich oben – verzeihen Sie – im «Bauche» abspielt und mit dem unten der «Kopf» versorgt werden muß. Denn der Kopf muß versorgt werden aus dem Kosmos. Das aber muß in wirklicher Wechselwirkung stehen mit demjenigen, was sich oben über dem Erdboden, im Bauche, abspielt. Es muß immer dasjenige, was aus dem Kosmos herein von unten aufgefangen wird, nach aufwärts strömen können. Und dazu, daß das nach aufwärts strömen kann, dazu ist da im Boden das Tonige. Alles Tonige ist eigentlich das Förderungsmittel der kosmischen Entitätswirkungen im Erdboden von unten nach aufwärts.

[...]

Nun muß aber nicht nur vorhanden sein dieses Nach-aufwärts-Strömen des Kosmischen, sondern es muß auch – und ich will das andere das Terrestrische, das Irdische nennen – es muß auch dasjenige, was noch im Bauche gewissermaßen einer Art äußerer Verdauung unterliegt – auch alles dasjenige, was durch Sommer und Winter in der Luft vor sich geht über dem Erdboden, ist eben für das Pflanzenwachstum durchaus eine Art Verdauung –, alles, was in dieser Weise durch eine Art von Verdauung vor sich geht, das muß wiederum hineingezogen werden in den Erdboden, so daß tatsächlich eine Wechselwirkung entsteht. Dasjenige, was durch Wasser, Luft, die über der Erde sich befinden, an Kräften erzeugt wird, auch an feinen homöopathisch ausgebildeten Substanzen erzeugt wird, das wird nun hereingezogen in den Boden durch den größeren oder geringeren Kalkgehalt des Bodens. Der Kalkgehalt des Bodens und die Zerstreuung der Kalksubstanzen in homöopathischer Dosis unmittelbar über dem Boden, das alles ist dazu da, um wiederum das unmittelbare Terrestrische dem Erdboden zuzuführen.

Das Sonnenhafte wirkt vorzugsweise in dem grünen Blatte, und es wirkt in der Wechselbeziehung zwischen Blüte und Wurzel mit allem, was dazwischen ist. Das Sonnenhafte also ist eigentlich das, was als dieses Zwerchfell dem Erdboden selber zugeordnet ist, während das Kosmische dem Innern der Erde zugeordnet ist und heraufwirkt in das Obere der Pflanze. Das Irdische aber über dem Erdboden wirkt auch herunter und wird in die Pflanze mit Hilfe des Kalkigen heruntergezogen. Schauen Sie sich daher die

Pflanzen an, bei denen das Irdische durch das Kalkige stark bis in die Wurzel gezogen wird: Es sind Pflanzen, welche ihre Wurzel zweigförmig nach allen Seiten schießen lassen wie etwa die guten Futterkräuter – nicht die Rüben –, wie etwa die Esparsette; so daß wir sagen können, man muß es der Form der Pflanze ansehen, wenn man die Pflanzen verstehen will, der Form und der Blütenfarbe der Pflanze ansehen, wie weit in ihnen das Kosmische und das Irdische wirken.

[...]

Nehmen wir an, daß wir dasjenige, was hinauf will, in das Blatt durch den Stengel hinauf will, zurückhalten wollen im Wurzelhaften bei einer Pflanze. Nicht wahr, für unsere heutige Erdenzeit kommt ja das nicht mehr so stark in Betracht, weil wir schon so festgelegt haben durch die verschiedenen Verhältnisse die Gattungen der Pflanzen. In früheren Zeiten, in Urzeiten war das anders, wo man noch leicht eine Pflanze in die andere hat verwandeln können. Damals kam das sehr stark in Betracht. Heute kommt es auch noch in Betracht, weil man die Bedingungen aufsuchen muß, die günstig sind einer bestimmten Pflanze.

Worauf haben wir denn heute zu sehen, wie müssen wir hinschauen auf eine Pflanze, bei der wir wollen, daß nicht die kosmische Kraft ganz hinaufschießt in das Blütenhafte und in das Fruchtende, sondern unten bleibt, daß gewissermaßen Stamm- und Blattbildung in der Wurzelbildung aufgehalten werden, was müssen wir dann tun? Wir müssen eine solche Pflanze in einen sandigen Boden geben. Denn im kieseligen Boden wird das Kosmische zurückgehalten, geradezu aufgefangen. Man wird daher die Kartoffel, bei der wir ja das erreichen müssen, daß wir unten in der Kartoffel selber aufhalten die Blütenbildung, daß wir sie zurückhalten – denn die Kartoffel ist ein Wurzelstock, da wird die blatt- und stengelbildende Kraft in der Kartoffel selber festgehalten, die Kartoffel ist nicht die Wurzel, sondern ein zurückgehaltener Stengel –, man wird die Kartoffel in einen sandigen Boden hineinbringen müssen, sonst erreichen wir das nicht, daß die kosmische Kraft in ihr zurückgehalten wird.

Nun, aus alledem geht hervor, daß für die Beurteilung des ganzen Pflanzenwachstums sozusagen das ABC dieses ist, daß man immer sagen kann: was ist an einer Pflanze kosmisch, was ist an einer Pflanze terrestrisch, irdisch? Wie kann man den Erdboden durch seine besondere Beschaffenheit geneigt machen, das Kosmische, ich möchte sagen, dichter zu machen und es dadurch mehr an der Wurzel und dem Blatte zu erhalten? Wie kann man es dünner machen, so daß es in seiner Dünnheit hinaufgesogen wird bis in die Blüten und diese färbt oder bis in die Fruchtbildung und diese mit einem feinen Geschmack durchzieht? [...] Und wenn die Menschheit mit ihrer heutigen Kenntnis vor die Notwendigkeit versetzt wäre, aus mancherlei, aber wenigen Pflanzen der irdischen Urzeit die Mannigfaltigkeit unserer Obstsorten zu erzeugen, sie würde nicht weit kommen, wenn die Formen unserer Obstsorten nicht schon vererbt wären und erzeugt worden wären in einer Zeit, wo man aus einer instinktiven Urweisheit in der Menschheit noch etwas gewußt hat über die Erzeugung der Obstsorten aus primitiven Sorten, die da waren. [...]

Es war ganz außerordentlich treffend, was unser Freund Stegemann gesagt hat, daß zu konstatieren ist ein Minderwertigwerden der Produkte. [...] Wir stehen auch vor einer großen Umwandlung des Innern der Natur. Das, was aus alten Zeiten zu uns herübergekommen ist, was wir auch immer fortgepflanzt haben, sowohl an Naturanlagen, an naturvererbten Kenntnissen und dergleichen, wie auch dasjenige, was wir von Heilmitteln herüberbekommen haben, verliert seine Bedeutung. Wir müssen wiederum neue Kenntnisse erwerben, um in den ganzen

Naturzusammenhang solcher Dinge hineinzukommen. Die Menschheit hat keine andere Wahl, als entweder auf den verschiedensten Gebieten aus dem ganzen Naturzusammenhang, aus dem Weltenzusammenhang heraus wieder etwas zu lernen, oder die Natur ebenso wie das Menschenleben absterben, degenerieren zu lassen. Wie in alten Zeiten es notwendig war, daß man Kenntnisse hatte, die wirklich hineingingen in das Gefüge der Natur, so brauchen auch wir heute wieder Kenntnisse, die wirklich hineingehen in das Gefüge der Natur.

Nun aber dasjenige, was auf der Erde als Pflanzenwachstum ist, ist noch nicht alles, sondern zu einem bestimmten Erdgebiete gehört ebenso ein bestimmtes Tierisches. Vom Menschen können wir aus Gründen, die auch noch zutage treten werden, absehen. Aber vom Tierischen können wir nicht absehen; denn es besteht das Eigentümliche, daß die beste, wenn ich so sagen soll, kosmische qualitative Analyse sich selber vollzieht im Zusammenleben eines gewissen mit Pflanzen bewachsenen Gebietes mit dem, was an Tieren in diesem Gebiete lebt. Es besteht das Eigentümliche – und ich wäre froh, wenn die Dinge eben nachgeprüft würden, weil die Nachprüfung ja sicher die Bestätigung ergeben würde –, es besteht die Beziehung, daß, wenn man das richtige Maß von Kühen, Pferden und anderen Tieren auf irgendeiner Landwirtschaft hat, diese Tiere alle miteinander gerade so viel Mist geben, als man braucht für die Landwirtschaft, als man braucht, um dem Chaosgewordenen noch etwas dazuzusetzen. Und zwar, wenn man die rechte Anzahl Pferde, Kühe, Schweine hat, so ist auch das Mischungsverhältnis im Mist das Richtige. Das hängt zusammen damit, daß die Tiere das richtige Maß dessen, was ihnen da kommt vom Pflanzenwachstum, verzehren, fressen, weil die Tiere das richtige Maß dessen, was die Erde hergeben kann an Pflanzen, fressen.

Aus dem Grunde entwickeln sie auch im Verlaufe ihres organischen Prozesses soviel Mist, als notwendig ist, um wieder der Erde zurückgegeben zu werden.

Denn Sie müssen ja wissen, daß zum Beispiel die kosmischen Wirkungen, die in einer Pflanze zur Geltung kommen, die vom Innern der Erde heraus kommen, hinaufgeleitet werden. Ist also eine Pflanze besonders reich an solchen kosmischen Wirkungen und frißt diese ein Tier, das nun seinerseits gleichzeitig Mist liefert aus seiner Organisation heraus auf Grundlage eines solchen Futters, so liefert dieses Tier den besonders geeigneten Mist für diesen Boden, wo die Pflanze wächst.

Mist

> Tierischer Dung ist pflanzliches Material, das von gesteigerten, lebensspendenden Kräften erfüllt ist und daher die mineralische Erde beleben kann.

Der gewöhnliche Stalldünger, was ist er denn eigentlich? Der gewöhnliche Stalldünger ist dasjenige, was in das Tier hereingekommen ist an äußerer Nahrung, bis zu einem gewissen Grade, bis zu einem gewissen Punkte vom Organismus aufgenommen worden ist, dazu Veranlassung gegeben hat, daß Kraftwirkungen dynamisch im Organismus entstehen, aber eigentlich nicht in erster Linie zur Bereicherung mit Substanz verwendet wird, sondern wieder ausgeschieden wird. Aber es war im Organismus, es hat sich durchdrungen mit Astralischem und mit Ätherischem. Es hat sich durchzogen im Astralischen mit den Kräften, die stickstofftragend sind, im Ätherischen mit den Kräften, die sauerstofftragend sind. Mit dem hat sich die Masse, die nun als Mist erscheint, durchdrungen.

Denken Sie nun, wir nehmen diese Masse, übergeben sie der Erde in irgendeiner Form – wir werden auf die Einzelheiten noch eingehen –, wir geben ja eigentlich der Erde ein Ätherisch-Astralisches, das rechtmäßigerweise im Bauch des Tieres ist und im Bauch des Tieres da Kräfte erzeugt von pflanzlicher Art. Denn die Kräfte, die wir in unserem Verdauungstrakt erzeugen, sind von pflanzlicher Art. Wir müssen eigentlich furchtbar dankbar sein, daß der Mist übrig bleibt; denn er trägt Ätherisches und Astralisches aus dem Innern der Organe heraus ins Freie. Das bleibt daran. Wir müssen es nur in entsprechender Weise erhalten, so daß wir also im Mist vor uns haben etwas, was ätherisch und astralisch ist. Dadurch wirkt es schon belebend und auch astralisierend auf den Erdboden, im Erdigen. Nicht bloß im Wäßrigen, sondern namentlich im Erdigen. Es hat die Kraft, das Unorganische des Erdigen zu überwinden.

Verbesserung des Mistes zur Belebung des Bodens

Steiner ermunterte nicht nur dazu, den natürlich anfallenden Dung zu verwenden, er entwarf auch überaus zweckmäßige Methoden, um dessen Kräfte zur Verbesserung der Bodenfruchtbarkeit zu steigern, Methoden, die seither vielfach erprobt und als höchst wirksam befunden worden sind. Einige davon mögen wie moderne Hexerei erscheinen, aber Steiner bemüht sich sehr, die Grundlagen zu erläutern, auf denen sie beruhen. Und Probieren geht bekanntlich über Studieren.

Die Kuh hat Hörner, um in sich hineinzusenden dasjenige, was astralisch-ätherisch gestalten soll, was da vordringen soll beim Hineinstreben bis in den Verdauungsorganismus, so daß viel Arbeit entsteht gerade durch die Strahlung, die von Hörnern und Klauen ausgeht, im Verdauungsorganismus. Wer daher die Maul- und Klauenseuche verstehen will, also das Zurückwirken des Peripherischen auf den Verdauungstrakt, der muß diesen Zusammenhang durchschauen. Und unser Maul- und Klauenseuche-Mittel ist aufgebaut auf dem Durchschauen dieses Zusammenhanges. Nun, sehen Sie, dadurch haben Sie im Horn etwas, was durch seine besondere Natur und Wesenheit gut dazu geeignet ist, das Lebendige und Astralische zurückzustrahlen in das innere Leben. Etwas Lebenstrahlendes, und sogar Astralisch-Strahlendes haben Sie im Horn. [...]

Sehen Sie, das gibt nun einen Fingerzeig zu solchen Dingen, wie sie von unserer Seite empfohlen werden können, um dasjenige, was nun zum gewöhnlichen Stalldünger verwendet wird, in seiner Wirksamkeit weiter zu erhöhen.

[...]

Nun, es muß ja natürlich dasjenige, was da der Erde übergeben wird, seine ursprüngliche Form, die es hatte, ehe es aufgenommen wurde als Nahrungsmittel, verlieren, denn es muß eben durch einen inneren organischen Prozeß des Stoffwechselsystems durchgegangen sein. Es wird in gewisser Beziehung in Zersetzung, in Auflösung begriffen sein. Aber am besten ist es, wenn es eben in dem Punkte ist, wo es durch sein eigenes Ätherisches und Astralisches in Auflösung begriffen ist. Da stellen sich dann die Parasiten, die kleinsten Lebewesen ein. Die haben da einen guten Nährboden. [...]

Nehmen wir Dünger, wie wir ihn bekommen können, stopfen wir damit ein Kuhhorn aus und geben wir in einer gewissen Tiefe – ich will sagen etwa dreiviertel bis ein halb Meter tief, wenn wir einen unten nicht zu tonigen oder zu sandigen Boden haben – das Kuhhorn in die Erde. Wir können ja einen guten Boden dazu, der nicht sandig ist, auswählen. Sehen Sie, dadurch, daß wir nun das Kuhhorn mit seinem Mistinhalt eingegraben haben, dadurch konservieren wir im Kuhhorn drinnen die Kräfte, die das Kuhhorn gewohnt war, in der Kuh selber auszuüben, nämlich rückaustrahlen dasjenige, was Belebendes und Astralisches ist. Dadurch, daß das Kuhhorn äußerlich von der Erde umgeben ist, strahlen alle Strahlen in seine innere Höhlung hinein, die im Sinne der Ätherisierung und Astralisierung gehen. Und es wird der Mistinhalt des Kuhhorns mit diesen Kräften, die nun dadurch alles heranziehen aus der umliegenden Erde, was belebend und astralisch ist, es wird der ganze Inhalt des Kuhhorns den ganzen Winter hindurch, wo die Erde also am meisten belebt ist, innerlich belebt. Innerlich belebt ist die Erde am meisten im Winter. Das ganze Lebendige wird konserviert in diesem Mist, und man bekommt dadurch eine außerordentlich konzentrierte, belebende Düngungskraft in dem Inhalte des Kuhhorns.

Dann kann man das Kuhhorn ausgraben; man nimmt dasjenige, was da als Mist drin ist, heraus. [...] Da ist eine ungeheure Kraft darinnen an Astralischem und an Ätherischem, die Sie brauchen können dadurch, daß Sie nun dasjenige, was Sie da aus dem Kuhhorn herausnehmen, nachdem es überwintert hat, mit gewöhnlichem Wasser, das nur vielleicht etwas erwärmt sein sollte, verdünnen. Es hat sich immer ergeben, indem ich zuerst die Fläche angeschaut habe, die da gedüngt werden sollte – man bekommt dadurch einen Eindruck über das Quantitative –, wenn man mit solchem Dünger versorgen will eine Fläche, die etwa so groß ist, wie, sagen wir, von dem dritten Fenster vielleicht bis zu dem ersten Quergang (ca. 1200 m^2), man dazu nur ein Kuhhorn braucht, dessen Inhalt man verdünnt in etwa einem halben Eimer Wasser. Dann hat man nötig, diesen ganzen Inhalt des Kuhhorns aber in eine gründliche Verbindung zu bringen mit dem Wasser. Das heißt, man muß jetzt anfangen zu rühren, und zwar so zu rühren, daß man schnell rührt am Rande des Eimers, an der Peripherie herumrührt, so daß sich im Innern fast bis zum Boden herunter ein Krater bildet, so daß das Ganze in der Tat rundherum durch Drehung in Rotierung ist. Dann dreht man schnell um, so daß das Ganze nun nach der entgegengesetzten Seite brodelt. Wenn man das eine Stunde fortsetzt, so bekommt man eine gründliche Durchdringung.

[...]

Sehen Sie, dann wird es sich nur darum handeln – bei kleinen Flächen kann man es mit Hilfe einer gewöhnlichen Spritze tun –, die Sache auszuspritzen über geackerten Boden, so daß es sich mit dem Erdreich vereinigt. Es ist ja selbstverständlich, daß man nötig hat, dann die Sache so zu machen, daß man für größere Flächen besondere Maschinen wird konstruieren müssen. Aber wenn man es nun dahin bringt, das gewöhnliche Düngen mit dieser Art, ich möchte sagen, «geistigem Miste» zu verbinden, dann wird man schon sehen, welche Fruchtbarkeit aus diesen Dingen hervorgehen kann. [...]

Sehen Sie, die Dinge werden eben, ich möchte sagen, aus einem größeren Kreis der Betrachtung herausgenommen, nicht aus demjenigen, was man gerade mit der einen Sache macht, was eben wirklich so ist, wie wenn man aus dem Finger den ganzen Menschen aufbauen wollte theoretisch; und dadurch wird ja gewiß etwas erreicht, was wirklich auch nicht zu unterschätzen ist. Sehen Sie, das, was man heute untersucht, was dem Landwirt, wie man sagt, produktiv sein kann, zuletzt kommt es doch nur darauf hinaus, daß man untersucht, wie man die Produktion finanziell am erträgnisreichsten machen kann. Es kommt auf viel anderes nicht an. Nicht wahr – gewiß, man denkt nicht immer daran, aber unbewußt liegt das doch zugrunde –, man ist dann erstaunt als Landwirt, wenn man durch irgendeine Maßnahme augenblicklich große

Erfolge erzielt, große Kartoffeln hat, etwas hat, was Größe hat, was schwillt. Ja, aber man geht von da aus nicht weiter in der Untersuchung, denn das alles ist nicht das Wichtigste bei der Sache.

Das Wichtigste ist, wenn die Dinge an den Menschen herankommen, daß sie seinem Dasein am allergedeihlichsten sind. Sie können ja irgendwelche Frucht ziehen, die glänzend aussieht, auf dem Felde oder im Obstgarten, aber sie ist vielleicht für den Menschen nur magenfüllend, nicht eigentlich sein inneres Dasein organisch befördernd. Aber bis zu diesem Punkte, daß der Mensch die beste Art von Nahrung für seinen Organismus erhält, kann es ja diese Wissenschaft heute nicht bringen, weil sie dazu gar nicht den Weg findet.

Aber Sie sehen, in dem, was so gesprochen wird aus der Geisteswissenschaft heraus, liegt ja zugrunde der ganze Haushalt der Natur. Es wird aus dem Ganzen heraus gedacht; daher ist das Einzelne, was man sagen muß, maßgebend für das Ganze.

Organisieren der Naturkräfte: die biologisch-dynamischen Präparate

Die biologisch-dynamischen Präparate, von denen unten einige beschrieben werden, dienen dazu, die in lebendigen Organismen enthaltenen Naturkräfte zu nutzen und zu verbinden, um einem gezwungenermaßen ausgelaugten Boden seine Lebenskraft zurückzugeben. Bei einem verhältnismäßig intensiv betriebenen Anbau gehen nicht nur Substanzen verloren, sondern auch Energien und Lebenskräfte. Dem Boden bloß wieder tote Stoffe (Chemikalien) beizufügen hat nicht die gleiche Wirkung, wie wenn man bereits lebendige, natürliche Substanzen verwendet, die sehr viel stärker mit dem Leben selber zusammenhängen als mineralischer Dünger. Die Tatsache, daß Kunstdünger den Acker wieder «verlassen» und beispielsweise Flüsse verseuchen, ist nur *ein* Anzeichen dafür, daß der Boden sie nicht gänzlich zu absorbieren und zu integrieren vermag.

Ich will nur voraussetzen, daß allerdings die richtige Anschauung besteht, daß eigentlich Raubbau getrieben werden muß auf unseren Landwirtschaften. Dieser Raubbau muß einfach deshalb getrieben werden, weil wir mit allem demjenigen, was wir von der Landwirtschaft hinausschicken in die Welt, ja wirklich der Erde Kräfte wegnehmen, sogar der Luft Kräfte wegnehmen, die zu ersetzen sind, so daß ja in der Tat nach und nach der Düngergehalt, der in seinem Wert ja zusammenhängt mit demjenigen, was man braucht für die ärmer gewordene Erde, um sie in der richtigen Weise zu beleben, entsprechend behandelt werden muß. Nun sind da in der letzten Zeit eben gerade aus der materialistischen Weltanschauung heraus mannigfaltigste Fehlurteile aufgetreten.

Erstens: Man studiert heute in sorgfältiger Weise, wie die Bakterien, die kleinsten Lebewesen, wirken; man schreibt ja diesen kleinen Lebewesen geradezu zu, daß sie den Dünger in der richtigen Substantiierung herstellen können. Man sieht geradezu auf dasjenige hin, was die Bakterien tun im Dünger, und rechnet mit ihnen. Man hat ja in dieser Beziehung wirklich geistreiche, außerordentlich logische, aber in den meisten Fällen wenig dauerhafte, wenig nutzbringende Impfversuche des Bodens gemacht. Alles eben aus der Anschauung heraus, die sich etwa parallelisieren läßt mit der: in einem Zimmer entdeckt man außerordentlich viele Fliegen und meint, weil so viele Fliegen da sind, ist das Zimmer schmutzig. Das Zimmer ist gar nicht schmutzig, weil soviel Fliegen da sind, sondern die Fliegen sind da, weil das Zimmer schmutzig ist. Und man wird das Zimmer auch nicht reinlicher machen, wenn man auf allerlei Methoden sinnt, wie man die Fliegen vermehren kann, weil man meint, sie müssen dann den Schmutz eher auffressen, oder wie man sie vermindern kann und dergleichen. Man wird nicht sehr viel durch solche Methoden erreichen können, sondern man wird jedenfalls mehr erreichen, wenn man direkt auf die Schmutzbekämpfung losgeht.

So handelt es sich darum, wenn tierische Ausscheidungsprodukte verwendet werden im Dünger, die kleinen Lebewesen zu betrachten als etwas, was durch die Vorgänge auftritt, die sich da oder dort in der Düngersubstanz bilden, was also für gewisse Zustände der Düngersubstanz ein außerordentlich nützliches Symptom sein kann, was aber durchaus weder in seiner Pflanzung noch in seiner Züchtung, eher schon in seiner Bekämpfung eine große Bedeutung haben kann. Es handelt sich überall darum, innerhalb des der Landwirtschaft wichtigen Lebendigen im großen zu bleiben und auf diese kleinen Wesen möglichst wenig eine atomistisch aussehende Betrachtungsweise anzuwenden.

[...]

Ein zweites ist, daß man wiederum, herausgefordert durch die materialistisch nuancierte Anschauung, in neuerer Zeit Wert darauf gelegt hat, den Dünger in allerlei Weise mit allerlei unorganischen Substanzverbindungen oder Elementen zu behandeln. Man hat sich durch die Erfahrung überzeugt, daß das auch keinen dauernden Wert hat. Man muß sich nämlich klar darüber sein, daß, wenn man mineralisierend den Dünger veredeln, verbessern will, daß man dadurch nur wirkt auf die Belebung des Flüssigen, des Wassers, während es notwendig ist, für einen gediegenen Pflanzenbau nicht nur das Wasser zu durchorganisieren, zu beleben. Denn vom Wasser, das so durch die Erde sickert, geht keine weitere Belebung aus.

Man muß die Erde direkt beleben, und das kann man nicht, wenn man mineralisierend vorgeht, das kann man nur, wenn man mit Organischem vorgeht, das man in eine entsprechende Lage bringt, so daß es organisierend, belebend auf das Feste, Erdige selber wirken kann. [...]

Aber dennoch, man kann allerdings durch fortgesetztes Wirtschaften die Erde verarmen. Man verarmt sie ja fortwährend. Deshalb muß man sie düngen. Und es kann nach und nach, wie es bei vielen Wirtschaften der Fall ist, die Ausgleichung durch den Dünger zu schwach sein. Dann treibt man Raubbau. Dann läßt man die Erde dauernd verarmen.

Man muß dafür sorgen, daß der eigentliche Naturprozeß sich ganz richtig vollziehen kann. Was man die Reizwirkungen nennt, sind nämlich die allerwichtigsten Wirkungen. Es sind vorhanden, in feinster Dosierung um die ganze Erde herum wirkend, gerade die Stoffe, die man für unnötig hält; und die Pflanzen brauchen sie so notwendig wie das, was ihnen von der Erde zukommt. Nur saugen sie sie aus dem Weltenkreis auf: Quecksilber, Arsen, Kieselsäure, sie saugen sie aus dem Erdboden auf, nachdem die Stoffe selber in den Erdboden hineingestrahlt worden sind.

Wir Menschen können durchaus das machen, daß wir eben ganz den Erdboden verhindern würden, in der richtigen Weise hineinzustrahlen aus dem Weltenumkreis dasjenige, was die Pflanzen brauchen. Wir könnten allmählich, indem wir planlos fortdüngen, die Erde verhindern, aufzusaugen dasjenige, was an Kieselsäure, Blei, Quecksilber wirksam ist, in feinster homöopathischer Dosierung, was, wenn ich so sagen darf, aus dem Weltenumkreis herankommt und in das Pflanzenwachstum aufgenommen werden muß, damit die Pflanze, die eigentlich ihren Leib in der Gestaltung des Kohlenstoffes mit Hilfe desjenigen aufbaut, was in feinster Dosierung herankommt aus dem

Weltenkreis, immer durch die Erde wirklich das hat, was sie braucht.

Deshalb müssen wir nicht allein so, wie ich es gestern gesagt habe, sondern auch noch mit weiterem unseren Dünger ordentlich bearbeiten. Und da kommt es nicht darauf an, daß wir ihm bloß Substanzen zusetzen, von denen wir glauben, daß er sie haben muß, damit er sie in die Pflanzen befördert, sondern es kommt darauf an, daß wir ihm lebendige Kräfte zusetzen. Denn für die Pflanze sind viel wichtiger lebendige Kräfte als bloß die substantiellen Kräfte, als bloß die Substanzen. Wenn wir nach und nach einen Boden haben würden, der noch so reich an dieser oder jener Substanz ist, er würde dem Pflanzenwachstum doch nichts nützen, wenn wir der Pflanze nicht durch die Düngung die Fähigkeit beibringen würden, dasjenige, was der Boden enthält an Wirkungen, auch in den eigenen Leib aufzunehmen. Darum handelt es sich ja.

[...]

Und da möchte ich heute mehr richtunggebend einiges anführen, was gerade nach jener Richtung hingeht, dem Dünger selbst in kleinen Dosen dasjenige zuzusetzen, neben dem, was wir aus den Kuhhörnern zusetzen, was ihn so verlebendigt, daß er seine Lebendigkeit wiederum dem Erdboden, aus dem das Pflanzenwachstum heraus sproßt, übertragen kann.

[...]

Man hat zunächst ja nach dem, was ich angeführt habe, darauf zu sehen, daß dasjenige, was im Organischen vor allen Dingen aus der Welt heraus in Betracht kommt, Kohlenstoff, Sauerstoff, Stickstoff, Wasserstoff, Schwefel, daß das in der richtigen Weise mit anderen Substanzen im Organischen zusammenkommt, also, sagen wir, gerade mit Kalisalzen zusammenkommt. [...]

Man nimmt Schafgarbe, eine Pflanze, die man ja meistens haben kann. Wenn man sie nicht in irgendeiner

Gegend haben sollte, dann kann man durchaus sie auch als Droge in derselben Weise verwenden. Diese Schafgarbe ist – eigentlich ist es ja jede Pflanze – ein Wunderwerk, aber wenn man wieder eine andere Blume anschaut, dann kommt einem das ganz besonders zu Herzen, was für ein Wunderwerk diese Schafgarbe ist; sie ist ein ganz besonderes Wunderwerk. Sie hat in sich dasjenige, wovon ich Ihnen gesagt habe, daß sich der Geist immer damit die Finger benetzt, wenn er die verschiedenen Dinge, Kohlenstoff, Stickstoff und so weiter, an seine entsprechenden organischen Orte befördern will. Diese Schafgarbe stellt sich in der Natur so dar, als wenn irgendwelcher Pflanzenschöpfer bei dieser Schafgarbe ein Modell gehabt hätte, um den Schwefel in der richtigen Weise zu den anderen Pflanzensubstanzen in ein richtiges Verhältnis zu bringen. Man möchte sagen: Bei keiner anderen Pflanze bringen es die Naturgeister zu einer solchen Vollendung, den Schwefel zu verwenden, wie bei der Schafgarbe. Und wenn man bekannt ist mit der Wirkung der Schafgarbe im tierischen und im menschlichen Organismus, wenn man weiß, wie da diese Schafgarbe wirklich alles das, wenn es in der richtigen Weise ins Biologische gebracht wird, was an einer Schwäche des astralischen Leibes liegt, ausbessern kann, so kann man sie weiterhin verfolgen in ihrer Schafgarbenhaftigkeit in dem ganzen Naturprozeß des Pflanzenwachstums. Sie ist schon außerordentlich wohltätig, wenn sie in einer Gegend wild wächst an den Rändern der Äcker oder Wege, wo Getreidebau oder auch Kartoffel- oder irgendein anderer Bau getrieben wird. Man sollte die Schafgarbe durchaus nicht ausrotten. Man sollte die Schafgarbe behüten davor selbstverständlich, sich irgendwo anzusiedeln, wo sie lästig ist – schädlich ist sie eigentlich nirgends, lästig kann sie werden –, aber wie manche sympathische Menschen in der Gesellschaft durch ihre bloße Anwesenheit wirken nicht durch das, was sie sprechen, so wirkt die Schafgarbe in einer Gegend, wo sie viel wächst, schon durch ihre Anwesenheit außerordentlich günstig.

Nun kann man gerade mit der Schafgarbe folgendes machen: Man nimmt genau dasselbe, was man bei der Schafgarbe auch medizinisch verwendet, die Blütenstände oben, diese schirmartigen Blütenstände. Man kann sie, wenn man die Schafgarbe frisch hat, möglichst auch frisch abpflücken und dann nur kurz trocknen lassen. Man braucht sie eigentlich gar nicht einmal viel trocknen zu lassen. Kann man die Schafgarbe nicht frisch haben, kann man sie nur als Droge haben, dann versuche man, bevor man sie verwendet, aus den Blättern der Schafgarbe auszupressen den Saft, den man selbst noch aus den dürren Blättern durch Abkochen gewinnen kann, und begieße ein wenig den Blütenstand mit diesem Saft. Dann nehme man – sehen Sie, wie hier überall im Lebendigen geblieben wird –, nachdem man eine oder zwei hohle Handvoll von einer solchen Schafgarbe etwas stark zusammendrückt, eine Blase von einem Edelwild und versuche zu umschließen diese Schafgarbensubstanz mit dieser Blase vom Edelwild, binde sie wieder zu und hat nun eine ziemlich konsistente Schafgarbenmasse in der Blase vom Edelwild. Diese Schafgarbenmasse hänge man jetzt an einem möglichst von der Sonne beschienenen Ort während des Sommers auf. Wenn dann der Herbst kommt, dann nehme man sie herunter, lege sie nicht sehr tief in die Erde während des Winters. Man hat also ein Jahr hindurch die in der Edelwildblase eingeschlossene Schafgarbenblüte – es kann auch schon die Frucht veranlagt sein – zum Teil über der Erde, zum Teil unter der Erde, den Wirkungen ausgesetzt, denen sie ausgesetzt werden kann. Man wird finden, daß sie während des Winters eine sehr eigentümliche Konsistenz annimmt.

Wenn man dann – nun, jetzt kann man sie ja in dieser Art aufheben, so lange man will – einem Misthaufen, der so groß sein kann wie ein Haus, zusetzt diese Substanz, die man aus der Blase herausgenommen hat, und sie darin verteilt – man braucht gar nicht einmal viel Arbeit aufzuwenden –, wenn man sie einfach verteilt, wirkt die Strahlung. Es ist eine solch außerordentlich strahlende Kraft darin – und an strahlende Kräfte wird der Materialist ja glauben, da er vom Radium spricht –, wenn man es nur überhaupt hereinbringt, wenn man es auch noch so weit verteilt, es wirkt auf die Dung- und Jauchemasse und auf die Kompostmasse.

Es wirkt diese Masse, die aus der Schafgarbe gewonnen ist, tatsächlich so belebend, erfrischend, wenn man nun diesen so bearbeiteten Dünger weiter einfach in der Art, wie man heute Dünger verarbeitet, verwendet, daß man dann viel von dem, was sonst Raubbau wird, ausbessert. Man gibt dem Dünger die Möglichkeit zurück, die Erde so zu beleben, daß die weiteren kosmischen Stoffmengen, das, was in feinster homöopathischer Dosierung als Kieselsäure, Blei und so weiter herankommt auf die Erde, aufgefangen werden. Nun, darüber müßten wiederum die Mitglieder des landwirtschaftlichen Ringes ihre Versuche machen; sie werden schon sehen, daß es gelingen wird.

Sehen Sie, die Frage ist diese jetzt – denn man soll ja mit Einsicht und nicht mit Uneinsicht arbeiten –: die Schafgarbe haben wir kennengelernt, ihr sehr homöopathischer Schwefelgehalt, der da wirklich in musterhafter Weise mit Kalium in Verbindung ist, wirkt so großartig von der Schafgarbe aus selber, und das bewirkt, daß die Schafgarbe fähig ist, auch ihre Wirkungen weiter über größere Massen auszustrahlen. Aber warum gerade in der Blase von einem Edelwild?

Das hängt zusammen mit einer Einsicht in den ganzen Prozeß, der eben im Zusammenhang mit der Blase vor sich geht. Edelwild ist ein tierisches Geschöpf, das in einem ganz besonders intimen Zusammenhange steht mit nicht so sehr der Erde, als mit der Umgebung der Erde, mit dem, was in der Umgebung der Erde kosmisch ist; daher Edelwild das Geweih hat, das die gestern auseinandergesetzte Aufgabe hat. Nun wird aber gerade dasjenige, was in der Schafgarbe ist, im menschlichen und tierischen Organismus ganz besonders konserviert durch den zwischen der Niere und der Blase sich abspielenden Prozeß, und dieser Prozeß ist wiederum von der substantiellen Beschaffenheit der Blase abhängig. Dadurch hat man in der Blase des Edelwildes wiederum, wenn sie noch so dünn ist in ihrer Substanz, doch die Kräfte, die nicht etwa wie beim Rind – die sind wieder ganz anders – mit dem Innern zusammenhängen, sondern mit den Kräften des Kosmos, die Edelwildblase ist fast ein Abbild des Kosmos. Dann geben wir der Schafgarbe die Möglichkeit, die Kräfte, die sie schon hat zur Verbindung des Schwefels mit den anderen Substanzen, wesentlich zu erhöhen. Wir haben daher in dieser Bearbeitung der Schafgarbe, die ich angegeben habe, etwas ganz Fundamentales zur Aufbesserung des Düngers und bleiben innerhalb des Lebendigen, gehen nicht heraus aus dem Lebendigen, gehen nicht in die unorganische Chemie hinein. Das ist das Wichtige.

Nehmen wir ein anderes Beispiel. Es handelt sich darum, wenn wir dem Dünger die Möglichkeit geben wollen, soviel Leben in sich aufzunehmen, daß er dieses Leben auf die Erde übertragen kann, aus der die Pflanze herauswächst, den Dünger auch fähig zu machen, noch mehr zusammenzubinden diejenigen Stoffe, die für das Pflanzenwachstum nötig sind, außer dem Kali auch noch das Kalzium, Kalkverbindungen. In der Schafgarbe haben wir es vorzugsweise mit den Kaliwirkungen zu tun. Wollen wir auch noch die Kalziumwirkungen einfangen, so brauchen wir wiederum eine Pflanze, die zwar nicht einen in Begeisterung versetzt wie Schafgarbe, die aber doch auch, in einer homöopathischen Dosis verteilt, Schwefel enthält, um vom Schwefel aus die übrigen der Pflanze notwendigen Stoffe heranzuziehen und in einen organischen Prozeß hineinzuziehen. Das ist die Kamille, Chamomilla officinalis.

Man darf nicht etwa bloß sagen, die Kamille zeichne sich dadurch aus, daß sie Kali und Kalzium stark hat, sondern es ist so: die Schafgarbe entwickelt vorzugsweise im Kalibildungsprozeß ihre Schwefelkraft. Daher hat sie den Schwefel genau in der Menge, die notwendig ist, um Kali zu verarbeiten. Die Kamille aber verarbeitet das Kalzium dazu und damit dasjenige, was im wesentlichen dazu beitragen kann, jene schädlichen Fruktifizierungswirkungen von der Pflanze auszuschließen, die Pflanze gesund zu erhalten. Nun ist es wunderbar, auch die Kamille hat etwas Schwefel in sich, aber in anderer Quantität, weil sie Kalzium mit verarbeiten muß. Nun muß man wiederum studieren. Sehen Sie, es geht dasjenige, was von der Geisteswissenschaft ausgeht, immer auf die großen Kreise, wie man sagt, auf die makrokosmischen, nicht auf die mikrokosmischen Verhältnisse.

Man muß nun verfolgen den Prozeß, den durchmacht etwa genossene Kamille im menschlichen und tierischen Organismus. Für alles das, was die genossene Kamille durchmacht im menschlichen oder tierischen Organismus, ist die Blase ziemlich ohne Bedeutung, dagegen von größerer Bedeutung die Substanz der Darmwände, wichtig die Substanz der Darmwände. Daher muß man, wenn man mit der Kamille in dieser Weise wirken will wie mit der Schafgarbe, nun wiederum die Kamille in ihren schönen feinen weißgelben Köpfchen abpflücken, diese Köpfchen ebenso behandeln wie die Schafgarbenschirmchen, aber nicht in eine Blase hineintun, sondern in Därme des Rindviehs.

Wiederum, sehen Sie, können Sie da eine wunderschöne Sache machen, man braucht nicht viel, es ist aber eine wunderschöne Sache. Statt alles, was man nach dieser Richtung hat, in der Weise zu verwenden, wie es heute verwendet wird, statt Würste zu machen, mache man Würste aus Därmen des Rindviehs, in denen man als Füllung hat, was in dieser Weise aus der Kamille zubereitet wird. Und damit hat man wiederum etwas gegeben, was nur in der richtigen Weise – Sie sehen, auch da bleibt man immer innerhalb des Lebendigen – ausgesetzt zu werden braucht der Naturwirkung. Nur muß man jetzt, weil es sich darum handelt, möglichst dem Erdigen verwandtes Lebendiges da wirken zu lassen, eben diese kostbaren – sie sind wirklich kostbar – Würstchen wiederum den ganzen Winter hindurch in einer nicht zu großen Tiefe einer möglichst humusreichen Erde aussetzen und sich auch solche Stellen aussuchen für die Erde, wo der Schnee liegen bleibt längere Zeit, und den liegengebliebenen Schnee gut die Sonne bescheint, so daß möglichst die kosmisch-astralischen Wirkungen da hineinwirken, wo Sie diese kostbaren Würstchen untergebracht haben.

Dann nimmt man sie im Frühling heraus und hebt sie wieder in derselben Weise auf und setzt sie wieder in derselben Weise wie das von der Schafgarbe dem Dünger zu, und man wird sehen, daß man damit einen Dünger bekommt, der erstens wiederum stickstoffbeständiger ist als anderer Dünger, der aber außerdem die Eigentümlichkeit hat, die Erde so zu beleben, daß sie in außerordentlich anregender Weise auf das Pflanzenwachstum wirken kann. Und man wird vor allen Dingen gesündere Pflanzen, wirklich gesündere Pflanzen erzeugen, wenn man so düngt, als wenn man solches Düngen unterläßt.

Nicht wahr, all das erscheint heute wie verrückt – das weiß ich schon –, aber denken Sie doch nur einmal, was alles den Leuten bis heute in der Welt für verrückt erschienen ist, und was nach ein paar Jahren eingeführt wird. [...] Bei den Dingen handelt es sich also darum, die Vorurteile zu beseitigen. Wie gesagt, sollten irgendwie diese beiden Pflanzen in einer schwierigen Art da oder dort zu beschaffen sein, so könnte man sie durch etwas anderes ersetzen; das würde aber nicht so gut sein, man kann aber auch die Pflanze durchaus als Droge verwenden.

Dagegen schwer zu ersetzen für eine gute Wirkung auf unsere Düngermasse ist eine Pflanze, die man oftmals nicht gern hat, in dem Sinne nicht gern hat, daß man manches, was man gern hat, gerne streichelt. Diese Pflanze streichelt man nicht gern: die Brennessel. Die ist tatsächlich die größte Wohltäterin des Pflanzenwachstums, und sie kann man kaum durch irgendeine andere Pflanze ersetzen. Man muß sie schon, wenn man sie irgendwo nicht sollte haben können, durch die Droge ersetzen. Aber die Brennessel ist wirklich ein Allerweltskerl, die kann ungeheuer viel. Auch die Brennessel trägt in sich dasjenige, was das Geistige überallhin einordnet und verarbeitet, den Schwefel, der ja die Bedeutung hat, die ich auseinandergesetzt habe. Aber außerdem, daß die Brennessel Kali und Kalzium in ihren Strahlungen und Strömungen fortführt, außerdem hat die Brennessel noch eine Art Eisenstrahlungen, die fast so günstig sind dem Laufe der Natur wie unsere eigenen Eisenstrahlungen im Blute. Die Brennessel verdient es eigentlich durch ihre Güte gar nicht, daß sie da draußen oftmals so verachtet in der Natur wächst. Sie müßte eigentlich den Menschen ums Herz herum wachsen, denn sie ist wirklich in der Natur draußen in ihrer großartigen Innenwirkung, ihrer inneren Organisation eigentlich ähnlich demjenigen, was das Herz im menschlichen Organismus ist. Nun handelt es sich darum, daß man erstens schon in der Brennessel eine große Wohltat hat, und da – verzeihen Sie, Herr Graf, wenn ich in diesem Augenblick zu lokalistisch werde – würde man schon sagen, daß zur Enteisenung eines Bodens, wenn es notwendig sein sollte, gerade beiträgt das Anpflanzen von Brennesseln an unschuldigen

Orten, die in einer besonderen Art die oberste Schicht des Bodens wiederum von der Eisenwirkung befreien, weil sie sie so gern haben und sie an sich ziehen. Wenn auch nicht das Eisen als solches, aber doch die Wirkung des Eisens auf das Pflanzenwachstum wird untergraben. Die Anpflanzung von Brennesseln würde daher ganz besonders in diesen Gegenden von einer ganz besonderen Bedeutung sein. Doch das will ich nur nebenher erwähnen. Ich will darauf aufmerksam machen, daß das bloße Dasein der Brennessel schon von Bedeutung sein kann für die ganze Umgebung in bezug auf das Pflanzenwachstum.

Und man nehme nun einmal, um den Dünger zu verbessern, überhaupt die Brennessel, deren man habhaft werden kann, und dann führe man sie wieder über in einen leicht welken Zustand, presse sie etwas zusammen, und nun aber verwende man sie ohne Edelwildblase, ohne Rindsdärme, grabe man sie einfach in die Erde ein, indem man hinzugibt eine leichte Schichte von meinetwillen Torfmull, so daß es etwas von dem unmittelbaren Erdreich abgesondert ist. Das grabe man direkt in die Erde hinein, merke sich aber die Stelle gut, damit man nicht bloß die Erde ausgräbt, wenn man sie ausgräbt. Dann lasse man sie überwintern und wiederum übersommern – ein Jahr muß das eingegraben sein –, dann hat man es in einer Substantialität von ungeheurer Wirkung.

Mischt man es jetzt in derselben Weise wie das andere, was ich angeführt habe, dem Dünger bei, dann bewirkt man überhaupt, daß dieser Dünger innerlich empfindlich wird, richtig empfindlich wird, so daß er, wie wenn er jetzt vernünftig geworden wäre, nicht sich gefallen läßt, daß irgend etwas in einer unrichtigen Weise sich zersetzt und irgend etwas in einer unrichtigen Weise den Stickstoff abläßt und dergleichen. Man wird gerade durch diesen Zusatz den Dünger einfach vernünftig machen und namentlich ihn befähigen, auch die Erde, in die er nun hineingearbeitet wird, vernünftig zu machen, so daß sie sich individualisiert auf diejenigen Pflanzen hin, die man gerade ziehen will in dieser Weise. Es ist wirklich etwas wie eine «Durchvernünftung» des Bodens, was man durch diesen Zusatz von Urtica dioica wird bewirken können.

Sehen Sie, die heutigen Methoden der Düngerverbesserung laufen zuletzt, wenn sie auch jetzt manchmal überraschen in ihrer äußeren Wirkung, doch darauf hinaus, daß man nach und nach die gesamten vorzüglichen landwirtschaftlichen Produkte sozusagen zu bloßen Magenausfüllungen beim Menschen macht. Nicht mehr werden sie in sich haben wirkliche Nährkraft. Nun handelt es sich doch darum, daß man sich nicht betrügt, indem man irgend etwas Großes und Aufgeplustertes hat, sondern daß man es konsistent in sich mit wirklicher Nährkraft hat.

Nun kann es sich darum handeln, daß man irgendwo im Landwirtschaftlichen auftreten sieht Pflanzenkrankheiten. Ich will jetzt ja generaliter sprechen. Man spezialisiert ja heute gern in allen Dingen und redet von dieser oder jener Krankheit. Das ist auch ganz richtig, soweit man Wissenschaft treibt, man muß wissen, wie das eine, wie das andere aussieht. Aber so wie es für den Arzt meistens nicht viel nützt, wenn er eine Krankheit beschreiben kann, viel wichtiger ist es, daß er sie kurieren kann. Beim Kurieren kommen eben ganz andere Gesichtspunkte in Betracht als die, die man heute hat für das Beschreiben von Krankheiten. Man kann eine große Vollkommenheit im Beschreiben von Krankheiten haben, genau wissen, was da vorgeht in dem Organismus nach den Regeln der heutigen Physiologie oder physiologischen Chemie, aber man kann nichts heilen. Heilen muß man nicht nach dem histologischen oder mikroskopischen Befund, zu heilen muß man wissen aus den großen Zusammenhängen heraus. So ist es auch gegenüber der Pflanzennatur. Und da die Pflanzennatur in dieser Hinsicht eben einfacher ist als die tierische und menschliche Natur, so ist auch das Heilen, ich möchte sagen, etwas, was mehr im allgemeinen ablaufen kann, so daß man bei der Pflanze mehr eine Art universeller Heilmittel anwenden kann. Könnte man das nicht, so wäre man ja in der Tat in einer recht üblen Lage der Pflanzenwelt gegenüber, in der man oftmals schon ist – wir werden noch davon zu sprechen haben – bei der tierischen Heilung, in der man nicht ist bei der menschlichen Heilung. Der Mensch kann aussprechen, was ihm wehtut. Tiere und Pflanzen können das nicht. Aber es ist ja schon so, daß da eben mehr generaliter abläuft die Heilung. Nun, nicht alle, aber eine große Anzahl gerade von Pflanzenkrankheiten, sobald sie bemerkt werden, können durch eine rationelle Gestaltung der Düngung wirklich behoben werden, und zwar auf folgende Weise.

Man muß dann Kalzium beibringen dem Boden durch die Düngung. Aber es wird dann gar nichts helfen, wenn man das Kalzium dem Boden beibringt mit der Umgehung des Lebendigen, sondern es muß das Kalzium, wenn es heilend wirken soll, innerhalb des Bereiches des Lebendigen bleiben. Es darf nicht herausfallen aus dem Lebendigen. Sie können nichts anfangen mit dem gewöhnlichen Kalk oder dergleichen.

Nun haben wir eine Pflanze, welche reichlich Kalzium enthält, siebenundsiebzig Prozent der Aschensubstanz, aber in feiner Verbindung, das ist die Eiche. Und insbesondere ist es die Rinde der Eiche, welche schon eine Art Zwischenprodukt darstellt zwischen dem Pflanzlichen und dem lebendigen Erdigen, ganz in dem Stile, wie ich Ihnen das auseinandergesetzt habe von der Verwandtschaft des belebten Erdigen mit der Rinde. In bezug auf dasjenige, was dann als Kalzium zutage tritt, ist dasjenige, was an Kalziumstruktur in der Eichenrinde vorhanden ist, das alleridealste. Nun hat das Kalzium, wenn es noch im belebten Zustande, nicht im toten ist – im toten wirkt es auch –, dasjenige, was ich auseinandergesetzt habe. Es schafft Ordnung, wenn der Ätherleib zu stark wirkt, so daß an irgendein Organisches das Astrale nicht herankommen kann. Es tötet (es dämpft) den Ätherleib, macht dadurch die Wirkungen des Astralleibes frei; das ist bei allem Kalk der Fall. Aber wenn wir wollen, daß in einer sehr schönen Weise ein wucherndes Ätherisches sich zusammenzieht und so zusammenzieht, daß diese Zusammenziehung wirklich eine recht regelmäßige ist, nicht Schocks erzeugt im Organischen, so müssen wir das Kalzium gerade in der Struktur verwenden, in der wir es finden in der Eichenrinde.

Nun sammeln wir Eichenrinde, wie wir ihrer habhaft werden können. Wir brauchen gar nicht viel, nicht mehr, als leicht zu erreichen ist. Sammeln wir das und hacken es etwas durch, so daß wir eine bröselige Konsistenz, eine bröselige Struktur haben. Dann nehmen wir – es ist fast einerlei, von welchem unserer Haustiere – einen Schädel, eine Schädeldecke, geben da diese zerhackte Eichenrinde hinein, schließen sie wiederum möglichst mit Knochenmasse ab, und das versenken wir nun in die Erde und geben, nachdem wir es nicht sehr tief eingegraben haben, Torfmull darauf und versuchen durch Einleitung irgendeiner Rinne möglichst viel Regenwasser an den Platz zu bekommen. Man könnte es sogar so machen, man könnte in einen Bottich, in den immerfort Regenwasser einfließen und wiederum abfließen könnte, man könnte da solche Pflanzensubstanz hineingeben, die stark bewirkt, daß immer Pflanzenschlamm da ist. In diesem, sozusagen Pflanzenschlamm, liegt dieses Knochengefäß, das die zerbrockelte Eichenrinde einschließt. Das muß nun wiederum überwintern – Schneewasser ist ebensogut wie Regenwasser –, muß durchmachen womöglich Herbst und Winter.

Aus dieser Masse wird nun dasjenige unseren Düngemassen beigesetzt, was ihnen wirklich die Kräfte verleiht, schädliche Pflanzenkrankheiten prophylaktisch zu bekämpfen, aufzuhalten. Jetzt haben wir schon vier Dinge beigemischt. Das alles erfordert allerdings etwas Arbeit, aber wenn Sie sich die Sache überlegen werden, so werden Sie schon finden, es verursacht das weniger Arbeit als alle die Kinkerlitzchen, die in den chemischen Laboratorien in der Landwirtschaft gemacht werden und die auch bezahlt werden müssen. Sie werden schon sehen, nationalökonomisch rentiert sich das besser, was wir auseinandergesetzt haben.

Nun brauchen wir aber noch etwas, was noch in der richtigen Weise die Kieselsäure heranzieht aus der ganzen kosmischen Umgebung. Denn diese Kieselsäure müssen wir in der Pflanze drin haben. Und gerade in bezug auf die Kieselsäureaufnahme verliert die Erde im Laufe der Zeit ihre Macht. Sie verliert sie langsam, daher bemerkt man das nicht so, aber sehen Sie, diejenigen Menschen, die eben nur noch auf das Mikrokosmische, nicht auf das Makrokosmische schauen, denen liegt nichts an dem Kieselsäureverlust, weil sie glauben, der hat keine Bedeutung für das Pflanzenwachstum. Aber er hat die allergrößte Bedeutung für das Pflanzenwachstum. [...]

Ich weiß sehr gut, derjenige, der eingefuchst ist in die heutige Denkweise, der wird sagen: Aber du sagst uns ja gar nichts, wie man den Stickstoffgehalt des Düngers verbessert. Ich habe fortwährend davon gesprochen, namentlich, indem ich von Schafgarbe, Kamille, Brennessel gesprochen habe, weil nämlich im organischen Prozeß eine geheime Alchimie liegt, die zum Beispiel das Kali, wenn es nur in der richtigen Weise drin arbeitet, wirklich in Stickstoff umsetzt und sogar den Kalk, wenn der richtig arbeitet, wirklich in Stickstoff umsetzt. Sie wissen ja, im Pflanzenwachstum sind alle vier Elemente, von denen ich gesprochen; neben dem Schwefel ist also auch Wasserstoff da. Ich habe Ihnen angegeben die Bedeutung des Wasserstoffs. Nun besteht ein gegenseitiges Qualitätsverhältnis zwischen dem Kalk und dem Wasserstoff, das ähnlich ist dem Qualitätsverhältnis zwischen dem Sauerstoff und dem Stickstoff in der Luft. Und das schon könnte auf rein äußere Weise wie in der quantitativ chemischen Analyse verraten, daß eine Verwandtschaft besteht zwischen dem Zusammenhang von Sauerstoff und Stickstoff in der Luft und dem Zusammenhange von Kalk und Wasserstoff in den organischen Prozessen. Unter dem Einfluß des Wasserstoffs wird nämlich fortwährend Kalk und Kali umgewandelt in Stickstoffartiges und zuletzt in wirklichen Stickstoff. Und dieser Stickstoff, der auf diese Weise entstehen kann, der ist gerade so ungeheuer nützlich für das Pflanzenwachstum, aber man muß ihn sich eben erzeugen lassen durch solche Methoden, wie ich sie geschildert habe.

Die Kieselsäure enthält ja das Silizium. Das Silizium wiederum wird umgewandelt im Organismus in einen Stoff, der von einer außerordentlichen Wichtigkeit ist, der gegenwärtig unter den chemischen Elementen überhaupt nicht aufgezählt wird, und man braucht eben die Kieselsäure, um hineinzuziehen das Kosmische. Und nun muß eben einfach in der Pflanze eine richtige Wechselwirkung entstehen zwischen der Kieselsäure und dem Kalium, nicht dem Kalzium. Wir müssen nun den Boden dazu beleben, dieses richtige Wechselverhältnis auszugestalten durch die Düngung. Wir müssen nach einer Pflanze suchen, welche in der Lage ist, durch ihr eigenes Verhältnis zwischen Kalium und Kieselsäure, wiederum in einer Art homöopathischer Dosis beigesetzt dem Dung, diesem Dung die entsprechende Macht zu geben. Diese Pflanze können wir wirklich finden. Und wiederum ist diese Pflanze, wenn sie nur wächst innerhalb unserer landwirtschaftlichen Gebiete, schon nach dieser Richtung hin wohltuend. Es ist Taraxacum, der Löwenzahn. Der unschuldige, gelbe Löwenzahn, wo er in einer Gegend wächst, ist er eine außerordentliche Wohltat. Denn er ist der Vermittler zwischen der im Kosmos fein homöopathisch verteilten Kieselsäure und demjenigen, was als Kieselsäure eigentlich gebraucht wird über die ganze Gegend hin. Er ist wirklich eine Art von Himmelsbote, dieser Löwenzahn; aber man muß ihn, wenn man ihn nun wirksam machen will im Dung, wenn es sich darum handelt, daß man ihn braucht, in der richtigen Weise verwenden. Da muß man ihn selbstverständlich der Wirkung der Erde aussetzen, der Wirkung der Erde in der Winterzeit. Aber nun handelt es sich darum, daß man die umgebenden Kräfte dadurch gewinnt, daß man ihn ebenso bearbeitet wie das andere.

Die gelben Löwenzahnköpfchen sammle man, läßt sie etwas anwelken, preßt sie zusammen, näht sie ein in Rindsgekröse, gibt sie auch in die Erde den Winter hindurch. Wenn man dann im Frühling herausnimmt die Kugeln – man kann sie aufheben, bis man sie braucht –, dann sind sie tatsächlich ganz durchsetzt mit kosmischer Wirkung. Die Substanz, die man aus ihnen gewonnen hat, kann nun wieder in ähnlicher Weise dem Dung beigesetzt werden, und sie wird dem Erdboden die Fähigkeit geben, soviel Kieselsäure gerade aus der Atmosphäre und aus dem Kosmos heranzuziehen, als für die Pflanzen notwendig ist, damit diese Pflanzen wirklich gerade empfindsam werden gegen alles das, was in ihrer Umgebung wirkt, und selber dann anziehen das, was sie dann brauchen.

Denn die Pflanzen müssen ja, damit sie wirklich wachsen können, eine Art Empfindung haben. Wie ich als Mensch vor einem stumpfen Kerl vorbeigehen kann, er empfindet es nicht, so kann natürlich alles im Boden und über dem Boden an einer stumpfen Pflanze vorbeigehen; sie empfindet es nicht, sie kann es auch nicht in den Dienst ihres Wachstums stellen. Aber wird die Pflanze auf diese Weise, in der feinsten Weise mit Kieselsäure durchzogen, durchlebt, dann ist sie so, daß sie empfindsam wird gegen alles und alles heranzieht. Man kann aber sehr leicht die Pflanze dazu bringen, daß sie nur einen ganz kleinen Umkreis, der um sie herum ist, in der Erde benützt, um heranzuziehen, was sie braucht. Das ist natürlich nicht gut. Bearbeitet man den Erdboden so, wie ich es eben geschildert, dann wird die Pflanze bereit, im weiten Umkreis die Dinge heranzuziehen. Der Pflanze kann zugute kommen nicht nur das, was auf dem Acker ist, sondern auch dasjenige, was im Boden der nächsten Wiese ist, wenn sie es braucht. Der Pflanze kann es zugute kommen, was im Waldboden ist, der in der Nähe ist, wenn sie in dieser Weise innerlich empfindlich gemacht wird. Und so können wir eine Wechselwirkung der Natur herbeiführen, indem wir den Pflanzen die Kräfte geben, die ihnen auf diese Weise durch den Löwenzahn zukommen wollen.

Und so könnte ich denken, müßte man versuchen, Düngemittel dadurch herzustellen, daß man diese fünf Ingredienzien, oder Surrogate von ihnen, tatsächlich in der angedeuteten Weise dem Düngemittel beibringt. Ein Düngemittel muß in der Zukunft, statt mit den chemischen Kinkerlitzchen behandelt zu werden, behandelt werden mit Schafgarbe, mit Kamille, mit Brennessel, mit Eichenrinde und mit Löwenzahn. Ein solches Düngemittel wird in der Tat vieles von dem haben, was man eigentlich braucht.

Überwindet man sich dann noch und preßt, bevor man den so zubereiteten Dünger verwendet, die Blüten von Valeriana officinalis, von Baldrian, aus und verdünnt dasjenige, was man da herauspreßt, sehr stark – man kann das ja jederzeit machen und dann die Sache aufheben, namentlich, indem man zum Verdünnen warmes Wasser anwendet –, so kann man, wenn man dem Dung in einer ganz feinen Weise beibringt diesen verdünnten Saft der Baldrianblüte, insbesondere in ihm dasjenige hervorrufen, was ihn anregt dazu, sich gegenüber demjenigen, was man Phosphorsubstanz nennt, in der richtigen Weise zu verhalten. Dann wird man durch diese sechs Ingredienzien einen ganz vorzüglichen Dünger, sowohl aus Jauche wie aus Stallmist wie aus Kompost herstellen können.

Der meditierende Bauer

Dieses Kapitel wird hier durch einen kurzen, aber grundlegenden Auszug beschlossen, in dem Steiner den Bauern gleichsam wieder in die volle Verantwortlichkeit einsetzt für das, was das Land und die Aussaat benötigen. Wenn man, statt sich auf Richtlinien von Experten – oder sogar der EU – zu verlassen, eine intime, meditative Beziehung zu seinem Hof und dessen Umgebung entwickelt, können sich die richtigen Ideen und Inspirationen einstellen, und der Bauer vermag zu werden, was er sein sollte: das lebendige Bewußtsein und Gewissen des Hofes.

Nun sehen Sie, wenn Sie an etwas mit dem Schädel anstoßen wie an einen Tisch, so werden Sie nur Ihres eigenen Schmerzes dabei bewußt, wenn Sie aber sanfter reiben, werden Sie sich der Oberfläche des Tisches bewußt und so weiter. So ist es auch, wenn Sie meditieren. Sie wachsen allmählich herein in ein Erleben des Stickstoffes rings um Sie herum. Das ist der reale Vorgang beim Meditieren. […] Und da ist dasjenige, wo nun – ich werde davon einiges noch genauer berühren – in der Tat beginnt das Geistige in dem inneren Tun schon einen gewissen Bezug zu der Landwirtschaft zu gewinnen. […] Denn, sehen Sie, es ist nun nicht schlecht, wenn derjenige, der Landwirtschaft zu besorgen hat, meditieren kann. Er macht sich dadurch empfänglich für die Offenbarungen des Stickstoffs. Er wird immer empfänglicher für die Offenbarungen des Stickstoffs. Und man geht dazu über, die Landwirtschaft in einem ganz anderen Stil und Sinne zu betreiben, wenn man sich so empfänglich gemacht hat für die Offenbarungen des Stickstoffs, als wenn man es nicht tut. Da weiß man dann allerlei plötzlich. Es taucht auf. Da weiß man allerlei von den Geheimnissen, die auf den Gütern und auf den Bauernhöfen walten.

[...] Nehmen wir nun einen Bauern, den der Gelehrte nicht für gelehrt hält; der geht über seinen Acker. Ja, der gelehrte Mann sagt, der Bauer sei dumm, aber in Wirklichkeit ist das nicht wahr, einfach aus dem Grunde nicht wahr, weil der Bauer – verzeihen Sie, es ist das so – eigentlich ein Meditant ist. Was er in seinen Winternächten durchmeditiert, das ist sehr, sehr vieles. Und er eignet sich das schon an, was eine Art Erwerben geistiger Erkenntnis ist. Er kann es dann nur nicht aussprechen. Und das ist so, daß es plötzlich da ist. Man geht durch die Felder, und plötzlich ist es da. Man weiß etwas, man probiert es nachher. Ich habe das wenigstens in meiner Jugend immer wiederum erfahren, wo ich mit Bauern gelebt habe, durchaus, es ist so.

Und an solche Dinge muß eigentlich angeknüpft werden. Das bloß Intellektualistische macht es nicht aus. Das führt uns nicht in solche Tiefen hinein. An solche Dinge muß angeknüpft werden. Es ist schließlich das Leben und Weben in der Natur ein so feines, daß es sich mit den grobmaschigen Verstandesbegriffen nicht erfassen läßt. Diese Fehler hat in neuerer Zeit die Wissenschaft gemacht. Die will mit den grobmaschigen Verstandesbegriffen die Dinge so durchschauen, die eben viel feiner gewoben sind.

Kapitel VIII: Sturm ernten

Ausbeutung der Natur: Ökonomie kontra Ökologie

Die folgenden Auszüge konzentrieren sich auf das gespannte Verhältnis zwischen Ökologie und Ökonomie in der Beziehung der Menschheit zur Natur. Wo ökonomische Faktoren Vorrang gegenüber der Pflege der Natur haben und zu Praktiken führen, die auf die Gesundheit von Pflanzen und Tieren keine Rücksicht nehmen, wird zwar rascher Gewinn erzielt, der aber langfristig zu deren Verkümmerung und letztlich zu einer Katastrophe führt.

Die Ausbeutung schwächt die Kräfte der Natur

Künstliche Ertragssteigerung zur Erfüllung kurzfristiger Bedürfnisse mag wirtschaftlich rentabel oder sogar unumgänglich erscheinen; wenn man sie aber gegen die Langzeitschäden abwägt, die den Tieren viele Generationen hindurch zugefügt werden, ist sie nicht nur kontraproduktiv, sondern läuft auch der Natur zuwider und hat gefährliche Umweltschäden zur Folge.

Und ich kann Ihnen sagen: Es ist mir zum Beispiel die Bienenzucht in der mannigfaltigsten Weise, gerade während ich ein Bube war, außerordentlich nahegetreten, und ich konnte mich dazumal außerordentlich interessieren schon aus dem Grunde, weil mich dazumal die finanziellen Sachen, die ökonomischen Fragen, die wirtschaftlichen Fragen gerade bei der Bienenzucht weniger interessiert haben als heute oder als später, und zwar aus dem Grunde, weil der Honig schon dazumal so teuer war, daß bei der

Armut meiner Eltern wir uns eben keinen Honig haben kaufen können. Wir haben nämlich allen immer von den Nachbarn geschenkt bekommen, zu Weihnachten meistens, und haben so viel geschenkt bekommen im Laufe der weiteren Jahreszeit, daß man das ganze Jahr Honig gehabt hat. Er ist verteilt worden. Da hat mich die ökonomische Frage gar nicht so interessiert, weil ich in meiner Bubenzeit furchtbar viel, soweit es nötig war, geschenkten Honig gegessen habe. Warum kann das sein? Heute würde man unter den gleichen Verhältnissen gar nicht so leicht geschenkten Honig kriegen. Aber damals in der Nachbarschaft meines Elternhauses waren die Bienenzüchter zumeist Landwirte und haben die Bienenzucht in die Landwirtschaft hineingestellt.

Das ist etwas ganz anderes, als wenn der einzelne der Herren eine Bienenzucht sich anlegt und im übrigen ein Arbeiter ist, der von seinem Lohn leben muß. Innerhalb der Landwirtschaft wird die Bienenzucht getrieben, ohne daß man es überhaupt merkt. Da kommt die Arbeitszeit sozusagen überhaupt nicht in Betracht, denn das ist etwas, was da übrigbleibt. Gerade bei der Landwirtschaft ist es so, daß das immer übriggeblieben ist, die Zeit irgendwo anders erspart oder eine andere Arbeit auf eine andere Zeit verlegt worden ist und so weiter. Jedenfalls ist da der Honig zwischendurchgegangen, und man hatte eigentlich die Vorstellung: Der Honig ist etwas so Wertvolles, daß man es überhaupt nicht bezahlen kann. – Und das ist in gewissem Sinne sogar tatsächlich richtig, weil es sich wirklich darum handelt, daß unter den heutigen Verhältnissen ja alles, was es überhaupt gibt, unter falschen Preisverhältnissen ist. Heute sollte man im Grunde genommen über die Preisverhältnisse gar nicht anfangen zu diskutieren, denn es ist alles unter falschen Preisverhältnissen, und es muß in viel umfassenderer Weise gerade über den Preis auf nationalökonomischer Grundlage diskutiert werden. Es kommt nicht viel dabei heraus, wenn man über den Preis der einzelnen Lebensmittel diskutiert, und der Honig ist ein Lebensmittel, nicht nur ein Genußmittel oder Luxusartikel. In einer gesunden sozialen Ordnung würde sich schon auch selbstverständlich ein gesunder Honigpreis ergeben. Daran ist gar nicht zu zweifeln.

Aber dadurch, daß wir heute überhaupt nicht in gesunden sozialen Verhältnissen leben, kommen alle Fragen in eine ungesunde Stellung hinein. Sehen Sie, es ist ja heute auch so, daß Sie auf große Gutswirtschaften kommen. Ja, was Ihnen da der Wirtschaftsverwalter sagt – in der Regel ist es kein Bauer, sondern ein Wirtschaftsverwalter auf großen Gütern –, was Ihnen der sagt über die Menge Milch, die er von seinen Kühen bekommt: das ist horribel. Er bekommt so viel Liter Milch im Tag, daß derjenige, der die Kuhnatur kennt, weiß: Das ist unmöglich, daß man von der Kuh so viel Milch gewinnt. Man gewinnt sie aber doch! Man gewinnt sie ganz sicher doch. Bei manchen ist es so, daß sie meinetwillen fast auf das Doppelte hinaufkommen von dem, was eine Kuh eigentlich geben kann in der Milchproduktion. Dadurch wird das Gut ungeheuer rentabel, selbstverständlich. Und man kann nicht einmal sagen, daß man irgendwie stark bemerken könnte, daß die Milch nun nicht dieselbe Kraft hätte wie eine Milch, die unter natürlichen Verhältnissen kommt. Also man kann zunächst gar nicht nachweisen, daß da etwas Schlimmes geschieht.

Aber ich will Ihnen zum Beispiel folgendes sagen. Wir haben Versuche gemacht mit einem Mittel gegen die Maul- und Klauenseuche beim Rind, wie wir ja in den letzten Jahren viele solche Versuche gemacht haben. Diese Versuche sind auf großen Wirtschaften angestellt worden, aber auch auf kleinen Bauernwirtschaften, in denen es nicht zu einer so großen Milchbereitung der Kühe gekommen ist wie in den großen Wirtschaften. Man konnte natürlich manches erfahren, weil man ja ausprüfen mußte, wie das Mittel bei der Maul- und Klauenseuche wirkt. Es ist dann nicht zu Ende gekommen, weil offiziell die Leute nicht darauf eingehen wollten und man heute alle möglichen Konzessionen braucht und so weiter. Aber das Mittel hat sich außerordentlich gut bewährt. Und etwas verändert wird es ja auch in solchen Mitteln in sehr günstiger Weise angewendet, wie im sogenannten «Staupe-Heil», in dem Mittel gegen die Hundestaupe.

Wenn Sie diese Versuche machen, da finden Sie folgendes. Da sehen Sie, daß Kälber, die von Kühen kommen, die zuviel dressiert werden auf zuviel Milch-Geben, wesentlich schwächer sind. Sie können das an der Wirkung des Heilmittels sehen. Da wird gewissermaßen die Wirkung oder Nichtwirkung ungeheuer vergrößert. Das Kalb wächst ja allerdings dann heran, wenn es nicht an der Maul- und Klauenseuche zugrunde geht. Aber ein Kalb, das abstammt von einer Kuh, die Sie überfüttern und dadurch auf zuviel Milch drängen, ein solches Kalb ist schon schwächer als Kälber, die von Kühen stammen, die weniger auf Milch dressiert werden. Sie können es sehen bei der ersten, zweiten, dritten, vierten Generation. Da ist es so klein, daß es fast nicht bemerkt wird. Diese Milchzüchterei gibt es erst kurze Zeit; aber das weiß ich sehr gut: Wenn man so fortfährt, wenn eine Kuh über dreißig Liter Milch im Tag geben soll, wenn man sie so fort malträtiert, dann geht überhaupt die ganze Kuhwirtschaft nach einiger Zeit absolut zugrunde. Da ist gar nichts zu machen.

Wahnsinnige Rinder

Noch eine weitere vorausblickende Einsicht Steiners sollte sich weniger als hundert Jahre, nachdem er sie ausgesprochen hatte, tatsächlich als wahr erweisen.

Wie wir jetzt wissen, kann das Verfüttern von Fleisch an Kühe zum «Rinderwahnsinn» führen.

SIE WISSEN JA, es gibt Tiere, die sind einfach gute vegetarische Wesen. Es gibt doch Tiere, die kein Fleisch essen. Sagen wir also zum Beispiel unsere Kühe, die essen kein Fleisch. Pferde sind auch nicht auf Fleisch erpicht; die fressen ja auch nur Pflanzen. [...]

Also betrachten Sie eine Kuh oder einen Ochsen: Ja, wenn Sie ihn nach Jahren betrachten, so ist ja das Fleisch, das in ihm drinnen ist, ein ganz anderes. Beim Ochsen ist es etwas anders als beim Menschen; es geht das Auswechseln sogar schneller. Es ist also ein anderes Fleisch da. Woraus ist aber das Fleisch geworden? Das müssen Sie sich fragen. Das ist ja aus lauter Pflanzenstoffen geworden! Der Ochse hat selber aus Pflanzenstoffen Fleisch in seinem Körper erzeugt. Das ist ja das Allerwichtigste, was man dabei bedenken muß. Also der tierische Körper ist imstande, aus dem Pflanzlichen Fleisch zu machen.

Nun, Sie können Kohl noch solange kochen, dann kriegen Sie noch immer kein Fleisch daraus! Das gibt es nicht, daß Sie Fleisch kriegen in Ihrer Pfanne oder in Ihrem Haferl! Ebensowenig hat schon jemals einer einen Kuchen gebacken so, daß daraus Fleisch geworden ist. Also das kann man nicht durch äußere Kunst machen. Aber, im Grunde genommen, im tierischen Körper wird das gemacht, was man äußerlich nicht machen kann. Es wird eben einfach Fleisch erzeugt im tierischen Körper. Ja, dazu müssen die Kräfte eben erst im Körper sein. Unter unseren technischen Kräften haben wir keine solchen, durch die wir einfach aus Pflanzen Fleisch machen können. Das haben wir nicht. Also in unserem Körper und im tierischen Körper sind Kräfte, welche aus Pflanzensubstanz, Pflanzenstoffen Fleischstoffe machen können.

[...]

Nun denken Sie sich, diesem Ochsen fiele es auf einmal ein, zu sagen: Das ist mir zu langweilig, daß ich da herumgehen und mir erst diese Pflanzen abbeißen soll. Das kann für mich ein anderes Vieh machen. Ich fresse gleich dieses Vieh! Nun schön, der Ochse würde anfangen Fleisch zu fressen. Aber er kann doch das Fleisch selber erzeugen! Er hat die Kräfte dazu in sich. Was geschieht also, wenn er statt Pflanzen Fleisch direkt frißt? Er läßt die ganzen Kräfte ungenützt, die in ihm Fleisch erzeugen können! Wenn Sie irgendwo eine Fabrik sich denken, durch die irgend etwas erzeugt werden soll, und Sie erzeugen nichts, aber bringen die ganze Fabrik in Tätigkeit – denken Sie sich einmal, was da für Kraft verlorengeht! Es geht ja ungeheure Kraft verloren. Aber die Kraft, die im tierischen Körper verlorengeht, die kann ja nicht einfach verlorengehen. Der Ochse ist endlich ganz angestopft von dieser Kraft; die tut etwas anderes in ihm, als aus Pflanzenstoffen Fleischstoffe zu machen. Diese Kraft, die bleibt bei ihm, die ist ja da. Die tut etwas anderes in ihm. Und das, was sie tut, das erzeugt in ihm allerlei Unrat. Statt daß Fleisch erzeugt wird, werden schädliche Stoffe erzeugt. Der Ochse würde also, wenn er anfangen würde, plötzlich ein Fleischfresser zu werden, sich mit allen möglichen schädlichen Stoffen ausfüllen. Namentlich mit Harnsäure und mit Harnsäuresalzen würde er sich ausfüllen.

Nun haben solche Harnsäuresalze nämlich auch ihre besonderen Gewohnheiten. Die besonderen Gewohnheiten der Harnsäuresalze sind, daß sie eine Schwäche haben gerade für das Nervensystem und für das Gehirn. Und die Folge davon würde sein, wenn der Ochse direkt Fleisch fressen würde, daß sich in ihm riesige Mengen von Harnsäuresalzen absondern würden; die würden nach dem Gehirn gehen und der Ochse würde verrückt werden. Wenn wir das Experiment machen könnten, eine Ochsenherde plötzlich mit Tauben zu füttern, so würden wir eine ganz verrückte Ochsenherde kriegen. Das ist so der Fall. Trotzdem die Tauben so sanft sind, würden die Ochsen verrückt werden.

Batteriehaltung

Es ist nicht nur schockierend, wie man mit anderen empfindsamen Wesen umgeht, wenn man sie eng zusammenpfercht oder gar Batteriehaltung betreibt; was man Tieren auf diese Weise zufügt, wird Steiner zufolge auch eine fatale Wirkung auf künftige Generationen des Viehbestandes haben.

Es ist wirklich nicht gleichgültig, daß die Kuh mit ihren Gliedmaßen, die sie braucht zur Arbeit, wenn sie ein Arbeitstier werden soll, oder ein Ochse, wenn er ein Arbeitstier werden soll, daß sie so gefüttert werden, daß sie möglichst viel von der kosmischen Stofflichkeit in sich hineinkriegen und daß die Nahrung, die durch den Magen geht, so eingerichtet werden muß, daß sie viele Kräfte entwickelt, um diese kosmische Stofflichkeit überall in die Glieder, Muskeln, in die Knochen hineinzuleiten. […] und man muß sich klar sein, daß der Kopf diese Nahrung, die er aus dem Leibe bekommt, nur verarbeiten kann, wenn er in entsprechender Weise die Kräfte aus dem Kosmos beziehen kann. Daß man also die Tiere nicht einfach in dumpfen Ställen abschließt, wo keine kosmischen Kräfte zu ihnen fließen können, sondern, daß man sie über die Weide führt und überhaupt ihnen Gelegenheit gibt, auch sinnlich-wahrnehmungsmäßig in Beziehung zu treten zur Umwelt. Sehen Sie, da muß man folgendes zum Beispiel beachten:

Stellen Sie sich einmal ein Tier vor, das im dumpfen Stall an dem Futtertrog steht und dasjenige zubemessen erhält, was die Weisheit der Menschen in diesen Futtertrog tut. Ja, dieses Tier weist einen großen Unterschied auf, wenn es nicht Abwechslung drin hat – es kann sie ja nur im Freien haben –, von dem andern Tier, das sich seiner Sinne, zum Beispiel seines Geruchsorgans bedient, sich in Freiheit draußen seine Nahrung selber sucht, dem Geruchsorgan nachgeht, nach Maßgabe des Geruchsorgans den kosmischen Kräften nachgeht, sich die Nahrung aufsucht, sie sich da selber nimmt, seine ganze Aktivität in diesem Nehmen der Nahrung drinnen entwickelt.

Ein Tier, das man an den Futtertrog stellt, wird – die Dinge vererben sich ja – nicht gleich zeigen, daß es keine kosmischen Kräfte in sich hat; es vererbt sie noch, aber es erzeugt allmählich Nachkommen, welchen die kosmischen Kräfte nicht mehr in dieser Weise angeboren sind, die sie nicht mehr haben. Und das Tier wird vom Kopf aus schwach, das heißt, es kann nicht mehr den Körper ernähren, weil es nicht aufnehmen kann die kosmischen Stoffe, die gerade wieder in den Körper hineinkommen sollen. Diese Dinge zeigen Ihnen schon an, daß man eben einfach nicht im allgemeinen sagen sollte: «Füttert in diesem Falle das, füttert in jenem Falle jenes», sondern daß man eine Vorstellung davon hervorrufen sollte, was bestimmte Fütterungsmethoden für einen Wert haben für das ganze Wesen der tierischen Organisation.

Eine mechanisierte Zivilisation

Es ist nicht nur so, daß wir die Maschinen benutzen; die Maschinen wirken auch auf uns zurück und ändern unsere Anschauungsweise und Einstellung zur Welt. Jeder einigermaßen sensible Mensch, der viel Zeit an einem Computer verbringt, kann dessen potentiell abstumpfende Wirkung auf die individuelle menschliche Kreativität bezeugen – wenn dieser Wirkung nicht bewußt etwas entgegengesetzt wird. Es ist nicht mehr so einfach, «menschlich zu empfinden», wie Steiner hier sagt. Gleichzeitig wird diese Mechanisierung des Bewußtseins unweigerlich Auswirkungen auf unsere Sensibilität gegenüber den subtilen Vorgängen und Wechselwirkungen in der Natur haben. Nicht nur unsere Beziehung zu Naturphänomenen erleidet eine Einbuße, es ist auch die Möglichkeit nicht von der Hand zu weisen, daß von Menschen – durch Mobiltelephone etc. – verursachte Elektrofrequenzen in der Atmosphäre unsere physische Konstitution und diejenige der übrigen Natur schwächen oder zumindest ernsthaft beeinträchtigen können. Zwei – bis jetzt noch nicht mit Sicherheit bewiesene – Beispiele müssen hier genügen: die mutmaßliche Wirkung von Mobiltelephonen auf das Gehirn und die Tatsache, daß Bienenvölker auf drahtlose Breitbandstrahlung reagieren, durch diese gestört werden und sogar zu verschwinden scheinen. Hier öffnet sich ein riesiges Forschungsfeld, dessen Phänomene 1923 zweifellos noch kaum in Erscheinung traten. Gleichwohl scheint Steiner auch hier Vorahnungen gehabt zu haben.

Aber nach dem allgemeinen Weltengang leben wir in einer Zeit, in welcher der Entwicklung der Welt eine gewisse – wenn ich mich so ausdrücken darf – Gefahr droht: die Gefahr, daß die einseitigen Wirkungen auch wirklich im Menschen einseitig zum Ausdrucke kommen. […]

Was dann geschehen würde, das ist das Folgende: Wir haben auf der Erde im Laufe der letzten Jahrhunderte eine unter dem Einfluß der äußeren Wissenschaft stehende Technik bekommen, ein äußeres technisches Leben. Wunderbar ist ja unsere Technik auf allen Gebieten. Die Naturkräfte wirken in der Technik in ihrer leblosen Gestaltung. Und was da gilt, um diese Naturkräfte ins Spiel zu bringen, sozusagen ganz und gar zu einer Zivilisationsschichtung über der Erde zu machen, das ist Waage, Meßlatte und Zahl.

Waage, der Maßstab, Wägen, Zählen, Messen, das ist das Ideal des heutigen Wissenschafters, des heutigen Technikers, der von der äußeren Wissenschaft eigentlich seinen ganzen Beruf heute hat. [...]

Ja, die Art und Weise, wie man zum Beispiel Maschinen konstruiert, die ist sehr verschieden, je nach den einzelnen Maschinen; aber alles tendiert darauf hin, daß die noch unvollkommenen, primitiven Maschinen allmählich solche werden, die auf Schwingungen beruhen: wo irgend etwas schwingt und wo durch Schwingungen, durch Oszillation, durch periodisch verlaufende Bewegungen der Effekt der Maschine erzielt wird. Auf solche Maschinen läuft alles hinaus. Wenn man aber einmal diese Maschinen in ihrem Zusammenwirken wird so konstruieren können, wie man es lernen kann an der Verteilung der Nahrungsmittel in der Organisation der Kuh, dann werden die Schwingungen, die auf dem Erdball durch die Maschinen erzeugt werden, diese kleinen Erdenschwingungen werden so verlaufen, daß mittönt, mitschwingt mit dem, was auf der Erde geschieht, dasjenige, was über der Erde ist; daß unser Planetensystem in seinen Bewegungen mitschwingen wird müssen mit unserem Erdensystem, wie mitklingt eine entsprechend gestimmte Saite, wenn eine andere in demselben Raum angeschlagen wird.

[...] Es würde die menschliche Zivilisation durchtönen das Geklimmgeklapper der schwingenden Maschinen und das Echo dieses Geklimmgeklappers, das aus dem Kosmos herein auf die Erde als eine Reaktion des Erdenmechanismus strömen würde.

Wenn Sie einen Teil dessen, was in der Gegenwart wirkt, betrachten, dann werden Sie sich sagen: Ein Teil unserer gegenwärtigen Zivilisation ist durchaus auf dem Wege, dieses furchtbare Niedergangsmäßige als Ziel zu haben.

Nicht Erdenschwere, nicht bloß Wiegen, Zählen und Messen, nicht bloß dasjenige lernen, […] sondern […] hinaufwenden den Blick in die Höhen: dann, dann wird vergeistigt, was sonst mechanistische Zivilisation der Erde würde.

Ich habe vollbedacht öfter jetzt darauf aufmerksam gemacht, auch in öffentlichen Vorträgen, daß das Bewußtsein des Menschen zusammenhängt mit abbauenden Kräften. […] Diese Kräfte, diese ersterbenden Kräfte, sie werden immer mächtiger und mächtiger werden. Und es wird die Verbindung hergestellt werden zwischen den im Menschen ersterbenden Kräften, die verwandt sind mit elektrischen, magnetischen Kräften und den äußeren Maschinenkräften. Der Mensch wird gewissermaßen seine Intentionen, seine Gedanken hineinleiten können in die Maschinenkräfte. Noch unentdeckte Kräfte in der Menschennatur werden entdeckt werden, solche Kräfte, welche auf die äußeren elektrischen und magnetischen Kräfte wirken.

Das ist das eine Problem: das Zusammenführen des Menschen mit dem Mechanismus, das immer mehr und mehr um sich greifen muß in der Zukunft. Das andere Problem liegt in demjenigen, was die geistigen Verhältnisse zu Hilfe rufen wird. Das kann aber nur gemacht werden, wenn die Zeit reif ist, und wenn eine genügende Anzahl Menschen dazu in der richtigen Weise vorbereitet ist. Aber kommen muß es, daß die geistigen Kräfte mobil gemacht werden für die Beherrschung des Lebens in bezug auf Krankheit und Tod.

Die Medizin wird vergeistigt werden, sehr, sehr vergeistigt werden. Von allen solchen Dingen werden von gewissen Seiten her Karikaturen geschaffen; aber die Karikaturen zeigen nur, was da wirklich kommen muß. Wieder handelt es sich darum, daß dieses Problem von jener Seite her, auf die ich bei dem andern Problem hingewiesen habe, in Angriff genommen werden soll in einer äußeren egoistischen oder gruppenegoistischen Weise.

Das dritte ist: die Menschengedanken einzuführen in das Werden des Menschengeschlechtes selber in Geburt und Erzeugung. Ich habe darauf hingewiesen, wie ja auch schon darüber Kongresse gehalten worden sind, wie man sogar eine materialistische Ausgestaltung der Wissenschaft von der Zeugung und von der Zusammenspannung von Mann und Weib in der Zukunft begründen will. Diese Dinge alle weisen uns hin auf Bedeutsamstes, das im Werden begriffen ist.

Von [Westen her] wird angestrebt, auszunützen dasjenige, was insbesondere durch die materiellsten Kräfte wirken kann, aber durch die materiellsten Kräfte eben geistig wirkt. Vor allen Dingen wird von dieser Seite angestrebt, Elektrizität, und namentlich Erdmagnetismus auszunützen, um Wirkungen hervorzubringen über die ganze Erde hin.

FRAGE: IST ES ÜBERHAUPT *erlaubt, Futtermassen durch den elektrischen Strom zu konservieren?*

Rudolf Steiner: Was möchten Sie dadurch erreichen? Da muß man natürlich hinblicken auf die ganze Rolle der Elektrizität überhaupt in der Natur. Es ist doch, ich möchte sagen, trostvoll, daß jetzt schon von Amerika herüber, wo überhaupt eine bessere Beobachtungsgabe auftritt wie in Europa, daß von Amerika herüber Stimmen kommen, welche dahin gehen, daß gesagt wird, die Menschen können nicht in derselben Weise sich weiterentwickeln, in einer Atmosphäre, die nach allen Seiten von elektrischen Strömen und Strahlungen durchzogen ist, sondern das hat einen Einfluß auf die ganze Entwicklung des Menschen. Das Seelenleben wird ein anderes werden, wenn diese Dinge so weit getrieben werden, wie man es eigentlich vor hat. Es ist schon ein Unterschied, ob Sie irgendein Gebiet mit Dampfmaschinen, Dampflokomotiven für die Eisenbahn versehen, oder ob Sie es elektrifizieren. Der Dampf wirkt hier mehr bewußt, die Elektrizität wirkt furchtbar unbewußt ein, und die Menschen wissen gar nicht, woher gewisse Dinge kommen. Ganz zweifellos geht da eine Entwicklung in der folgenden Richtung, wenn ich jetzt berücksichtige, daß die Elektrizität ja oberirdisch verwendet wird als strahlende Elektrizität, aber auch als leitende Elektrizität, um möglichst rasch Nachrichten zu bringen von einem Ort zum anderen; dieses Leben des Menschen, namentlich in der strahlenden Elektrizität, wird bewirken, daß die Menschen nicht mehr kapieren können diese Nachrichten, die sie so schnell kriegen. Es wirkt auslöschend auf das Kapieren. Es sind heute schon Wirkungen bemerkbar. Sie können heute schon die Bemerkung machen, daß die Menschen Sachen viel schwerer kapieren, die ihnen zukommen, als das noch vor Jahrzehnten der Fall war. [...] Nun aber darf man nicht vergessen, daß die Elektrizität immer besonders einwirkt auf die höhere Organisation, die Kopforganisation des Menschen und des Tieres, dementsprechend bei den Pflanzen auf die Organisation der Wurzel in außerordentlich starker Weise einwirkt. Wenn man also Elektrizität verwendet in der Weise, daß man da die Nahrungsmittel durchelektrisiert, dann erzeugt man Nahrungsmittel, die allmählich dazu führen müssen, das Tier, das sie genießt, zu sklerotisieren. Das ist ein langsamer Prozeß – man wird es zunächst nicht gleich bemerken –, man wird zunächst bemerken, daß in irgendeiner Weise diese Tiere früher verenden, als sie es sollten. Man wird nicht auf die Elektrizität als Ursache kommen, man wird es allem möglichen zuschreiben. Elektrizität ist aber doch einmal nichts, was in das Lebendige hereinwirken sollte und das Lebendige besonders fördern sollte; denn es kann es nicht. Wenn man eben weiß, daß Elektrizität ein Niveau tiefer liegt als das Lebendige, und das Lebendige bestrebt ist, je höher es ist, desto mehr, die Elektrizität abzustoßen – es ist ein Abstoßen –, wenn man das Lebendige nun dazu anleitet, Abwehrmittel dann anzuwenden, wenn gar nichts abzuwehren ist, dann wird das Lebendige nervös und zapplig und sklerotisch nach und nach.

In der Zeit, als es keine elektrischen Ströme gab, nicht die Luft durchschwirrt war von elektrischen Leitungen, da war es leichter, Mensch zu sein. Denn da waren nicht fortwährend diese ahrimanischen Kräfte da, die einem den Leib wegnehmen, wenn man auch wacht. Da war es auch nicht nötig, daß sich die Leute so anstrengten, um zum Geist zu kommen. Denn wenn wir hineinkommen in uns, kommen wir eigentlich erst zum Geist. Daher ist es nötig, heute viel stärkere geistige Kapazität aufzuwenden, um überhaupt Mensch zu sein, als es noch vor hundert Jahren war.

Mir fällt es gar nicht ein, reaktionär zu sein und etwa zu sagen: Also weg mit all dem Zeug, den modernen Kulturerrungenschaften! Das ist nicht die Absicht. Aber der moderne Mensch braucht diese unmittelbare Hinwendung an den Geist, wie die Geisteswissenschaft sie ihm gibt, damit er durch dieses starke Erleben des Geistes tatsächlich auch der Stärkere ist gegenüber jenen Kräften, die gerade mit der modernen Kultur heraufkommen, unseren physischen Leib zu verfestigen, uns ihn zu nehmen. Sonst wird es dahin kommen, daß die Menschen, ich möchte sagen, den Anschluß versäumen in der Menschheitsentwicklung.

Naturkatastrophen: Wetter, Klima und Erdbeben

Tsunami, Überschwemmungen, Wirbelstürme, schmelzende Gletscher und alle möglichen weiteren Naturkatastrophen beherrschen zunehmend die Schlagzeilen der Zeitungen, da Klimawandel und globale Erwärmung in scheinbar unerbittlicher Weise fortschreiten. In den 1920er Jahren war davon noch wenig zu hören, jedenfalls gehörte es nicht zu den drückenden Sorgen der Menschheit; und doch zieht Steiner feine Verbindungslinien zwischen Witterungserscheinungen, Vulkanausbrüchen oder anderen Naturkatastrophen und menschlicher Ethik. Wir sind Teil der Natur, und unser Verhalten hat im Guten wie im Schlechten einen direkten Einfluß auf sie.

Nachfolgend bestimmt Steiner zwei Arten von Naturphänomenen: vorhersehbare, die mit einer gewissen Zuverlässigkeit auftreten, und sehr viel unberechenbarere wie das Wetter, Stürme und Vulkanausbrüche. Etwas nahe mit ihnen Verwandtes ist aber auch im Menschen zu finden. So sind wir durch unsere eigene Natur mit dem Wetter verbunden – und von da ist es nur ein kleiner Schritt zu der Möglichkeit, es auch beeinflussen zu können, wenngleich Steiner in der folgenden Passage noch nichts dergleichen erwähnt.

Ausgehen möchte ich heute in unseren Betrachtungen von einer einfachen, vor aller Augen liegenden Tatsache.

Wenn wir den Blick schweifen lassen über die Naturvorgänge, so erscheinen uns diese, wenn wir sie verständig, aufmerksam betrachten, doch eigentlich als zwei voneinander stark unterschiedene Reiche: ein Reich der allergrößten Regelmäßigkeit, der allergrößten Ordnung, und ein Reich von zunächst fast undurchdringlichen Zusammenhängen, von Unregelmäßigkeit, von vielfacher Unordnung; so wenigstens wird es empfunden. Die gewöhnliche Naturwissenschaft unterscheidet nicht klar zwischen diesen zwei Gebieten des Naturdaseins, und doch sind diese zwei Gebiete streng voneinander getrennt. Da haben wir auf der einen Seite alles dasjenige, was vorgeht mit jener Regelmäßigkeit, mit der etwa jeden Morgen die Sonne aufgeht, jeden Abend die Sonne untergeht, mit der die Sterne auf- und untergehen, sowie alles das, was in einem gewissen Zusammenhange mit Sonnenauf- und -untergängen erscheint: Mit Regelmäßigkeit erscheinen im Frühling die Wachstumstriebe, entwickeln sich während des Sommers, welken, schwinden im Herbst dahin. Und vieles Ähnliche, das mit einer großen Regelmäßigkeit und Ordnung empfunden werden muß, sehen wir in dem einen Gebiete der Natur.

Aber es gibt ein anderes Gebiet der Natur, das nicht in derselben Weise empfunden werden kann. Man kann nicht in derselben Weise, wie man den Sonnenaufgang am Morgen, den Sonnenuntergang am Abend erwartet, ein Gewitter erwarten; das kommt nicht mit solcher Regelmäßigkeit. Mit einer solchen Bestimmtheit, wie wir sagen: Morgen, wenn es zehn Uhr sein wird, werden wir die Sonne an einer bestimmten Stelle am Himmelsgewölbe sehen, können wir nicht sagen: Wir werden an einer Stelle ein gewisses Wolkengebilde sehen, oder gar darüber etwas sagen, wie dieses Wolkengebilde aussehen wird. Auch werden wir nicht mit einer gleichen Bestimmtheit, wie wir dieses oder jenes Mondenviertel voraussagen, sagen können: zu der oder jener Zeit wird hier den Dornacher Bau ein Sturm oder ein Regenwetter überraschen.

Man wird mit einer gewissen Sicherheit berechnen können, wann nach Jahrhunderten Sonnenfinsternisse, Mondenfinsternisse sein werden; man wird aber nicht mit der gleichen Sicherheit angeben können, wann Erdbeben oder Vulkanausbrüche stattfinden.

Sie sehen da voneinander getrennt zwei Gebiete des Naturdaseins: eines, welches mit großer, für unseren Verstand durchdringbarer Regelmäßigkeit auftritt, und ein anderes Gebiet, das nicht in derselben Weise empfunden werden kann, das als Unregelmäßiges auftritt. Und das, was wir Gesamtnatur nennen, das ist im Grunde genommen ein Zusammenfluß, ich möchte sagen, der großen Regelmäßigkeit und der Unregelmäßigkeit; denn in jedem Augenblicke ist der Gesamteindruck, den wir haben von dem Naturdasein, bestimmt durch das, was durch den regelmäßigen Verlauf geschieht und was sich in diesen regelmäßigen Verlauf der Dinge an Geschehnissen hineinmischt, die uns Überraschungen gewähren können, und die eigentlich immer wiederkehren, bis zu einem gewissen Grade wenigstens.

Nun haben wir ja öfter in den verschiedensten Zusammenhängen unserer Betrachtungen einer tiefen Wahrheit gedacht, der Wahrheit, daß der Mensch ein Mikrokosmos gegenüber dem Makrokosmos ist, daß wir im Menschen in einer gewissen Weise wiederfinden, was wir draußen im Universum im großen finden. Wir können also erwarten, daß auch im Menschen in einer gewissen Beziehung so etwas wie zwei Gebiete zu finden sein müssen, ein Gebiet von größerer Regelmäßigkeit und ein Gebiet von einer gewissen Unregelmäßigkeit. Im Menschenleben wird sich das allerdings in anderer Art ausdrücken können, verschieden von der Art, die draußen in der Natur ist; aber an die Zweiheit in der Natur von Regelmäßigkeit und Unregelmäßigkeit, Ordnung und Unordnung wird uns etwas erinnern müssen im Menschen. Und nun gedenken Sie desjenigen, was wir gestern an einem typischen Beispiel darzustellen versuchten.

Jene typische Persönlichkeit konnte gut logisch denken, wenn es eben darauf ankam, logisch zu denken, konnte rechnen, Urteile fällen, die Erscheinungen der Welt in einem gewissen Zusammenhange sehen, das Leben bis zu einem gewissen Grade regelmäßig geordnet überschauen und überdenken und danach handeln, hatte also alles das, was aus der Regelmäßigkeit des Wirkens unseres Verstandes, unserer Vernunft, unserer Empfindungsfähigkeit, unserer Willensimpulse kommt. Daneben aber hatte diese Persönlichkeit ein anderes Leben, das sich ausgeprägt hat in den beiden Werken, die ich angeführt habe, ein Leben, von dem Sie haben sehen können aus dem wenigen, das ich aus dem Inhalte der Bücher angeführt habe, wie es stürmisch verlaufen ist, wie es irregulär verlaufen ist gegenüber dem, was der gewöhnliche, regelmäßige Verstand dem Menschen darbietet. Da waren unten in der Seele Stürme, tiefe Stürme, die sich auslebten in der Weise, wie wir es gestern schildern konnten. Und wahrhaftig, so wie in den regelmäßigen Sonnen- und Mondengang, in das regelmäßige Aufkeimen, Welken und Hinsterben der Gewächse die kommenden und gehenden Gewitter- und Wetterstürme und Winde hineinspielen, so spielen hinein in den regelmäßigen Gang dessen, was sich aus dem menschlichen Kopf und dem regelmäßigen Gang des menschlichen Herzens herausentwickelt, jene Stürme, die uns wie wache Träume erscheinen müssen oder wie geniale Lichtblitze, die die Seele so durchzucken wie Gewitter und sich wie Gewitter entladen. Aber Sie werden nicht daran zweifeln, daß dasjenige, was nur in einer extremen, radikal paradoxen Art bei Otto Weininger aufgetreten ist, sich in der Anlage in jeder Menschenseele findet. Auf dem Grunde jeder Menschenseele ist das vorhanden.

> In den verschiedenen Naturphänomenen leben geistige Wesen, die Steiner «luziferisch» und «ahrimanisch» nennt. Die luziferischen Wesen, die sich in allen Witterungsschwankungen manifestieren, versuchen, uns von einer vollbewußten irdischen Geistesgegenwart wegzuziehen; die ahrimanischen, die ihren Ausdruck in Vulkanausbrüchen und Erdbeben finden, sind bestrebt, uns an die Materie zu binden. Dadurch könnte nun der Anschein erweckt werden, wir wären der Verantwortung für solche Phänomene enthoben, doch das Gegenteil ist der Fall. Diese Wesen sind zutiefst mit uns verbunden, und unsere mangelnde moralische Ausgeglichenheit verleiht ihnen größere Macht, die natürliche Ordnung aus ihrem Gleichgewicht zu zerren.

Die übersinnliche Natur, die Natur, die um uns herum ist, sie kann nur derjenige beurteilen, der, mit geistiger Einsicht ausgestattet, seine Blicke nicht so wie die Naturwissenschaft auf das richtet, was innerhalb der strengen Naturgesetze verläuft. Niemals wird sich in dem, was so die Naturwissenschaft erforschen kann, die hinter der Natur stehende übersinnliche Natur zeigen. Diese zeigt sich aber, wenn man seinen geistigen Blick schärft für das, was nicht gesetzmäßig ist, sondern wovon man gewöhnlich sagt: Es unterliegt dem Zufall.

Dem Zufall unterliegt in der Welt, die um uns herum ist, alles das, was sich darstellt im Wetter, in den Unregelmäßigkeiten der Atmosphäre während des Jahreslaufes. Wenn Sie die Einzelheiten, sagen wir, eines Londoner Nebels ins Auge fassen, so werden Sie sie zwar im großen ganzen auf gewisse Regeln zurückführen können, aber nicht im einzelnen. Im einzelnen sagt man bei denjenigen Dingen, die Wind und Wetter bedeuten: Sie unterliegen dem Zufall. – Und wenn Sie auch in den Zeitungen geschrieben finden, was für ein Wetter in der nächsten Zeit sein wird, so werden Sie darauf nicht mit derselben Sicherheit bauen wie darauf, daß die Sonne am nächsten Morgen aufgeht. Naturgesetze sind demnach etwas ganz anderes als das, was in Wind und Wetter sich offenbart und was in gewisser Beziehung von den Menschen zunächst als Zufall bezeichnet wird in den Naturerscheinungen. Man kann sich eine gewisse prophetische Gabe für Wettererscheinungen aneignen. Die kann man aber nicht auf Naturgesetze bringen; sie ist etwas Inspiriertes oder Intuitives.

Nun, in alledem, was sich so in Wind und Wetter äußert, leben Wesenheiten, die nur deshalb nicht gesehen werden, weil sie keinen Körper haben, der für die Sinne, welche Erdenwesen eigen sind, sichtbar ist.

Diese Wesenheiten, die in Wind und Wetter leben, sind aber deshalb doch vorhanden. Sie haben einen Körper, der nur aus Luft und Wärme besteht, der in sich kein Wasser, keine Flüssigkeit und keine feste Erde hat. Sie haben einen Körper, der nur aus Luft und Wärme besteht.

Dieser Körper bildet sich, löst sich auf, macht rasche Verwandlungen durch. Was man sieht in Wolkenbildungen, was man fühlt in Windbildungen, das ist nur ein äußerer Ausdruck davon, das sind mehr die Taten dieser Wesenheiten. Der Körper ist mehr dahinter; aber er ist ein Luft- und Wärmekörper. So daß wir, wenn wir hinausschauen in unsere Atmosphäre, in den Umkreis der Erde, in dem wir als Menschen sind, um uns herum eine Welt von Wesenheiten haben, die Luft- und Wärmewesen sind. Diese Luft- und Wärmewesen sind von derjenigen Art, die ich in meinen Schriften und Vorträgen öfters luziferische Wesen genannt habe.

Diese luziferischen Wesen haben ein ganz besonderes Streben in bezug auf den Menschen. Sie sind, trotzdem sie in dem uns oftmals unangenehmen Wetter leben, Wesenheiten, welche außerordentlich auf das moralische Element in der menschlichen sozialen Ordnung halten. Sie halten so stark auf das moralische Element, daß sie die Ansicht haben, der Mensch sollte gar nicht einen wirklichen physischen Körper haben; mindestens sollte der Mensch nicht einen Leib haben, in dem sich die irdische und die wässerige Natur findet. Sie möchten in ihrer Art den Menschen gestaltet haben, weil sie ihn dann, ohne daß er eine Freiheit darinnen hätte, ganz zu moralischen Wesen machen würden. Er würde gar keine physische Natur haben. Er würde ganz allein ein moralisches Wesen sein. Und diese Wesenheiten kämpfen im Laufe eines Jahres in furchtbarster Art immerfort darum, den Menschen von der Erde loszureißen, ihn in ihre Sphäre hineinzubekommen, ihn erdenfremd und erdenlos zu machen. Diese Wesenheiten sind besonders gefährlich allen schwärmerischen, zu einer nebelhaften Mystik veranlagten Menschen. Diese schwärmerischen, zu einer nebelhaften Mystik veranlagten Menschen verfallen sehr leicht diesen Wesenheiten, welche den Menschen hinwegführen möchten von der Erde, ihm eine Art Engelwesenheit geben möchten, damit er nur ja keinen Versuchungen unterliegt gegenüber dem Unmoralischen.

So sonderbar und paradox es klingt, in diesen Mächten, die sich in Wind und Wetter äußern und die in Wind und Wetter durch den Luftkreis pulsieren, in denen haben wir diejenigen Wesen, die zwar die menschliche Freiheit über alles hassen und die nichts wissen wollen von der menschlichen Freiheit, die die menschliche Freiheit vernichten möchten, die aber die Menschen zu moralischen Automaten machen möchten, zu lauter guten Engelsnaturen. Und sie kämpfen, wenn ich mich eines irdischen Ausdruckes bedienen darf, bis «aufs Messer», um das zu erreichen.

Nun haben wir aber diesen Wesenheiten gegenüber, die sozusagen in der Luft ihre Festungen bauen – mißverstehen Sie den Ausdruck nicht, ich sagte, ich muß mich bildlich ausdrücken –, diesen Wesen gegenüber haben wir andere, die ich schon das letzte Mal in einem gewissen Zusammenhange erwähnt habe. Es sind diejenigen Wesen, welche etwas zu tun haben mit dem, was sich im Menschen äußert an Instinkten, an Trieben, an Begierden, an Leidenschaften. Aber diese Wesenheiten sind nicht etwa im Menschen drinnen. Im Menschen drinnen sind nur ihre Wirkungen. Diese Wesenheiten leben unmittelbar auf der Erde, aber so, daß der Mensch sie nicht sehen kann, weil sie niemals einen so geformten Leib bekommen, daß der Mensch sie sehen kann. Sie haben nämlich nur einen Leib, der in dem irdischen und in dem wässerigen Elemente lebt. Und ihre Taten im Erdengeschehen sind Ebbe und Flut, die Vulkanerscheinungen, die erdbebenartigen Erscheinungen. Diese Erscheinungen, denen ja die Naturwissenschaft, wie Sie wissen, auch außerordentlich ratlos gegenübersteht, zeigen dem geistig geschärften Blick als das hinter ihnen Stehende eine Welt von untermenschlichen Wesenheiten. Und diese untermenschlichen Wesenheiten stehen in der Gewalt derjenigen Mächte, die ich in anderem Zusammenhange immer die ahrimanischen Mächte nenne. Und diese ahrimanischen Mächte mit ihren verschiedenen Untergeistern – bis zu den koboldartigen Erscheinungen sind diese Untergeister im irdischen und im wässerigen Elemente der Erde enthalten –, diese ahrimanischen Wesenheiten, die haben sich nun sozusagen eine andere Aufgabe gestellt. Wenn man auf alle diese Wesenheiten hinschaut, so kann man ihnen gar nicht böse sein. Wie sollte man den luziferischen Wesenheiten böse sein? Sie wollen das Allerbeste, nämlich den Menschen zu einem moralischen, selbstverständlichen Wesen machen. Nur würde er niemals unter ihrem Einflusse ein freies

Wesen sein können, sondern ein moralischer Automat. Sie wollen aber das Beste für den Menschen. Die anderen Wesenheiten, die haben sozusagen ihre Festungen unmittelbar unter der Erdoberfläche, aber ihre Wirkungen, die gehen in den menschlichen Stoffwechsel hinauf. Und was Sie sehen als Ebbe und Flut aufsteigen oder was Sie in vulkanischen oder erdbebenartigen Wirkungen nur seltener sehen, das ist immerfort vorhanden in einem Ebben und in einem Fluten im Stoffwechsel des Menschen. Das sind die ahrimanischen Wirkungen.

Während also die luziferischen Geister ihre Festungen in der Luft bauen, um gegen das Irdische für das Moralische zu kämpfen, kämpfen diese Wesenheiten darum, den Menschen zu verhärten, ihn sich ähnlich zu machen. Er würde dadurch im Materiellen unendlich klug werden; unendlich gescheit, unglaublich intelligent würde er werden. Diese Wesenheiten können das nicht direkt erreichen, sie möchten es indirekt erreichen.

[...]

So haben wir tatsächlich in unserer irdischen Menschheitsumgebung zwei Heerscharen, die Heerschar in der Luft, die den Menschen moralisch machen möchte, aber ihn wegheben würde von der Erde, und die ahrimanischen Wesenheiten unmittelbar unter der Erdoberfläche, die den Menschen herunterziehen möchten, die ihn immer an der Erde halten möchten.

Steiner stellt nun eine direkte Verbindung zwischen Naturkatastrophen – längst vergangenen wie auch gegenwärtigen – und der im Menschen wirksamen Kräften her.

In der äusseren Schicht, im Schoß der festen Erde, finden sich in ziemlich großer Zahl gewisse unterirdische Räume, die mit der sechsten Schicht, der Feuer-Erde, in

Verbindung stehen. Dieses Element der Feuer-Erde steht in enger Verwandtschaft mit dem menschlichen Willen. Sie ist es, die jene entsetzlichen Eruptionen hervorgebracht hat, die der lemurischen Epoche ein Ende bereitet haben. Die Kräfte, die den menschlichen Willen speisen, gingen zu dieser Zeit durch eine Krise, welche die Entfesselung jener Feuergewalt herausforderte, in welcher der lemurische Kontinent unterging. Im Laufe der Entwicklung senkte sich diese sechste Schicht immer mehr gegen den Erdmittelpunkt, und aus diesem Grunde wurden die vulkanischen Eruptionen weniger zahlreich. Aber sie finden immer noch statt unter der Einwirkung des menschlichen Willens, der magnetisch auf die Erdschicht wirkt und sie in Unordnung bringt, wenn er schlecht und irregeleitet ist. Gereinigt vom Egoismus kann der menschliche Wille im Gegenteil dieses Feuer besänftigen. Insbesondere die materialistischen Epochen sind begleitet und gefolgt von Erdkatastrophen, Erdbeben und so weiter. Eine stärkere Befolgung der fortschreitenden Entwicklung ist die einzige Alchimie, die nach und nach den Organismus und die Seele der Erde verwandeln könnte.

Hier scheint Steiner interessanterweise indirekt eine Parallele zwischen Katastrophen in alten Zeiten, die durch Menschen verursacht wurden, und unserer modernen CO_2 ausstoßenden Industrie zu ziehen. Er hebt besonders einen menschlichen Einfluß auf das Klima, auf Wetterphänomene und Erdbeben hervor.

SIE WISSEN aus meinem Buche *Akasha-Chronik*, daß die Menschen in der atlantischen Zeit noch über die Samenkräfte, die in den pflanzlichen und tierischen Naturen sind, verfügten und sie so herausziehen konnten, wie der heutige Mensch aus der Steinkohle die Kräfte herauszieht, die er als Dampfkraft zum Treiben seiner Maschinen verwendet. Und ich habe Ihnen gesagt, wenn diese Kräfte extrahiert werden, herausgezogen werden, dann stehen sie in einem geheimnisvollen Zusammenhange zu den Naturkräften in Wind und Wetter und so weiter; und wenn sie der Mensch verwendet in einer den göttlichen Absichten entgegenstehenden Absicht, dann werden diese Naturkräfte heraufgezogen gegen den Menschen.

Dadurch kam die atlantische Überflutung und diejenigen verheerenden Naturgewalten, die dann den Untergang des ganzen atlantischen Kontinentes bewirkten.

Was in den äußeren Naturerscheinungen zutage tritt in Luft und Wasser, in Wolkenbildungen, was als Blitz und Donner erscheint, das ist sozusagen ein letzter Rest – aber ein guter Rest – auf der Erdoberfläche von dem, was an Kräften schon mit dem alten Saturn verbunden war und das sich mit der Sonne abgetrennt hat. Von dem, was in diesen Kräften wirkt, sind die inneren Feuerkräfte der Erde in den Dienst des Ahriman gestellt. Da hat er das Zentrum seines Wirkens. Und während seine geistigen Wirkungen in der geschilderten Art zu den Menschenseelen hinziehen und sie zum Irrtum führen, sehen wir, wie er – in einer gewissen Weise gefesselt – im Inneren der Erde gewisse Angriffspunkte seines Wirkens hat. Wenn man die geheimnisvollen Zusammenhänge kennen würde von dem, was auf der Erde unter dem Einflusse Ahrimans geschehen ist, und dem, was dadurch das eigene Karma Ahrimans geworden ist, so würde man in dem Beben der Erde den Zusammenhang erkennen zwischen dem, was als Naturereignisse in so furchtbar trauriger, tragischer Art vor sich geht, und dem, was auf der Erde waltet. […]

[…] und wir können in einer gewissen Weise den Nachklang dieser Feuerwirkungen, die dem Menschen früher entzogen worden sind, in dem erkennen, was das

Feuer anrichtet in solchen furchtbaren Naturerscheinungen. [...]

Da sehen wir einen Zusammenhang, der allerdings uns wie ein stehengebliebener Rest sonstiger uralter Menschheitskatastrophen erscheint. In der lemurischen Zeit wurde den Menschen die Gewalt entzogen, auf das Feuer zu wirken. Vorher konnte der Mensch auf das Feuer wirken. Daher ist das alte Lemurien zugrunde gegangen durch die Feuerleidenschaften der Menschen. Da war dasselbe Feuer, das jetzt unten ist, oben. Damals ist das Feuer zurückgetreten von der Erdoberfläche; dasselbe Feuer, das wie ein Extrakt aus dem Urfeuer herausgekommen ist, ist das unorganische Feuer, das mineralische Feuer von heute. Ebenso ist es gegangen mit den Kräften, die durch Luft und Wasser gehen und die durch die Leidenschaften der Menschen die Katastrophen von Atlantis herbeigeführt haben. Es war ein Gesamt-Menschheitskarma, das diese atlantischen Katastrophen hervorgerufen hat. Aber es ist ein Rest davon geblieben, und dieser Rest ruft die Nachklänge dieser Katastrophen hervor. Unsere Vulkanausbrüche und unsere Erderschütterungen sind nichts anderes als die Nachklänge dieser Katastrophen.

Kapitel IX: Den Kelch heben

Der innere Kosmos

> Wir kehren wieder zum Ausgangspunkt zurück, das heißt zum Menschen: zu unserer Fähigkeit oder deren Mangel, uns gänzlich auf das labile Gleichgewicht einzustellen, in dem sich die Erde befindet; sie sowohl mit Herz und Hand als auch mit dem Kopf zu begreifen. Steiners Wiederholungen des Wortes «Kopf» in der nachstehenden Passage läßt mich an den «kopfartigen» Computer denken, durch den sich heute so viele von uns – wenngleich in sehr abstrakter und oft oberflächlicher Weise – mit allem «verbinden». Um zu lernen, in stärkerem Einklang mit der Schöpfung zu leben, müssen wir das hart erkämpfte Ichbewußtsein, das die einzige Grundlage für eine ökologische Verantwortlichkeit zu bilden vermag, jedoch nicht preisgeben.

Auf der einen Seite steckt heute der Mensch, der in das Bewußtseinsseelenzeitalter hineinwächst, in seinen abstrakten Kopfideen darinnen. Auf der andern Seite aber lebt – wenn ich mich so ausdrücken darf – außerhalb des Kopfes das Begehren, mehr zu erleben, als was der Kopf erleben kann. Mit der Natur hat der Mensch ja zunächst nur ein Verhältnis, das sich eben zwischen seinem Kopfe und der Natur bildet: alles, was der Mensch heute in seiner Wissenschaft von der Natur aufnimmt, ist für ihn nur insofern gültig, als er es durch den Kopf erworben hat. Es steht heute eigentlich immer zwischen dem Menschen und der Natur der Kopf des Menschen. Es ist, als ob alles, was von der Welt an den Menschen herankommt, sich zusammenschoppen würde im Kopfe, als ob der Kopf ganz verstopft wäre – verzeihen Sie den harten Ausdruck –, so daß er durch seine dicken Schichten nichts durchläßt von dem, was Verhältnis zur Welt werden könnte. Es bleibt alles im Kopfe stecken, man denkt alles nur mit dem Kopfe durch. Aber man kann doch nicht als bloßer Kopf leben, man hat ja an den Kopf angewachsen noch den übrigen Organismus. Das Leben dieses übrigen Organismus bleibt dumpf, unbewußt, weil der Mensch alles nach dem Kopfe hinleitet. Und da stockt alles. Der übrige Mensch hat nichts von der Welt, weil der Kopf ihm nichts zukommen läßt. Der Kopf ist allmählich ein Nimmersatt geworden. Er will alles von der Außenwelt haben und der Mensch muß dann mit seinem Herzen, mit seinem übrigen Organismus so leben, als ob er überhaupt gar nicht in diese Welt hereingekommen wäre, als ob er gar nichts mit dieser Umwelt zu tun hätte.

Aber dieser übrige Organismus entwickelt eben Wunsch, Wille, Begehrungsvermögen, und die fühlen sich dann vereinsamt. Weil zum Beispiel die Augen alle Farben auffangen und im Kopfe nur noch einen spärlichen Rest davon erleben lassen, so können die Farben nicht hinunter, sie können nicht ins Blut, nicht in das außerhalb des Kopfes befindliche Nervensystem. Der Mensch weiß nur noch in seinem Kopfe etwas von der Welt. Ein um so intensiveres Begehrungsvermögen hat er aber, auch mit seinem übrigen Organismus mit der Welt in irgendeiner Weise zusammenzukommen. In dem aufwachsenden Menschen lebt das Begehren, nicht nur mit dem Kopfe, sondern auch mit dem übrigen Organismus sich irgendwie mit der Welt zusammenzufinden, denken zu lernen, die Welt erfahren zu lernen nicht nur mit dem Kopfe, sondern mit dem ganzen Menschen.

Die folgende Vision – kein geringeres Wort ist hier am Platz – der unermeßlichen Welten im Menschen, welche die unermeßlichen Welten widerspiegeln, die uns umgeben, kann jenes Gefühl der Ehrfurcht wecken, das allem tiefenökologischen Denken zugrunde liegt.

Es ist ja wunderbar das jenige, was wir sehen, wenn wir, sagen wir, eine schöne Landschaft bewundern können. Es ist wunderbar dasjenige, was wir sehen, wenn wir nächtlich den Sternenhimmel in all seiner Pracht bewundern. Aber dasjenige, was im Menschen drinnen ist, wenn wir den Menschen nicht mit dem physischen Auge des Anatomen anschauen, sondern mit geistigem Auge anschauen, wenn wir eine menschliche Lunge, eine menschliche Leber – verzeihen Sie, daß ich alle diese Organe nenne –, wenn wir diese Organe mit geistigem Auge anschauen, so sind das ja Welten, zusammengerollt. Gegenüber aller Pracht und Herrlichkeit der äußeren Flüsse und Berge, der Erdenwelt, gegenüber all dieser äußeren Pracht ist eine viel größere, eine erhabenere Pracht alles dasjenige, was innerhalb der Haut des Menschen auch nur als physische Organisation liegt. Daß das kleiner ist als die scheinbar so große Raumeswelt, das macht es nicht aus. Wenn Sie dasjenige überschauen, was in einem einzigen Lungenbläschen liegt, so ist das großartiger als dasjenige, was in den mächtigen Alpenmassiven liegt. Dasjenige, was innerhalb des Menschen ist, ist nämlich zusammenverdichtet der ganze geistige Kosmos. In der menschlichen Innenorganisation haben wir ein Bild des ganzen Kosmos.

Die Erde durch Mitgefühl wärmen

Der Sinn der menschlichen Evolution und der eng damit verbundenen Evolution der Erde besteht darin, Liebe und Mitgefühl zu entwickeln. Unser Organismus ist der Stoff, der, dem Kerzenwachs vergleichbar, in

Licht verwandelt werden kann. Obwohl Steiner es hier, in dieser kraftvollen, erhebenden Passage, nicht ausdrücklich ausspricht, scheint mir, daß auch das Gegenteil zutrifft: Die Herzlichkeit und Wärme, die wir nicht in Mitgefühl mit der Natur verwandeln – aus der wir hervorgehen, die uns trägt und für die wir als «erwachsener» gewordene Menschheit verantwortungsbewußt zu sorgen vermögen –, könnte eine Stufe «zurückfallen» und sich als physikalische Wärme in der globalen Erderwärmung manifestieren. Auf jeden Fall besteht darin die Herausforderung, vor der wir nun stehen: Entweder entfalten wir die «Blüte» des Mitgefühls und verwirklichen dieses durch aktives, verantwortungsvolles Handeln in den zahllosen Lebensbereichen, oder wir versinken in den durch menschliche Selbstsucht und Kurzsichtigkeit verursachten Umweltschäden.

Was der Organismus produziert an innerer Wärme in unserem Blut, an Wärme, die er uns durch die gesamten inneren Prozesse zuleitet, das zeigt, daß wir in den Erwärmungsvorgängen etwas zu sehen haben wie eine Blüte aller anderen Prozesse im Organismus. Die innere Wärme des Organismus dringt bis hinauf in das Geistig-Seelische und kann sich bis in Geistig-Seelisches hinein verwandeln. Das ist das Höchste, das Schönste, das durch die Kraft des Menschenleibes Physisches umgewandelt werden kann in Geistig-Seelisches. Wenn alles, was im menschlichen irdischen Organismus veranlagt ist, zu Wärme geworden ist und die Wärme vom Menschen in der rechten Weise umgewandelt wird, dann entsteht aus der inneren Wärme Mitgefühl und Interesse für andere Wesen. Wenn wir durch alle Prozesse des menschlichen Organismus hindurch aufsteigen bis zum obersten Niveau, den Erwärmungsprozessen, so schreiten wir gleichsam durch das Tor des menschlichen Organismus, das gebildet wird durch die Wärmeprozesse, hinauf bis dahin, wo die Wärme des Blutes verwertet wird durch das, was die Seele daraus macht. Durch lebendiges Interesse für alle Wesen, durch Mitgefühl für alles, was um uns herum ist, erweitern wir, indem unser physisches Leben uns bis zur Wärme hinaufführt, unser Geistig-Seelisches über das gesamte irdische Dasein, und wir machen uns eins mit dem gesamten Dasein. Es ist eine wunderbare Tatsache, daß die Weltwesenheit den Umweg gemacht hat durch unseren physischen Organismus, um uns zuletzt die innere Wärme zu geben, die wir Menschen in der Erdenmission berufen sind umzuwandeln durch unser Ich in lebendiges Mitfühlen mit allen Wesen.

Wärme wird in Mitgefühl umgewandelt in der Erdenmission!

Die Tätigkeit des menschlichen Organismus benützen wir sozusagen als Heizwärme für den Geist. Das ist der Sinn der Erdenmission, daß der Mensch als physischer Organismus dem Erdenorganismus so eingelagert ist, daß alle physischen Prozesse zuletzt ihre Vollendung, ihre Krone in der Blutwärme finden, und daß der Mensch als Mikrokosmos in Erfüllung seiner Bestimmung diese innere Wärme wiederum umwandelt, um sie auszuströmen als lebendiges Mitgefühl und Liebe für alles, was uns umgibt. Durch alles, was wir aus lebendigem Interesse in unsere Seele aufnehmen, wird unser Seelenleben erweitert. Und wenn wir dann durch viele Inkarnationen gegangen sind, in denen wir alle Wärme, die uns gegeben worden ist, verwertet haben, dann wird die Erde ihr Ziel, das innerhalb der Erdenmission zu erfüllen war, erreicht haben, dann wird sie als Erdenleichnam hinuntersinken und dem Verfall überliefert sein. Und aufsteigen wird die Gesamtheit aller jener Menschenseelen, die die physische Wärme umgewandelt haben in Herzenswärme. Wie die einzelne Seele, wenn der Mensch durch die Pforte des Todes gegangen ist, aufsteigt zu einer geistigen Welt, nachdem der physische Leichnam den Erdenkräften übergeben wurde, so wird einstmals der Erdenleichnam den Weltenkräften übergeben werden, und die einzelnen Menschenseelen werden zu neuen Daseinsstufen fortschreiten. Nichts in der Welt geht verloren. Was die Menschenseelen als Früchte auf der Erde errungen haben, das wird durch die Menschenseelen in Ewigkeiten hinübergetragen.

Quellenverzeichnis

Erwähnte und zitierte Bände der Rudolf Steiner Gesamtausgabe (GA), Rudolf Steiner Verlag, Dornach:

9 Theosophie. Einführung in übersinnliche Welterkenntnis und Menschenbestimmung (2003)

10 Wie erlangt man Erkenntnisse der höheren Welten? (1993)

11 Aus der Akasha-Chronik (1986)

13 Die Geheimwissenschaft im Umriß (1989)

30 Methodische Grundlagen der Anthroposophie (1989)

60 Antworten der Geisteswissenschaft auf die großen Fragen des Daseins (1983)

94 Kosmogonie (2001)

98 Natur- und Geistwesen – ihr Wirken in unserer sichtbaren Welt (1996)

105 Welt, Erde und Mensch (1983)

107 Geisteswissenschaftliche Menschenkunde (1988)

120 Die Offenbarungen des Karma (1992)

128 Eine okkulte Physiologie (1991)

177 Die spirituellen Hintergründe der äußeren Welt. Der Sturz der Geister der Finsternis (1999)

178 Individuelle Geistwesen und ihr Wirken in der Seele des Menschen (1992)

181 Erdensterben und Weltenleben. Anthroposophische Lebensgaben. Bewußtseins-Notwendigkeiten für Gegenwart und Zukunft (1991)

201 Entsprechungen zwischen Mikrokosmos und Makrokosmos (1987)

217 Geistige Wirkenskräfte im Zusammenleben von alter und junger Generation (1988)

223 Der Jahreskreislauf als Atmungsvorgang der Erde und die vier großen Festeszeiten. Die Anthroposophie und das menschliche Gemüt (1990)

224 Die menschliche Seele in ihrem Zusammenhang mit göttlich-geistigen Individualitäten (1992)

226 Menschenwesen, Menschenschicksal und Welt-Entwicklung (1988)
228 Initiationswissenschaft und Sternenerkenntnis (2002)
230 Der Mensch als Zusammenklang des schaffenden, bildenden und gestaltenden Weltenwortes (1993)
234 Anthroposophie – eine Zusammenfassung nach einundzwanzig Jahren (2008)
311 Die Kunst des Erziehens aus dem Erfassen der Menschenwesenheit (1989)
327 Geisteswissenschaftliche Grundlagen zum Gedeihen der Landwirtschaft (1999)
347 Die Erkenntnis des Menschenwesens nach Leib, Seele und Geist. Über frühe Erdzustände (1995)
348 Über Gesundheit und Krankheit. Grundlagen einer geisteswissenschaftlichen Sinneslehre (1997)
351 Mensch und Welt. Das Wirken des Geistes in der Natur. Über das Wesen der Bienen (1999)
352 Natur und Mensch in geisteswissenschaftlicher Betrachtung (1981)
353 Die Geschichte der Menschheit und die Weltanschauungen der Kulturvölker (1988)
354 Die Schöpfung der Welt und des Menschen. Erdenleben und Sternenwirken (2000)

Nachweise

Die ersten Wörter eines neuen Textauszugs sind jeweils in KAPITÄLCHEN gesetzt, größere Auslassungen in einem zusammenhängenden Text durch eine Leerzeile gekennzeichnet. Folgt ein Auszug aus einem anderen Text, ist er durch doppelte Leerzeile vom vorangehenden getrennt und der Anfang erneut durch KAPITÄLCHEN hervorgehoben.

Seite

13 *Die folgenden Worte Goethes:* GA 9, S. 24–28. – *Sobald der Mensch die Gegenstände um sich her gewahr wird:* Johann Wolfgang Goethe: «Der Versuch als Mittler von Objekt und Subjekt»; *Goethes Naturwissenschaftliche Schriften,* mit Einleitungen, Fußnoten und Erläuterungen herausgegeben von Rudolf Steiner, Zweiter Band (Goethes Werke vierunddreißigster Teil), Berlin und Stuttgart (Kürschners «Deutsche National-Litteratur», [1887]; Reprint: Rudolf Steiner Verlag, Dornach 1975; S. 10 f.

16 *Die Betrachtung des Menschen hat gezeigt:* A. a. O., S. 90–95.

18 *Kein blinder Glaube:* A. a. O., S. 176–180.

20 *Und was der Erkenntnis Suchende:* A. a. O., S. 185–189. – *mit unserem «Ich»:* Steiner zufolge haben wir, abgesehen von unserem physischen Leib, mit dem Pflanzenreich auch einen ätherischen oder Lebensleib gemeinsam und mit den Tieren einen astralischen oder Seelenleib. Der Ätherleib ist hauptsächlich mit Rhythmischem, mit der Zirkulation und gewohnheitsmäßigen Handlungen verbunden, während der Astralleib der Sitz der Leidenschaften, Gefühle und der Seele ist. Der vierte und ewige Aspekt unseres Wesens ist das Ich, das nach dem Tod weiterexistiert und später danach strebt, sich wieder in einem neuen Körper zu inkarnieren.

22 *Der Anfang muß damit gemacht werden:* GA 10, S. 43–45.

23 *Eine weitere Pflege hat der Geheimschüler:* GA 10, S. 48–49. – *Geheimschüler:* Wie Rudolf Steiner anfangs seine geistigen Forschungen im Gegensatz zur Naturwissenschaft als

«Geheimwissenschaft» in dem Sinne bezeichnete, daß sie von dem handeln, was «nicht draußen in der Natur wahrgenommen wird, sondern da, wohin die Seele sich orientiert, wenn sie ihr Inneres nach dem Geiste richtet» (GA 13, S. 29), so gebrauchte er für diejenigen, die sich einer geistigen Schulung unterziehen, den Begriff «Geheimschüler».

24 *Der erste Anfang wird damit gemacht:* A. a. O., S. 53 f.

25 *Man lege ein kleines Samenkorn:* A. a. O., S. 60–64. – *Auf dieses Unsichtbare lenke man nun Gefühl und Gedanken:* Rudolf Steiner setzte hier folgende Fußnote: «Wer da einwenden wollte, daß bei einer genaueren mikroskopischen Untersuchung sich ja doch die Nachahmung von dem wirklichen Samenkorn unterscheide, der zeigte nur, daß er nicht erfaßt hat, worauf es ankommt. Es handelt sich nicht darum, was man genau wirklich in sinnenfälliger Weise vor sich hat, sondern darum, daß man daran seelisch-geistige Kräfte entwickele.» (A. a. O., S. 61)

29 *Denn darauf kommt es an:* A. a. O., S. 66.

Man muß wissen: A. a. O., S. 109–111.

30 *Wenn man aber diese andere Orientierung:* Vortrag Wien, 1. Oktober 1923, GA 223, S. 156–160. – *Um auf dem sozialen Gebiete mitreden zu können:* Dies ließe sich natürlich auch in bezug auf die Umweltprobleme sagen.

34 *Nun sind aber tatsächlich die Pflanzen:* Vortrag Koberwitz, 14. Juni 1924, GA 327, S. 168 f.

37 *Heute reden die Leute über die Natur:* Vortrag 12. April 1924, GA 353, S. 153 f.

38 *Man muß wissen zum Beispiel:* Vortrag St. Gallen, 16. November 1917, GA 178, S. 62 f.

39 *Aus manchem, was Sie aus der Geisteswissenschaft:* Vortrag Berlin, 30. März 1918, GA 181, S. 145 f.

41 *Im Menschen finden fortwährend materielle:* A. a. O., S. 147 f.

Der Mensch ist als physisches Wesen: Vortrag Dornach, 9. Mai 1920, GA 201, S. 194.

42 *Wir wollen heute einmal diesen Kreislauf:* Vortrag Dornach, 31. März 1923, GA 223, S.12 f.

44 *Nun sehen wir auf das hin:* Vortrag Dornach, 2. Mai 1920, GA 201, S. 167 f.

45 *Ich habe schon oftmals auf dieses Entsprechen:* Vortrag 16. April 1920, GA 201, S. 57–59.

49 *In der sichtbaren Welt:* Vortrag Stuttgart, 6. August 1908, GA 105, S. 49–56. – *die devachanische Welt:* Theosophischer Ausdruck für die geistige Welt.

54 *Und so betrachten wir nun:* A. a. O., S. 59.

55 *während wir durch die Schwere:* Vortrag Dornach, 2. Februar 1924, GA 234, S. 85–87.

59 *Es ist wohl aus den Betrachtungen:* Vortrag Dornach, 17. April 1920, GA 201, S. 69.

60 *man kommt nur zu einem wirklichen Ergebnis:* A. a. O., S. 71 f.

Aber der Mensch ist herausgerissen: A. a. O., S. 75.

So können wir auf diese Art: A. a. O., S. 78 f.

61 *Expressionistische Maler werden behaupten:* A. a. O., S. 81–83.

63 *Sie wissen ja, daß die Erde:* Vortrag Dornach, 9. Februar 1924, GA 352, S. 81–98.

78 *Der Fisch hat das Wasser in sich:* Vortrag Dornach, 28. Oktober 1923, GA 230, S. 103–105.

81 *Maria Thun und Lawrence Edwards:* Maria Thun gibt den jährlich erscheinenden Kalender *Aussaattage* heraus und hat zahlreiche Bücher verfaßt; von Lawrence Edwards ist auf deutsch *Geometrie des Lebendigen* erschienen.

Denn wie jeder Stein: Vortrag Berlin, 8. Dezember 1910, GA 60, S. 165.

82 *So aufgefaßt, lassen sich die Pflanzen:* A. a. O., S. 174.

Wenn man ein Pflanzenblatt betrachtet: A. a. O., S. 179.

83 *So müssen wir materiell allerdings:* A. a. O., S. 183.

Wie ist es mit einem Körper bestellt: Vortrag Dornach, 9. August 1924, GA 354, S. 147.

Ein Wesen, das so fein riechen würde: A. a. O., S. 151 f.

85 *Dann kann man sagen:* A. a. O., S. 154.

86 *Mit diesem tierischen Leben:* Vortrag Dornach, 23. September 1922, GA 347, S. 134.

87 *Überhaupt braucht der Mensch:* Vortrag Dornach, 31. Juli 1924, GA 354, S. 95–97.

89 *Sehen wir uns die Pflanzenwelt an:* Vortrag Dornach, 10. November 1923, GA 230, S. 184–186.

92 *mit den Worten von Dylan Thomas:* Vgl. sein Gedicht «The force that through the green fuse drives the flower», deutsch von Robert P. Harrison, in: Dylan Thomas: *Windabgeworfenes Licht,* München 1992; S. 125.

Der Mensch, der einfach in die gegenwärtige: Vortrag Wien, 28. September 1923, GA 223, S. 111–113. – *das menschliche Dasein sollte eigentlich eine fortdauernde Erlösung sein verzauberter Elementargeister:* Shakespeares *Sturm* zeichnet ein lebendiges Bild von der Verzauberung eines Elementarwesens, des Luftgeistes Ariel, obwohl sich in diesem Fall der Herrscher Prospero die Verzauberung absichtlich für seine eigene Zwecke zunutze macht. Ariel erlangt schließlich am Ende des Stücks seine Freiheit zurück.

95 *die Materie sei überhaupt nichts Festes:* Ein kürzlich im *Observer* erschienener Artikel stellt fest: «Aber Wissenschaftler wissen jetzt, daß die Welt nicht so einfach ist. Während gemäß der besten Theorie, über die Physiker verfügen, ein Ziegelstein so viel wiegt wie die Atome in ihm [...], haben die elementaren Bausteine in den Atomen überhaupt kein Gewicht. Indem die Materie in immer kleinere Bestandteile zerlegt wird, von Molekülen zu Atomen zu Quarks, scheint sich die Masse vor unseren Augen in Luft aufzulösen. Die Physiker haben nie verstanden warum.» (17. 11. 2007).

Die geistige Anschauung führt uns: Vortrag Dornach, 2. November 1923, GA 230, S. 111–119. – *mit einer imaginativen und inspirierten Weltanschauung:* Imagination, Inspiration und Intuition sind höhere geistige Wahrnehmungsfähigkeiten, die der Mensch bewußt entwickeln kann. Vgl. etwa die Ausführungen dazu in GA 13, insbesondere S. 340–372.

103 *Hier oben kommt die Pflanze:* Vortrag Dornach, 2. November 1923, GA 230, S. 120–122.

105 *Die Sylphen empfinden ihr Selbst:* A. a. O., S. 123 f. – *Sie [die Feuergeister] folgen überall den Spuren der Insekten, die von Blüte zu Blüte schwirren:* Vgl. Ariels Lied in William Shakespeares *Sturm* (5. Aufzug, 1. Szene): «Wo die Bien, saug ich mich ein [...].»

106 *Wenn die Erde dicht ist:* A. a. O., S. 127. – *dasjenige, was Erdendichte, Erdenmagnetismus, Erdenschwere ist, indem es nach aufwärts strebt:* Die Schwerkräfte haben ihr Zentrum natürlich in der Erde. Steiner meint hier vermutlich, daß die Pflanze aus einer Verbindung von Erde und kosmischen Kräften heraus schafft und geschaffen wird. Indem die Pflanze dem Kosmos physische Materie entgegenträgt, steigt das Irdische in ihr empor.

108 *Nun schauen wir uns den Baum an:* Vortrag Koberwitz, 15. Juni 1924, GA 327, S. 179–187. – *die auf dem Baum wachsende parasitische Pflanze:* Parasitisch nur in dem Sinne, daß Steiner sich hier Blätter und Blüten eines Baumes gewissermaßen als dem Stamm aufgepfropft vorstellt; sie sind daher stärker von der Erde getrennt, als es bei einer Krautpflanze der Fall ist.

115 *Aber man kann, wenn man:* A. a. O., S. 189 f. – *So wie ... die Sträucher eine intime Beziehung zu den Säugetieren haben:* Steiner führt diese Beziehungen an anderen, hier nicht aufgenommenen Stellen dieses Vortrags aus.

117 *Nun, durchforschen Sie alles:* Vortrag Dornach, 26. Oktober 1923, GA 230, S. 68–70.

119 *Was Sie nun hier haben unter dem Einflusse:* A. a. O., S. 72–74.

122 *Sie wissen, der Schmetterling legt:* Vortrag Dornach, 19. Oktober 1923, GA 230, S. 22–24. – *was vom Sonnenlichte, wie ich Ihnen gesagt habe, in die Kromlechs hineingeht:* Vorträge vom 9. und 10. September 1923, GA 228, S. 85 f., 89–94, 103–117. – *Kromlech:* Steinkreise (oder -halbkreise) der Megalithkulturen (von walisisch *crom,* «Krümmung, Kreis» und *llech,* «flacher Stein»).

124 *Sie werden doch ohne weiteres sehen:* Vortrag Dornach, 5. Januar 1923, GA 348, S. 197–205. – *ein Freund des Botanikers Gleditsch:* Die Geschichte wird in dem Büchlein von Wilhelm von Buttlar, *Instinkt und Verstand der Tiere,* Berlin/Leipzig o. J. [1907] wiedergegeben, das sich in Rudolf Steiners Bibliothek befindet (S. 55). Es enthält auch die Schilderungen zum Totengräberkäfer und der Beobachtung durch Darwin (S. 53–55). – *Johann Gottlieb Gleditsch* (1714–1786), deutscher Botaniker und Arzt. – *Darwin hat gesagt:* Charles Robert Darwin (1809–1882). Vgl. sein grundlegendes Werk *Über die Entstehung der Arten durch natürliche Zuchtwahl* (*On the origin of species by means of natural selection, or the preservation of favoured races in the struggle for life,* 1859), 4. Kapitel: «Natürliche Zuchtwahl oder Überleben des Passendsten». – *Ich habe für Darwin geschrieben:* Vgl. etwa Steiners *Schrift Haeckel und seine Gegner* (1899) und die Aufsätze «Charles Lyell. Zur hundertjährigen Wiederkehr seines Geburtstages» (1897), «Die Kämpfe um Haeckels ‹Welträtsel›» (1900), alle in GA 30.

133 *Es gibt sogar eine Ameisenart:* Vortrag Dornach, 15. Dezember 1923, GA 351, S. 230–234. – *und holen sich eine bestimmte Grasart:* «Die ackerbautreibende Ameise (Myrmica molificans Darw.) in Texas schützt ihren Bau durch einen bis 50 cm hohen Ringwall, reinigt und ebnet das den Wall umgebende Land bis auf 1 m Entfernung und läßt hier keine Pflanze aufkommen als ein Gras, Aristida oligantha, pflegt dasselbe mit steter Sorgfalt und erntet die reifen Körner, welche in einem Teil des Baues von den Spelzen gereinigt und dann fortgepackt werden.» (*Meyers Konversationslexikon,* Leipzig und Wien, Vierte Auflage, 1885–1892, Bd. 1, S. 453). – *So hat sie Darwin genannt:* Vgl. *Brehms Thierleben. Allgemeine Kunde des Thierreichs* (Neunter Band, Vierte Abtheilung: Wirbellose Thiere, Erster Band: Die Insekten, Tausendfüßler und Spinnen, Leipzig, 21884, S. 266): «Die ackerbautreibende Ameise (Myrmica molificans) ist Gegenstand eines Berichtes geworden, welchen Darwin an die Linnean society in London auf Grund der in Texas von Linsecom angestellten Beobachtungen abgestat-

tet hat.» Im weiteren wird dort aus diesem Bericht über das Vorgehen dieser Ameisen zitiert.

137 *Und sehen Sie, dasjenige, was diese Blumen:* A. a. O., S. 238–244.

143 *In der Natur ist nämlich:* Vortrag Dornach, 26. November 1923, GA 351, S. 145–147.

146 *Dasjenige, was Sie mit dem amerikanischen Klee:* Vortrag Dornach, 10. Dezember 1923, GA 351, S. 200 f.

147 *Denken Sie sich: Ein Bienenvater:* Vortrag Dornach, 1. Dezember 1923, GA 351, S. 177 f.

149 *Gehen wir zunächst einmal:* Vortrag Dornach, 5. Dezember 1923, GA 351, S. 182–189.

152 *Der Herr ... hat durch seine Frage:* Vortrag Dornach, 3. Februar 1923, GA 348, S. 316–319.

157 *Man kann eigentlich den Löwen:* Vortrag Dornach, 19. Oktober 1923, GA 230, S. 15–22.

164 *Haben Sie schon einmal nachgedacht:* Vortrag Koberwitz, 12. Juni 1924, GA 327, S. 96 f.

166 *Die Bibertiere, die man ja:* Vortrag Dornach, 10. Januar 1923, GA 348, S. 231–237, 242–247. – *was ich Ihnen vorgestern gesagt habe:* Siehe Kapitel «Verstand der Insekten» oben S. 124 ff. – *In diesem Schwanz ... hat er den zusammengesammelten Verstand drinnen:* Das widerspricht nicht unbedingt der Tatsache, daß der Biber seinen Schwanz beim Schwimmen als Paddel und auf dem Land dazu benutzt, das Gleichgewicht zu halten oder andere vor nahender Gefahr zu warnen. Der «zusammengesammelte Verstand», von dem Steiner spricht, kann auch auf diese Weise wirken.

176 *Bevor wir zu unseren eigentlichen:* Vortrag Hamburg, 17. Mai 1910, GA 120, S. 34–36. – *Karmafragen [...], wie sie angekündigt sind:* Der Vortragsauszug stammt aus dem Zyklus *Die Offenbarungen des Karma* (GA 120).

178 *Wir haben also eine Menschheit:* A. a. O., S. 46.

Wir schauen auf die Tiere: A. a. O., S. 52 f.

180 *Überall da, wo verschiedene Naturreiche:* Vortrag Köln, 7. Juni 1908, GA 98, S. 89 f. – *In Zeiten niederer Kulturen:* Wer sich an dem Ausdruck stößt, möge bedenken, daß der

anerkannte Begriff «Hochkulturen» logischerweise auch niedrigere bedingt.

183 *Wenn man dem Kinde einzelne Pflanzen:* Vortrag Torquay, 14. August 1924, GA 311, S. 44–50.

186 *Auch in bezug auf seine übrigen Organe:* A. a. O., S. 51 f.

187 *Aber Sie ersehen daraus:* A. a. O., S. 54.

Warum gehen denn heute die Menschen: A. a. O., S. 55 f.

189 *Nun, eine Landwirtschaft erfüllt:* Vortrag Koberwitz, 10. Juni 1924, GA 327, S. 42–48.

194 *Das Sonnenhafte wirkt vorzugsweise:* A. a. O., S. 56–59. – *unser Freund Stegemann:* Ernst Stegemann (1882–1943), Klostergutspächter in Marienstein bei Göttingen, langjähriger Vorsitzender des Versuchsringes anthroposophischer Landwirte.

197 *Nun aber dasjenige, was auf der Erde:* A. a. O., S. 59 f.

198 *Denn Sie müssen ja wissen:* A. a. O., S. 62.

Der gewöhnliche Stalldünger: Vortrag Koberwitz, 12. Juni 1924, GA 327, S. 98 f.

199 *Die Kuh hat Hörner:* A. a. O., S. 97–103.

204 *Ich will nur voraussetzen:* Vortrag Koberwitz, 13. Juni 1924, GA 327, S. 120–139. – *nicht allein so, wie ich es gestern gesagt habe:* Siehe oben, S. 199 ff. – *das Geweih [...], das die gestern auseinandergesetzte Aufgabe hat:* Siehe Kapitel «Kuh und Hirsch», S. 164. – *verzeihen Sie, Herr Graf:* Der Kurs fand auf dem Schloß von Carl Graf von Keyserlingk statt.

223 *Nun sehen Sie, wenn Sie an etwas mit dem Schädel:* Vortrag Koberwitz, 11. Juni 1924, GA 327, S. 77 f.

225 *Und ich kann Ihnen sagen:* Vortrag Dornach, 5. Dezember 1923, GA 351, S. 183–186. – *wenn der einzelne der Herren eine Bienenzucht:* Es handelt sich hier um einen Vortrag vor den am Bau des Goetheanum beteiligten Arbeitern. – *Wir haben Versuche gemacht mit einem Mittel gegen die Maul- und Klauenseuche:* Genaueres dazu in: Joseph Werr, *Tierzucht und Tiermedizin im Rahmen biologisch-dynamischer Landwirtschaft*, Stuttgart 1953. – *wenn eine Kuh über dreißig Liter Milch im Tag geben soll:* Gemäß einer 1997 an der Veterinärmedizinischen Fakultät der Universität Bern ein-

gereichten Dissertation von Karin Aeberhard über «Hochleistungskühe in der Schweiz» erbrachten diese Mitte der 1990er Jahre bereits zwischen 50 und 70 kg Milch pro Tag. (http://www.db-alp.admin.ch/de/publikationen/docs/pub_AeberhardK_1997_12757.pdf)

229 *Sie wissen ja, es gibt Tiere:* Vortrag Dornach, 13. Januar 1923, GA 348, S. 256–258.

231 *Es ist wirklich nicht gleichgültig:* Vortrag Koberwitz, 16. Juni 1924, GA 327, S. 199 f.

233 *Aber nach dem allgemeinen Weltengang:* Vortrag Dornach, 20. Oktober 1923, GA 230, S. 33, 35, 37 f., 42.

235 *Ich habe vollbedacht öfter jetzt:* Vortrag Dornach, 25. November 1917, GA 178, S. 219 f. – *auf die ich bei dem andern Problem hingewiesen habe:* Beim Problem des Zusammenspannens von Menschen- und Maschinenkraft (a. a. O., S. 218). Steiner machte da deutlich, daß die Entwicklung nicht aufzuhalten ist, daß es aber darauf ankommt, von wem und zu welchen Zwecken sie gefördert wird. – *eine materialistische Ausgestaltung der Wissenschaft von der Zeugung:* Diese ist natürlich heute bereits im Gang. Steiner hat sich im Vortrag vom 7. Oktober 1917 (GA 177) dazu geäußert.

236 *Von [Westen her] wird angestrebt:* Vortrag Dornach, 25. November 1917, GA 178, S. 227 f.

Frage: Ist es überhaupt erlaubt: Fragenbeantwortung Koberwitz, 16. Juni 1924, GA 327, S. 220–222.

238 *In der Zeit, als es keine elektrischen Ströme gab:* Vortrag Stuttgart, 11. Juli 1923, GA 224, S. 109.

239 *Ausgehen möchte ich heute:* Vortrag Dornach, 30. Juli 1916, GA 170, S. 26–28. – *was wir gestern an einem typischen Beispiel darzustellen versuchten:* Im vorangehenden Vortrag vom 29. Juli sprach Steiner über Otto Weininger (1880–1903), der sich mit 23 das Leben nahm, und dessen Werke *Geschlecht und Charakter* (1903) und *Über die letzten Dinge* (1904).

243 *Die übersinnliche Natur:* Vortrag London, 16. November 1922, GA 218, S. 143–147. – *eines Londoner Nebels:* Es herrschte damals in London ungewöhnlich dicker Nebel.

247 *In der äußeren Schicht:* Vortrag Paris, 12. Juni 1906, GA 94, S. 110. – *der lemurischen Epoche:* Steiners Bezeichnung für das dritte von sieben großen Hauptzeitaltern der Erde. Es ging demjenigen der Atlantis voraus, das mit der «Großen Flut» endete. Wir befinden uns nun im fünften oder nachatlantischen Zeitalter. Dieses ist wiederum in sieben Kulturepochen gegliedert, von denen die mittlere die griechische und römische Kultur und somit auch die Zeit der Inkarnation Christi umfaßte.

248 *Sie wissen aus meinem Buche:* Vortrag Berlin, 1. Januar 1909, GA 107, S. 169 f. – *Akasha-Chronik:* Siehe GA 11.

249 *Was in den äußeren Naturerscheinungen:* Vortrag Berlin, 1. Januar 1909, GA 107, S. 178–180.

251 *Auf der einen Seite steckt heute:* Vortrag Stuttgart, 13. Oktober 1922, GA 217, S. 156 f. – *Bewußtseinsseelenzeitalter:* Die Bewußtseinsseele ist ein Stadium der Bewußtseinsentwicklung, das durch objektives, wie von außen getätigtes Betrachten und durch Verantwortlichkeit charakterisiert ist. Gegenwärtig findet dies seinen Ausdruck vielleicht in der rasch sich entwickelnden Einsicht in die Notwendigkeit, sich um den Planeten zu kümmern und den Gefahren der globalen Erwärmung entgegenzuwirken.

253 *Es ist ja wunderbar dasjenige:* Vortrag Kristiania (Oslo), 17. Mai 1923, GA 226, S. 33 f.

254 *Was der Organismus produziert:* Vortrag Prag, 28. März 1911, GA 128, S. 177 f. – *und die einzelnen Menschenseelen werden zu neuen Daseinsstufen fortschreiten:* Nach der gegenwärtigen fünften nachatlantischen Epoche, die Steiner zufolge mit dem «Krieg aller gegen alle» enden wird, werden noch zwei weitere Epochen der Erdentwicklung folgen, bevor sich die Erde auflöst und in den «Pralaya»-Zustand übergeht, die Periode der Auflösung oder Ruhe zwischen zwei Erdverkörperungen. Das heißt jedoch nicht, daß es keine Rolle spielt, ob wir die Grundlagen des menschlichen Lebens auf Erden vorzeitig zerstören. Täten wir dies, würden wir uns – und die Kreaturen und Wesen, mit denen wir den Planeten teilen – der Mittel berauben, einen notwendigen Entwicklungsprozeß zu vollenden. Ich kann es nicht abse-

hen, welche Konsequenzen dies für unsere Zukunft hätte, nehme aber an, daß sie verheerend wären.